气候变化与公共政策研究丛书

江苏应对气候变化
产业结构调整法律问题研究

蒋 洁 田思路 等 著

本书为江苏高校哲学社会科学重点研究基地重大项目"江苏应对气候变化产业结构调整法律问题研究"（项目编号：2012JDXM018）的研究成果；亦获得江苏省高校哲学社会科学重点研究基地南京信息工程大学气候变化与公共政策研究院专项资金资助。

科 学 出 版 社

北 京

内 容 简 介

　　随着全球生态环境日益恶化、高精尖技术迅速发展与广大社会主体资源价值认知不断增长，主要国家和地区应对气候变化的产业结构调整问题逐渐引起广泛的关注。江苏地区经济、政治、文化等全面健康发展亟待厘清气候变化与本区域发展之间的交互影响，提出当前应对气候变化形势下三大产业的优化方向。本书在深入探讨江苏地区应对气候变化产业结构法律调整的正当性、必要性、可行性等的基础上，提出相关立法的本质、宗旨、价值追求与基本原则等，分类探索农业、工业、服务业等优化战略布局的法律保障方案，立足气候变化因素构筑江苏应对气候变化产业结构升级的各类法律标准，针对江苏产学研技术创新体系存在的诸多问题探寻相关法律体系的完善路径，指出促进江苏新兴战略产业国际合作的保障性立法模式，具有重要的理论意义与实践指导价值。

　　本书可用作高等院校法律专业师生、环境立法工作者、法官、律师、行政执法人员的参考用书，也可供对有关法律知识和当前相关涉法问题的处理方法感兴趣的读者阅读。

图书在版编目（CIP）数据

　　江苏应对气候变化产业结构调整法律问题研究/蒋洁等著. —北京：科学出版社，2016.11
　　（气候变化与公共政策研究丛书）
　　ISBN 978-7-03-050881-2

　　Ⅰ.①江… Ⅱ.①蒋… Ⅲ.①气候-变化-对策-研究-江苏 ②产业结构调整-经济法-研究-江苏 Ⅳ.①P467 ②D927.530.229.1

　　中国版本图书馆 CIP 数据核字（2016）第 283328 号

责任编辑：胡 凯　王腾飞　王 希 / 责任校对：彭珍珍
责任印制：徐晓晨 / 封面设计：许 瑞

科 学 出 版 社 出版

北京东黄城根北街 16 号
邮政编码：100717
http://www.sciencep.com

北京中石油彩色印刷有限责任公司 印刷
科学出版社发行　各地新华书店经销

*

2016 年 11 月第 一 版　　开本：720×1000 B5
2016 年 11 月第一次印刷　　印张：12 3/4
字数：252 000

定价：89.00 元
（如有印装质量问题，我社负责调换）

"气候变化与公共政策研究丛书"编委会

主要编写人员（以姓氏笔画为序）

于宏源　史　军　庄贵阳　苏向荣　李志江　李廉水
宋晓丹　张永生　周显信　郭　刚　诸大建　凌萍萍
曹明德　曹荣湘　巢清尘　焦　冶　蒋　洁　董　勤
潘家华　Catriona McKinnon　Donald A. Brown

丛 书 序

　　十八大报告首次把大力推进生态文明建设独立成章,提出必须树立尊重自然、顺应自然、保护自然的生态文明理念,把生态文明建设放在突出地位,融入经济建设、政治建设、文化建设、社会建设各方面和全过程,努力建设美丽中国,实现中华民族永续发展。气候变化问题不仅是我国生态文明建设过程中所面临的一项严峻挑战,也是当今人类生存和发展面临的一项严峻挑战,是国际社会普遍关心的重大全球性问题。胡锦涛同志在十八大报告中特别指出,我们要坚持共同但有区别的责任原则、公平原则、各自能力原则,同国际社会一道积极应对全球气候变化。积极应对气候变化事关人类可持续发展,无论是发达国家还是发展中国家,都已逐渐认识到应对气候变化的重要性和紧迫性,纷纷采取政策行动,控制温室气体排放,加快向绿色低碳发展转型。

　　气候变化不仅是环境问题,更是发展问题,而且归根结底是发展问题。联合国《人类环境宣言》指出:"全球环境问题大半是由于发展不足造成的。"发展中国家在减排和改进技术的同时,不能"搁置发展",而应是一种在富国与穷国共同努力基础上建立起的"低碳增长"。阻止发展中国家发展的后果远比在应对气候变化方面不作为要严重得多。如果没有强劲的经济增长,发展中世界的穷人极难自己脱贫。为了控制气候变化而停止或大幅降低经济增长速度,在经济上是不必要的,在道德上也是不负责任的。在经济发展阶段,减排通常都是以发展为代价的。因此,对没有完成工业化的发展中国家来说,气候谈判的实质是为发展而战,合理的排放权意味着合理的发展权。发展中国家的主要任务是促进经济增长和消除贫困,削减温室气体排放不是也不应该是发展中国家优先考虑的问题。

　　气候变化主要是由发达国家引起的,他们从能源的使用中受益,同时也因使用能源而造成了气候变化。气候变化对世界上一些欠发达地区的人们而言是一种潜在的风险和灾难:疾病和死亡、干旱、洪水、高温、暴风雨、海平面上升(淹没村庄和家园)、作物歉收或绝收、自然资源减少或耗尽、传统食物来源的中断、淡水资源短缺等。而所有这些风险都可能是灾难性的。一部分人在另一部分无辜者受伤害的基础上获得利益,这是不道德的。只有当一个国家在气候政策制定过程中充分考虑别的国家尤其是世界上那些欠发达国家和地区的利益,且气候政策能够使大气中温室气体的浓度保持在安全范围内时,这个国家的气候政策才能为世界广泛接受。任何国家和地区都不应该因为自己的过量排放危害其他国家和地区的利益。国际合作应对气候变化应该坚持"共同但有区别的责任"原则和公平原则，历史上温室气体排放已经严重超标的国家和地区需要承担起历史责任，率先大幅减排，并向发展中国家应对气候变化提供资金和技术支持。发展中国家在得到资金、技术支持的情况下，也应在可持续发展框架下采取积极的适应和减缓行动，为保护全球气候做出应有贡献。

在全球应对气候变化的进程中，发展中国家面临巨大的适应和低碳发展的双重压力，客观上需要有一种公平、高效和可持续的国际气候制度的保障。碳公平，不是一种字面上的机械理解，它更是一种机制，一种发展权益的保障机制。保护全球气候，客观上存在一种碳预算总量的刚性约束。服从这种地球资源的有限特性，是可持续性的基本要求。当今气候变化国际谈判，就是要寻求建立各国共同应对气候变化的公平合理机制，使各方特别是发展中国家在实现可持续发展的过程中应对气候变化。

气候变化首先是作为一个科学问题出现的，但随着研究的深入，人们认识到，解决气候问题更需要哲学社会科学的广泛参与。江苏省高校哲学社会科学重点研究基地"南京信息工程大学气候变化与公共政策研究院"成立于 2010 年 8 月，致力于气候变化政策的全方位哲学社会科学研究，此次计划出版的这套文丛对气候变化中所涉及的哲学、伦理学、政治学、法学、国际关系等人文社会科学问题展开了较为全面、系统的研究，可以为中国参与国际气候谈判和国家气候政策制定提供决策依据和理论支撑，也可以为中国在气候变化国际政治博弈中占据国际舆论道义制高点争取必要的话语权，同时为国内经济社会转型发展提供理论指导。

这套文丛在学理和方法上开展了大量深入、富有创意而极具建设性的研究，对我国应对气候变化研究有着积极的学术贡献。相信这套研究成果将对我国的应对气候变化研究工作带来有益的启示，也有助于国际社会进一步了解和认识中国对于气候变化问题的关注，有利于推动制定合理的应对气候变化国际与国内制度、政策。

潘家华

前　　言

　　岁月匆匆流逝，转瞬间，已历三秋。我仍然清晰地记得当初午后闲谈时，众人摩拳擦掌地商议深入研讨全新的应对气候变化视角下区域产业结构调整的法律保障问题。集思广益之后，在田思路教授的带领下以"江苏应对气候变化产业结构调整法律问题研究"为题，有幸申报到江苏高校哲学社会科学重点研究基地重大项目。更为欣喜的是，课题推进的过程中又获得了江苏省高校哲学社会科学重点研究基地南京信息工程大学气候变化与公共政策研究院的出版经费资助，为本书顺利付梓创造了良好条件。

　　本书具有一定程度的创新性、前瞻性与实用性，能够圆满完成归功于田思路教授高屋建瓴的有序引领和严谨审慎的全盘规划；归功于黄祥博士、宋晓丹博士、许颖博士、杨怡敏博士在辛苦繁重的本职教学和科研工作之外夜夜攻读、笔耕不懈。鄙人仅试图替全书"穿针引线"并在各位专家精彩绝伦的阐释与论证的基础上"锦上添花"，成效或许不尽如人意。本书若有可取之处，一切荣光归于他们；本书若有不到之处，一切缺憾归咎于我。

　　第一章阐释了"气候变化背景下的区域产业环境变迁"。黄祥博士重点介绍气候与气候系统的概念界定、描述气候变化的区域影响，进而提出气候变化区域影响的法律应对体系。

　　第二章构建了"江苏产业结构应对气候变化的优化范式"。黄祥博士基于江苏产业结构的变迁轨迹，论证了气候变化与江苏经济发展的交互关系，提出气候变化形势下江苏产业结构的优化方向。

　　第三章泛论了"江苏应对气候变化产业结构调整的法律规制"。宋晓丹博士在论证江苏应对气候变化产业结构法律调整正当性与可行性的基础上，界定江苏应对气候变化产业结构法律调整的基本范畴，构思江苏应对气候变化产业结构法律调整的基本框架。

　　第四至六章分别具体探讨了江苏三大产业应对气候变化产业结构调整的法律保障机制。许颖博士着眼于江苏第一产业竞争力与气候变化适应能力，集中思考构建相应新型法律制度的必要性与可行性，分项探索主要法律规范。许颖博士还从气候变化形势下江苏第二产业面临的机遇与挑战入手，提出江苏第二产业应对气候变化产业结构调整的法律方案，尤其强调了优化第二产业战略布局的节能法制建设。杨怡敏博士则概括介绍了江苏第三产业的发展现状，探讨了发展第三产业与江苏应对气候变化的交互关系，提出优先发展低能耗服务业的立法取向，进而思考了其他服务业负外部性的法律解决问题。

第七章关注了"江苏应对气候变化产业结构升级的辅助法律措施"。杨怡敏博士细化剖析立足气候变化因素的各种法律标准，指出气候变化形势下产学研结合的技术创新法律体系的现实意义、存在问题与完善途径，构筑促进江苏新兴战略产业国际合作的保障性立法体系。

学术之美，学术之深，吾等仅能管窥一二。满纸浅言，只为分享！

蒋　洁

2016 年 11 月于留斋

目　　录

第一章 气候变化背景下的区域产业环境变迁

第一节 气候与气候系统

一、气候

（一）气候概念

随着人类社会持续演进，"气候"一词的内涵不断变化。西方国家中的"气候"源自古希腊文，意为"倾斜"，实指各地冷暖同太阳光线的倾斜程度有关。中国自古以来，对于该词的解释五花八门。既可用之指代"时令"（例如，宋朝高承的《事物纪原·正朔历数·气候》有言："《礼记·月令》注曰：'昔周公作时训，定二十四气，分七十二候，则气候之起，始于太昊，而定于周公也'"），又可用之表示"天气"（例如，明朝唐顺之《游遵化汤泉》一诗写道："绝塞逢秋已觉凉，此中气候讶非常"），还可用之展示个人风貌（例如，清朝沈复的《浮生六记·浪游记快》写道："岁朝贺节，有棉袍纱套者，不维气候迥别，即土著人物，同一五官而神情迥异"）或比喻前途成就（例如，清朝李渔的《比目鱼·寇发》写道："故此就在万山之中，招兵买马，积草屯粮，训养二十馀年，方才成了气候"），甚至据此预测吉凶（例如，《三国志·蜀志·周群传》写道："羣少受学于舒，专心候业……常令奴更直于楼上视天灾，才见一气，即白羣，羣自上楼观之，不避晨夜。故凡有气候，无不见之者，是以所言多中"）。中国春秋时期使用圭表测算日影以确定季节，秦汉时期就完整记载了二十四节气和七十二候。

气候是以风雪、温度、降水等气象要素的概率、均值和极值等多样化统计模式表示地球上某一地区多年大气一般状态的基本依据，可以分为大气候、中气候和小气候，具有明显的地域特征。

（二）气候类型

纬度位置、海陆位置、地形因素和洋流因素等都对关联地区的气候变化产生巨大影响，逐渐形成多元化气候类型。仅以按水平尺度分类的大气候、中气候与小气候为例：大气候（即全球性或地理界域极广的大区域）包括高原气候、极地气候、地中海气候和热带雨林气候等；中气候（即较小自然区域）包括城市气候、山地气候、湖泊气候和森林气候等；小气候（即更小范围的气候）包括贴地气层和小范围特殊地形气候等。

二、气候系统

现代气候学基于系统论重新认识"气候"一词，引入"全球气候系统"的概念，不再将气候视为一个不变的、地面的、局地的现象①。通过物质交换与能量交换紧密联结而成的完整气候系统是包括了大气圈、海洋、冰雪圈、陆面和生物圈五个部分组成的、决定整个地球气候的形成、分布、特征和变化有直接和间接影响的统一物理机制，具有开放性、复杂性和高度非线性等特点。其中，大气圈是整个系统最敏感与最具变化的主体部分，海洋则是热量存储库，冰雪圈是对整个气候系统长期变化作及时反馈的重要警示标志，主要居于陆地的生命物质圈层不仅对气候变化异常敏感，也会对其产生积极或消极影响。

第二节　气候变化的区域影响

一、气候变化区域影响的特征剖析

气候变化能够直接或间接地影响特定区域的地理地貌、经济条件、政治基础及社会状况等。"芒芒九有，区域以分"，不同区域主客观条件的巨大差异使其受到气候变化的影响范围与幅度等殊别明显。同时，对气候系统的定位有大有小，大至全球范围的统一气候系统，小至一山一湖的气候系统。因此，对于气候变化影响认识也可从相应范围分析理解。具体而言，侧重于气候变化的区域影响，主要呈现出如下特点。

1. 气候变化的影响力大小不一

不同区域的自然环境和社会条件存在明显差别，直接影响其应对气候变化的敏感性与耐受力。例如，各种类型的大小岛屿及其他沿海地区、荒漠绿洲等受到气候变化的影响较大，而那些远离人类活动区域的自然环境、保护较好的森林地区则不太容易受到气候变化的较大影响。

2. 气候变化引起的不利影响较多

长久以来，科技发展水平与自然环境纯化程度呈现出反比关系。工业革命之

---

① 王绍武.2011.从"气候"到"全球气候系统"概念的发展.气象科技进展，3.

前，生产力发展水平严重制约了人类改造自然的能力，社会活动对于包括气候要素在内的自然环境的影响非常有限。人类族群实质上是内嵌于较为和谐的生态系统的组成要素，气候系统基本依照其自身的规律发展演化。随着化石能源的开发和利用，人类的生产和生活对地球的环境产生了有意或无意的影响，严重破坏了自然环境自身的发展规律，人为破坏自然界的和谐与统一，随之而来各种自然灾害及由此引发一系列社会问题。当然，客观而言，气候变化的影响并非有害无利。例如，气候变暖可能会在一定范围内加速农作物的生长速度并提高作物产量或在一定区域内减少采暖资源的消耗等。但是，这种正面影响无论在时间上还是在空间上都极为有限，而且还会被伴随而来的负面影响抵消。例如，某些区域的气候变暖在提升农作物生长速度的同时可能大幅增加农作物遭遇病虫害的概率。

3. 气候变化的影响期不定

事实上，气候变化可以分为两种主要形态：一是包括飓风、沙尘暴等在内的极端天气事件；二是包括冰川消融、海平面上升等在内的缓进式环境改变。突发性极端灾害事件往往在很短时间内导致大量的人员伤亡与严重的经济损失，容易获得较高的社会关注，自身固有的急灾特征也要求整个社会迅速做出较为妥当的应急安排。渐进的生态环境变化的延展期从几年到数十年，甚至长达上百年，往往会在产生不可逆转的严重损害之前被各方忽视。迄今为止，整个社会对气候变化渐进影响生态环境的长期忽视已经导致恶劣后果。例如，气候变化加速喜马拉雅地区的冰川融化[1]，造成短期内流入恒河和布拉马普特拉河的水量激增[2]，加大冰川湖溃决频率，不断引发大规模山洪暴发和水土流失[3]。邻近地区的诸多发展中国家拥有众多人口、漫长的海岸线及大量低海拔的远离海岸的岛屿群。冰川融化与降雨激增使得广阔海平面"至2100年至少将上升40厘米"，海岸线上有大量定居者的地区可能会被淹没，至少有8000万受灾居民[4]。仅仅孟加拉国的海平面至2050年就预计将上升45厘米，大量咸水侵入导致的耕地减少将迫使10%～15%的领土上近3500万受灾人群迁徙；图瓦卢、斯里兰卡、马尔代夫等国众多海岸地区的海

---

① 喜马拉雅冰川是生活其下众多冲积平原的数百万人的生命之源，大量途经河流在枯水期依靠冰川融水维持流淌.

② Litchfield W A. 2010. Climate Change Induced Extreme Weather Events & Sea Level Rise in Bangladesh leading to Migration and Conflict. http://www1.american.edu/ted/ice/Bangladesh.html. [2016-08-20].

③ Bajracharya S R，Mool P K，Shrestha B R. 2008. Global Climate Change and Melting of Himalayan Glaciers. http://hpccc.gov.in/PDF/Glaciers/Global%20Climate%20 Change %20 and %20 Melting %20 of 20Himala yan %20 Glaciers.pdf. [2016-80-20].

④ Intergovernmental Panel on Climate Change. 2007. The Summary for Policymakers. Climate Change 2007: Synthesis Report.

拔极低①，在很大程度上将随着海平面上升而淹没于水下，当地居民面临灭顶之灾时唯有迅速迁徙②；越南在红河三角洲和湄公河三角洲将损失数万公顷土地，致使约 1000 万人口迁徙③。

二、气候变化区域影响的内在规律

环境维系与改善及整个社会的可持续发展是新世纪人类面对的中心问题之一。随着地理地貌改变与大工业生产规模化，全球气候变化引发环境难题。众多学者、相关政府机构、企事业单位乃至广大群众面对频发的极端灾害事件与渐进的生态环境改变，不得不高度重视应对气候变化的实践活动。气候变化已经对自然环境和人类社会的各个方面产生了不同程度的影响。例如，气候变化引起全球变暖，推动了气象科技的发展。频发的气象灾害引起全球难民和贫困人口增多，进而引发区域政治问题等。随着人们对气候变化影响的认识逐渐扩展和深入，渐渐发现此类影响有着必然的内在规律。

（一）气候变化直接引起自然灾害

气候变化加剧其他环境要素恶化或者带来新的环境问题，尤其导致了自然灾害频频发生。其中气象灾害占近 70%。有关统计资料显示，1992 年至 2001 年，气象灾害及其次生、衍生灾害占各类自然灾害的 90% 左右，导致 62.2 万人死亡，20 多亿人口受影响。近 30 年全球灾害发生率一直急剧上升，总发生频次增加了 3.2 倍，直接经济损失翻了三番。

（二）气候变化间接诱发经济灾难

气候状况恶化对经济系统及其可持续发展产生了深远的影响，"气候变化对区域经济的影响也受到了普遍重视"④。

1. 气候变化对经济状况的总体影响

突发和渐进的气候变化都会对经济状况造成巨大的影响。例如，不同幅度的温度升高都会对经济各部门产生影响。为了使国民经济各部门的总产出量不减少，实现经济发展的既定规划和区域经济的平衡发展，需要相应地对国民经济

---

① Asian Development Bank. Climate Change in South Asia: Strong Responses for Building a Sustainable Future. http: //environmentportal.in/files/climate-change-sa.pdf.[2016-08-20].

② 徐滋. 2009. 图瓦卢举国搬迁将成为首个沉入海底国家. 广州日报. 2009-12-01(B3).

③ Shamsuddoha M, Chowdhury R K. 2009. Climate Change Induced Forced Migrants: in Need of Dignified Recognition under a New Protocol. http: //www.glogov.org/images/doc/equitybd.pdf. [2016-08-20].

④ 张永勤，缪启龙. 2001. 气候变化对区域经济的影响及其对策研究. 自然灾害学报，2.

各个部门追加物质或资金投入量。在未来不同增温的情况下，尤其应当加大对工业部门和农业部门的资金投入量。数据统计显示，未来增温 0.25℃时，需要追加投入 4 787 077 万元，才能实现国民经济各部门的产出量不因气候变化而减少。

2. 气候变化对三大产业的殊别影响

首先，第一产业受到气候变化的影响最大。相对于第二产业和第三产业，农业对环境的敏感程度最高。温度、降水量和二氧化碳浓度的高低均会影响农业生产。每种作物都有其最佳生长温度区间，温度过低或过高都不利于作物的生长。"农作物对降水存在类似倒 U 形曲线的敏感性关系。当降水严重不足时，农作物对水分的需求得不到满足，会出现干旱症状，从而影响作物的正常生长；当降水量增加到一定范围，加上温度及光照的配合，作物得以茁壮成长；当出现连续大雨，降水量超过一定范围时，又会对作物产生不利的影响。在开花期出现阴雨天气会影响作物授粉，造成落花落果；长期阴雨还会诱发病害；降水量过多会造成农田渍害，严重时作物会被淹死。二氧化碳倍增时温度升高，增加了各地的热量资源，使各地的潜在生长季有所延长，这无疑对多熟种植有利，从而使当前多熟种植的北界向北推移"[①]。温带地区的温度每升高 1.0℃将使气候带移动200～300 千米。二氧化碳浓度倍增后，当前中国的一年一熟制大约可向北推移200～300 千米，一年二熟制和一年三熟制的边界也将向北推移 500 千米左右。麦、稻两熟区，双季稻种植区和一年三熟制的水稻产区，只要水分条件能满足生育期的需要，种植边界均可向北推移。这种变化有可能使一年二熟、一年三熟种植的面积扩大。气候变暖之后，因病虫害造成的粮食减产幅度将进一步增加。由于温度升高，害虫发育的起点时间有可能提前，一年中害虫繁殖代数也因此而增加，在新的有利环境条件下，某些害虫的虫口数量将呈指数增加，造成农田多次受害的概率增高。

其次，第二产业受到气候变化的直接或间接影响。第一，气候变化影响市场需求。现代社会中物质产品越发丰富，人们对于生活品质的追求也越来越强烈。很多商品都具有明显的季节性特征，天气条件的变化越来越直接影响到产品的市场，如空调、电扇、采暖设备和衣物等这些比较容易受到天气影响的产品。生产厂家和销售商家必须密切注意天气变化。近年来，随着气候变化导致的非正常天气现象和极端天气现象不断增多，以往经验已经不足以预测市场的变化。只有关注市场和天气变化的嗅觉灵敏的厂商们才能准确把握较好的商机，在市场竞争中

---

① 全球气候变化对农业的影响.http://wenku.baidu.com/link?url=_uCNJ7xsXd0brgwOl0gh78-9b7h2D8PLA6VQAFMYe73Met_dt4EzvluZwbmJZV54GiYVuHstLPHS-auPabfSwSAV1nrzT4g3xxxLOHHlSAW. [2016-08-20].

立于不败之地。第二，气候变化影响市场供给。气候变化的主要原因是二氧化碳排放量增多，而化石能源的过度使用是造成二氧化碳排放量居高不下的重要原因。因此，全球各国在应对气候变化的过程中采取的重要措施是制定新的能源法律法规，包括节约能源的使用和鼓励新能源的开发和利用。虽然中国只是《京都议定书》附件二所列国家，并不承担强制减排义务，但作为负责任的大国，中国也采取了多项措施来减少温室气体的排放，其中就包括能源法律的使用。但是，经济发展模式的转变不是一蹴而就，需要一个较长的时间历程，短期内开发出新的清洁能源全面代替传统化石能源也不现实。因此，作为能源消耗最大的产业部门，工业受相关法律的影响最大，而作为以制造业为主要支柱的江苏工业，对能源法律规范的影响尤其敏感，因此会对工业生产供给产生冲击。例如，由于"十一五"节能目标完成进入倒计时，多省份出台严格的调控措施，"限电令"在包括江苏、浙江在内的各地展开。同时，江苏省对省内部分产品能耗超限企业实施惩罚性电价和淘汰类差别电价[①]承担约束性温室气体减排义务，其后果将是制约中国目前能源工业和制造业的发展，削弱国内产品在国内市场上甚至国际市场上的竞争力，压制中国农业和畜牧业的发展，从而使中国整体国民经济和社会发展受到严重制约[②]。第三，气候变化影响生产过程。极端天气事件与渐进生态环境恶化对工业生产会造成直接影响。例如，极端气温、强风、暴雨、高湿、冰雪等影响工业生产的效率、质量并增加耗能，尤其对能源、建筑、采矿、交通、食品、石油化工等行业影响巨大。以化工行业为例，高温对化工生产影响比较大，主要是以下三个方面：①人员的不安全因素，天气炎热，人员容易疲倦，思想不集中，操作容易出现问题；②工艺的影响，如循环水、冷却水等温度的升高，可能使工艺温度不断升高；③设备的运行温度升高，尤其是一些大功率的设备和电机，长时间运转得不到备用，会导致设备运转的可靠性下降。因此，关注气候变化对工业生产具有重要意义。

最后，第三产业受到气候变化影响较小。由于第三产业涵盖的范围非常广泛，不同的行业具有不同的特点，因此受气候变化的影响较小，且各具体行业的受影响程度也不尽相同。例如，旅游业受气候变化的影响要远远大于教育行业。

（三）气候变化潜藏的社会问题

气候变化引起的环境恶化导致人类生存资源高度紧张。水源、粮食、化石能源的匮乏与空气污染、辐射加剧和荒漠化等达到一定程度必然使某些地区的居民

---

① 杨守华. 2010. 江苏多措并举，限电限产节能减排. http://news.qq.com/a/20100914/000910.htm.[2016-08-20].
② 关于气候变化对当今世界的影响的调查研究. http://wenku.baidu.com/link?url=JzK_HG0Yej1fkSUgbutUOf4QHDjjzO_Rd85g4mVrLPRU_H1PMIUtE8KTiWAzC6J7_isMt4w99Khw677mq872yIB34Sjrhc0wD9Hjee2fK3.[2016-08-20].

因为基本的生存需求得不到满足而具有攻击性和暴力倾向。例如，渐进的气候变化改变了水资源的分布情况，部分地区的生态环境因为缺水而逐步退化，生物量和生物多样性锐减，草场载畜量减少，大风、沙尘暴等极端灾害事件频频发生，直接限制当地农业的发展，进而影响该区域的经济基础、社会稳定与居民生活。事实上，越是经济基础薄弱的地区越容易受到气候变化的消极影响。落后的基础设施难以抵御风沙侵袭，地区实力也无法承担经常性维护与修复费用，这不利于招商引资，致使当地经济状况进一步恶化，地区间为争夺水源、农林资源等不断发生冲突，最终形成难解的恶性循环。部分地方甚至退化成不具备人类基本生存条件的穷山恶水（如中国西部少数民族聚居地区的沙漠化），出现了大量气候难民。例如，全球变暖造成海平面上升，小岛国和沿海洼地国家已经被海水淹没或面临着此类威胁，大批环境难民涌入邻近国家。这些忽然增加的人口负担远远超出了接收国的容载能力，贫困、失业、犯罪等社会问题产生巨大的连锁效应，严重影响这些国家和地区的力量对比与外交战略，进而影响整个国际关系体系的有序运作。

因此，高效应对气候变化对于重塑有序健康的国际政治格局有着不可低估的作用。许多国家和地区已经制定了相关法律法规，意图有效控制和减少温室气体的排放；国际社会也就控制和减缓气候变化达成一系列基础性的国际条约。事实上，气候变化的全球性和不可分割性特征决定了应对气候变化不能单靠一个或几个国家之力而必须通过国际社会的共同努力来实现。在确定温室气体减排的国际博弈中，每个国家主体都面临着本国利益和全球利益、发展和减排之间的矛盾，并作出各自的选择。气候法律规范的差异很可能将割断国家之间传统的军事与经济纽带，打破既有的国际政治格局，使得原有的国际政治力量对比分化和重组。

第三节 气候变化区域影响的法律应对体系

一、发达国家应对气候变化区域影响的法律机制

（一）美国

农业在全球温室气体既是碳"源"，又是碳"汇"，具有碳排放和碳吸储两面特性。"低能耗、低排放、低污染、高效益"的低碳农业模式是低碳经济在农业发展中的实现形式，是在维护全球生态安全、改善全球气候条件背景下产生的现代农业新形态。美国主要从农业法律规范和市场机制等方面入手解决农业温室气体排放问题。以相对完善的法律法规为基础，以低碳倾向型的农业政策为导向，

以切实有效的科研与技术推广体系为支撑，以标准的碳交易市场机制为保障，全方位、多角度地共同推进美国低碳农业健康有序发展。

1. 相对健全的低碳经济相关法律法规

美国政府通过能源立法引导农村新能源的使用，先后出台《低碳经济法案》（2007 年）、《美国复苏与再投资法案》（2009 年）、《美国清洁能源和安全法案》（2009 年）等，设定温室气体减排时间表，为低碳农业的有效发展提供强有力的法律保障。

2. 较为完善的低碳指向型农业财税支持规范

美国政府通过财税法律法规建设引导低碳农业。政府依据《农业法》（2002 年）为在农业温室气体减排上进行投资的农民和农场主提供付款或补助金计划，通过《农业法案》（2008 年）获取的财政收入为温室气体减排技术开发、技术训练和技术支持提供资金，从联邦的排放限额和交易计划拍卖资金中拨出财政专项为农业温室气体减排实践提供资金。一系列法律措施强有力地保护了农业生产所需的资源条件，有效减少了碳排放。此外，美国有专门的农业资源保护和保护性利用的补贴，对农民的减排行为提供补贴和奖励，对农业碳减排研究与技术推广提供公共财政支持。同时，美国政府通过强制性行政措施（如实施农业碳排放限额制度和征收碳税等），将农业温室气体排放的负外部性成本内部化。这些低碳指向型的农业财税支持规范在一定程度上影响了农民的生产决策行为，切实保证了低碳农业的效率。

3. 科学合理的农业科研与推广体系

美国的农业应用技术一直居于世界领先地位，伴随着农业科技创新建设不断发展，逐渐形成以大学为基础的农业科研、教育、推广"三位一体"的农业科研推广体系。近年来，随着气候变暖和能源短缺问题日益严峻，美国在碳减排和清洁能源供应方面面临的压力日益加大，生物能源开发成为美国农业科技发展的重点领域（具体包括燃料酒精开发利用、生物柴油开发利用、农村替代能源开发利用、能源作物开发利用等）。此外，美国政府还高度重视水、土壤等自然资源的管理及农业环境影响研究等。

4. 运转良好的碳交易市场

2003 年，美国成立了全球第一个具有法律约束力、基于国际规则的温室气体排放登记、减排和交易的平台——芝加哥气候交易所。美国农户既可作为碳排放者又可作为碳抵消额提供者参与芝加哥碳交易市场。

美国政府的目的主要是激励农户成为碳抵消额提供者。这项措施成为美国发展低碳农业的重要举措。如果农户的碳排放并不显著，那么农户可通过保护性耕作（主要是免耕）、草地保护项目、农业沼气三种方式中的任意一种来获得碳财务证券契据（Carbon Finance Instrument，CFI），并可以到芝加哥气候交易所交易。某些已达标的会员可以卖出超标减排量来获得额外利润，未达标的会员可以通过农业碳汇手段去弥补，但其所购碳汇量的比例不能超过其目标减排量的一半，在自由交易的市场上实现了"企业—碳交易所—具体农户"的有机联合，不但有效减少了温室气体的排放，而且增加了农民的收入，调动了农民参与低碳农业的积极性。科研结果显示，采用免耕后每年每公顷可以减少 0.42～0.87 吨碳排放，而参与碳汇交易的农民每年每公顷可获得 8.65 美元的收益[①]。

虽然不少国会议员在第二、三产业也提出若干提案（如《全球气候安全法案》《全国温室气体排放总量和注册法案》《气候工作法案》《清洁能源法案》《清洁空气计划法案》《紧急气候变化研究法案》《气候责任法案》《全球变暖污染控制法案》《气候责任法》《减缓全球变化法案》《安全气候法案》《低碳经济法案》《美国气候安全法案》等），却仅有共和党参议员麦凯恩和民主党参议员利伯曼共同提出的《气候责任法案》被批准通过，成为美国最早的控制温室气体排放的正式法律。

近年来，美国在积极立法的基础上提出了《气候责任和创新法案》《全球变暖污染控制法案》《气候责任和创新法》《减缓全球变化法案》《安全气候法案》《低碳经济法案》《美国气候安全法案》等一系列议案，昭示着美国正在迈向气候变化的联邦立法[②]。2009 年 6 月 26 日，美国众议院以 219 票对 212 票的微弱优势通过了首个与气候变化相关的法案——《美国清洁能源和安全法》（又被称为《Waxman-Markey 法案》）。该法基于发展清洁能源、提高能源效率和应对全球变暖的目的，对《公用事业管制政策法》《清洁空气法》《联邦电力法》《能源政策和保护法》《商品交易法》等法律的相关条款进行全面修正，并提出许多新的具体要求和举措（表 1-1）。

表 1-1　美国第 111 届国会主要气候立法提案[③]

编号	法案名称	提案人	提案时间
1	《拯救我们的气候法》（Save Our Climate Act）	Fortney Stark	H.R. 594，2009 年 1 月 15 日提出
2	《美国能源安全信托基金法》（America's Energy Security Trust Fund Act）	John Larson	H.R. 1337，2009 年 3 月 5 日提出

---

① 朱丽娟，刘青. 2012. 气候变化背景下美国发展低碳农业的经验借鉴. 世界农业，8.
② 邓梁春. 2008. 美国气候变化相关立法进展及其对中国的启示. 世界环境，2.
③ 苏苗罕. 2010. 美国气候变化立法进展及其对中国的启示. 南京工业大学学报（社会科学版），4.

续表

编号	法案名称	提案人	提案时间
3	《安全市场开发法》(*Safe Markets Development Act*)	Lloyd Doggett	H.R. 1666，2009 年 3 月 23 日提出
4	《清洁环境与稳定能源市场法》(*Clean Environment and Stable Energy Market Act*)	James McDermott	H.R. 1683，2009 年 3 月 24 日提出
5	《碳排放上限和红利法》(*Cap and Dividend Act*)	Christopher Van Hollen	H.R. 1862，2009 年 4 月 1 日提出
6	《提高工资、减少碳排放法》(*Raise Wages, Cut Carbon Act*)	Bob Inglis	H.R. 2380，2009 年 5 月 13 日提出
7	《美国清洁能源与安全法》(*American Clean Energy And Security Act*)	Henry Waxman 和 Edward Markey	H.R. 2454，2009 年 5 月 15 日提出，6 月 26 日通过众议院投票
8	《美国清洁能源领导法》(*The American Clean Energy Leadership Act*)	Jeff Bingaman	S.1462，2009 年 6 月 17 日通过了参议院环境与公共工程委员会投票
9	《清洁能源工作与美国能源法》(*Clean Energy Jobs and American Power Act*)	John Kerry 和 Barbara Boxer	S.1733，2009 年 9 月 30 日提出，11 月 5 日通过参议院环境与公共工程委员会的投票
10	《清洁能源伙伴法》(*The Clean Energy Partnerships Act*)	Debbie Ann Stabenow	S.2729，2009 年 11 月 4 日提出，已经提交到环境与公共工程委员会
11	《清洁能源法》(*The Clean Energy Act*)	Lamar Alexander 和 Jim Webb	S.2776，2009 年 11 月 16 日提出
12	《国际气候变化投资法》(*International Climate Change Investment Act*)	John Kerry	S. 2835，2009 年 12 月 3 日提出
13	《促进美国复兴的碳排放上限与能源法》(*The Carbon Limits and Energy for America's Renewal Act*)	Maria Cantwell 和 Susan Collins	S.2877，2009 年 12 月 11 日提出
14	《美国电力法》(*The American Power Act*)	John Kerry 和 Joe Lieberman	S.7001，2010 年 5 月 12 日提出

（二）日本

长期以来，日本作为亚洲环境立法发达国家，其应对气候变化立法的成功经验，对中国依然有重要的借鉴意义。日本早在 1993 年的《环境基本法》中，就以地球环境保全为基本理念，将全球气候变暖对策纳入环境法体系，1998 年制定了世界首部应对气候变化的法律——《全球气候变暖对策推进法》，为应对气候变化专门立法提供重要蓝本。以此为中心，陆续制定、修订了相关配套法律。例如，通过修订能源的核心法律——《能源利用合理化法》（又称《节约能源法》），强化节能与能源效率。该法共 99 个条文，在体系结构上包括总则、基本方针、工厂相关措施、运输相关措施、建筑物相关措施、机械器具相关措施、杂则、罚则和附则等，明确了"从综合推进工厂、运输、建筑物及机械器具等行业合理使用能源的思想出发，经济产业大臣制定有关能源合理化使用的基本方针"，强化企业计划性和自主性的能源管理，规范政府、企业和个人之间使用能源时的管理关系和节能行为，分别对工厂、运输、建筑物、机械器具等相关行业合理使用能源的具体措施进行详细规定。通过严格规定能源标准，提高建筑、汽车、家电、电子等产品的节能标准，不达标产品禁止上市。目前，日本已构建了较完善的应对气候变化法律体系，形成以《全球气候变暖对策推进法》《全球气候变暖对策推进法实施令》《能源利用合理化法》《氟利昂回收破坏法》《电力事业者利用新能源等的特别措施法》《新能源利用促进特别措施法》等为内容的应对气候变化法律体系，积累丰富的立法经验，既为日本实现低碳社会目标奠定坚实基础，也为世界各国构建低碳社会提供立法榜样。这一立法体系与中国应对气候变化立法初步搭建的法律体系本质一致。日本在经济高速发展时期认识到公害和环保问题对社会发展的重要性，通过了《公害政策基本法》（1967 年）和《自然环境保护法》（1972 年）。随着气候变化带来的影响加剧，日本在法律规范和行政机构上进行调整和对应，先后制定《地球温暖化防止行动计划》（1990 年）和《环境基本法》（1993 年）等，进一步明确日本政府在环保领域的长期施政方针和策略。根据《环境基本法》第 15 条关于政府制订环境保全基本计划的规定，制定《环境基本计划》（1994 年），成立以内阁总理大臣为首的"全球变暖对策本部"并在气象厅设立"气候科""气候变化对策室""气候变暖情报中心""气候研究部"等应对气候变化的机构。1998 年，日本政府制定了《面向 2010 年的全球变暖对策推进大纲》，规定了一系列应对气候变暖的法律措施。政府每年应当定期检查并监督落实大纲制定的法律措施，使得应对气候变化有法可依。同年 6 月 19 日制定了世界上以防止地球温暖化为目的的最早法律——《温暖化对策推进法》①，共包括总则、京都议定书目标达成计划、全球气候变暖对策推进本部、抑制温室效果其他排出规范、保全森林等的吸收作用、分配数量账户、杂则、罚则等共 8 章50 条。1999 年，通过颁布实施《地球温暖化对策推进大纲》②，具体形成日本应对全球气候变化的基本法律框架。

2002 年，日本批准京都议定书，拉开新世纪加速应对气候变化的序幕。同年还修改了《温暖化对策推进大纲》和《温暖化对策推进法》等并制定了《电力事业者利用新能源等的特别措施法》。2004 年起日本着手研究低碳经济战略，环境

---

① 2002 年、2005 年、2006 年、2008 年分别进行了修改。
② 《地球温暖化对策推进大纲》是《关于地球温暖化对策推进法》的具体化，属于行政方针，无需内阁决定，而是由审议会（地球温暖化对策推进总部）决定。

省所属的全球环境研究基金设立"面向 2050 年的日本低碳社会远景"研究项目组，研究日本 2050 年低碳社会发展方略；2005 年，内阁决定制定京都议定书目标达成计划并完善自主参加型排出贸易制度，制定温室气体计算、报告与公示制度并修订《节省能源法》。2006 年，内阁决定修改《NEDO 法》《石油特会法》《氟利昂回收破坏法》《节省能源法》等。2007 年 2 月，农林水产省设立了"地球变暖对策研究推进委员会"，专门进行地球变暖问题的相关研究；5 月，日本首相安倍晋三发表了"清凉地球 50"构想，倡导建立低碳社会；6 月，日本政府制定了《21 世纪环境立国战略》。"面向 2050 年的日本低碳社会远景"研究项目组提交了《2050 年日本低碳社会远景》的可行性研究，首次正式确认日本在满足社会经济发展所需能源需求的同时减排温室气体 70%的技术可行性。2008 年 6 月，日本政府提出新的防止全球气候变暖的对策（即《福田设想》），包括应对低碳发展的技术创新、制度变革及生活方式的转变，提出了温室气体减排的中长期目标是"2020 年将日本的温室气体排放量减少到 1990 年时 25%的水平（中期目标），到 2050 年日本的温室气体排放量比目前减少 60%～80%（长期目标）"[1]，标志着日本低碳经济战略的正式形成。2008 年 7 月，地球变暖对策研究推进委员会发表了《地球变暖对策研究战略》，从地球变暖的防止对策、适应对策与国际合作等方面阐述了气候变化的影响。同年，日本政府制定了"低碳社会行动计划"，将低碳社会作为未来的发展方向和政府的长远目标，提出到 2020 年将太阳能发电量提高到目前的 10 倍，2030 年时提高到 40 倍，使得风力、太阳能、水力、生物质能和地热等的发电量达到日本总用电量的 20%。2009 年 4 月，日本公布了名为《绿色经济与社会变革》的草案。除了要求采取环境与能源措施刺激经济外，还提出了实现低碳社会、实现与自然和谐共生的社会中长期方针，主要内容涉及社会资本、消费、投资、技术革新等方面。此外，草案还提议实施温室气体排放权交易制和征收环境税等。2009 年，日本政府公布《2010 年度税制改革要求，征收全球气候变暖对策税的具体法案》[2]，指出如果自 2011 年开征"气候变暖对策税"（又称"环境税"），当年其税收预计可达 357 亿日元，以后每年可以达到 2405 亿日元。这些收入将优先用于开发太阳能发电等新能源及推广低油耗的节能环保型汽车。鉴于开征环境税不仅将增加产业界的成本，煤油与电费等涨价也将影响国民生活，首相鸠山由纪夫对 2010 年 4 月起开征全球气候变暖对策税的预定计划持谨慎态度。因此，日本政府决定放弃对煤炭、煤油、汽油等所有化石燃料开征全球变暖对策税，并将在对该制度设定进行充分讨论的基础上，力争 2011 年度以后开征。2010 年 3 月，日本内阁提出了《地球温暖化对策基本法案》，以美国和中国

---

① 「50 年 60～80%減」を明記 自民の低炭素社会法最終案。
② 日本环境省. 2012. "税制的绿色化". http://www.env.go.jp/policy/tax/kento.html.[2016-08-20].

等"所有主要国家构建公平且有实效的国际框架"为条件，提出至 2020 年二氧化碳等温室气体排出量比 1990 年消减 25%、2050 年比 1990 年消减 60% 的中长期消减目标。作为实现该目标的基本规范，包括创立国内排放量交易制度、征收地球温暖化对策税、实施可再生能源总量固定购入制度等。

2009 年，日本环境省就《地球温暖化对策基本法》的制定向全国征集意见。2010 年 1 月 14 日，征求意见结果公布，从以下几个方面反映了日本各界和广大民众对该问题的认识和争论。其中 23% 的意见集中在关于中期目标的讨论上，认为应该坚持首相鸠山由纪夫提出的"主要国家达成一致目标，日本方接受国际社会约束"这一前提。如果前提不明确，日本不能先行消减。至于为了实现消减 25% 的目标所实行的应对措施，必须明了对经济和雇用带来的影响，对企业和国民带来的经济负担，以及对国民生活的影响等，要经过国民的充分讨论，取得国民的理解。在政府没有公布这些信息前，不能先进行消减。如果只是日本设定较高的目标，会导致日本企业国际竞争力下降及产业空洞化，给经济和雇用带来负面影响。此外，部分意见认为应该进一步提高标准，要求室内煤气排放量 2020 年比1990 年消减 30%。同时，15% 的意见认为实施地球温暖化对策税会使日本企业疲于应付，导致产业特别是制造业空洞化，国际竞争力下降，对国民生活也会带来很大影响。在地球温暖化对策税实施中必须设定中期减排目标，分析减排效果，以及对产业的国际竞争和国民生活带来的影响，并将分析结果交由国民来判断。如果不经过这样的过程，不能将其赋予基本法的地位，且对所有的排除者均实施税制。应当明确税收用途及和现行税制的关系。在未加明确之前，对此无法加以讨论。对策税的征收也会助长企业的生产活动向减排规制宽松的发展中国家转移，导致全球排出量的增加。至于国内排出权交易制度问题，14% 的意见认为该制度会导致日本企业国际竞争力下降，给经济、雇用及国民生活带来负面影响。缺乏公平公正的排出比例会造成不努力者也很有可能得到制度保护。事实上，日本产业已经实现了世界上最高水平的能源效率，减排的潜在能力小，即使实现国内排出权交易制度，也不得不从国外购买排出权，导致财富向国外流出。大量排出者，有义务参加排出总量的交易制度。投机资金有可能流入，导致企业经营的不确定性和风险，用于技术开发和节能的投资会减少。有必要辅以一些辅助措施。例如，通过促进公共交通设施的利用，实现保护环境与发展经济双赢，强化可再生能源和节能领域的技术开发与利用，广泛利用原子能发电并考虑长期来看其废弃物处理的问题等。

（三）英国

英国一方面大力限制高污染、高排放和高能耗的企业发展，甚至关停了部分特别严重的企业。尤其是大部分矿山企业被勒令关闭，使得本国的能源供应主要依靠进口。此外，英国政府还确立了"污染者支付"的基本原则，其基本内容是将防治污染的费用加于造成污染的企业，消除在这一问题上的搭便车效应。这些企业的负担增加了，要么关停，要么积极改进技术来减少污染。另一方面，英国政府也制定了一系列旨在引导企业主动采取措施减少温室气体排放的激励措施。这些措施包括税收优惠、减排援助基金等。税收优惠主要是指企业可以与政府签订减排协议，如果能够完成协议上的减排目标，政府可以给企业最高 80%的税收减免。该税种被命名为"气候变化税"。减排援助基金主要是在减排技术的推广、减排项目的实验和减排工程的建设方面向企业提供资金支持。另外，还有一种与此类似的"碳基金"，与上述减排援助基金不同的是，"碳基金"主要面向中小企业，目前主要是通过向企业提供节能技术的咨询和帮助企业购买节能设备，从而实现既定的减排目标。

在生产领域，英国政府鼓励企业开发利用新能源和新产品，特别是鼓励企业利用风能、太阳能、潮汐能等绿色能源来发电。对于如包装行业、建筑行业等部分行业，英国政府则提出了明确的节能减排要求。例如，在包装行业，英国政府要求包装材料制造商采用废弃物重新利用，以减少能源的消耗；在建筑领域，要求在进行建筑设计时应当考虑建筑物的节能问题，特别是开工前必须取得经过政府批准的建筑物能耗报告，否则将不能开工；在消费领域，英国政府积极推进"绿色家庭"计划，鼓励居民在家中安装太阳能、屋顶式风力发电机、节能灯、高能效电器和锅炉等设备，鼓励居民购买新能源汽车，并给予相应的财政补贴和税收优惠。

从上述对美国、日本和英国的气候变化法律规范的研究来看，发达国家将应对气候变化的目光主要集中于能源领域，认为化石能源的消耗是导致温室气体增加的主要原因。故而，发达国家的产业立法主要内容是在整个社会鼓励减少化石能源的使用，提高能源的使用效率及新能源的开发和利用。

二、发展中国家应对气候变化区域影响的法律机制

（一）印度

印度的地理地貌容易受到气候变化的显著影响，造成严峻的水资源危机，导致农业生产大幅度削减。迄今为止，印度境内的河流径流量、土壤湿度和蒸散量都不同程度地受到了气候变化的影响。即便在气温升高、降水分布发生改变、地表蒸散量提高的情况下，境内一些主要河流流域的降水量有所增加，但其他河流的径流量反而下降。事实上，温度每升高 1℃，该国粮食产量就会减少 400 万～500 万吨。气候变化问题专家克莱恩通过研究发现，如果对于气候变化的预测在 2080 年变为现实，那么全球农业生产力将比现在降低 3%～16%，印度农业生产力则会下降达 29%～38%。气温和紫外线的变化也影响了该国农作物的单产量。

例如，拉贾斯坦邦地区的持续高温使水稻、小麦、高粱等粮食作物产量明显下降；又如，2007 年袭击印度北方的热浪曾经使旁遮普邦的棉花大幅减产。

目前，印度政府应对气候变化的法律规范尚未系统化，相关规定见于中央和地方政府制定的某些规定之中，如《印度环境法》《印度能源法》《气候变化国家行动计划》等。这些规定在把遏制和扭转气候变暖趋势作为目标的同时，更加重视保障印度的社会公平、扶贫问题和经济发展权利。印度政府认为，只有通过高速发展国民经济和大幅提升民众生活水平，才能增强国家和民众应对气候变化的能力。可以说，印度的应对气候变化法律体系是在经济和环境压力共同作用下的妥协产物。立法内容主要包括以下几个方面。

1. 采取法律措施引导低碳消费

例如，印度已经开始强制实施能效评级，先期对部分家电和照明设备的能耗进行标识认证，并在半年后将几乎所有电气设备纳入评级管理。印度能源效率局此举的目的在于提醒、指导和调动包括消费者、企业、商业机构在内的全社会选择更有利于降低温室气体排放的绿色设备，提高国家气候变化法律规范的实施效果。通过节能和提高能源效率，大幅节省来自化石能源的发电量。通过建立市场机制、制订优惠规范等措施，引导工业、制造业和消费者发展低碳经济。该国的《能源节约法案》提出强制减少高能耗产业的具体能源消耗，为公司建立一个可以进行节能认证交易的系统；实施包括减征节能电器税费在内的众多能源节制措施；通过市政、建筑和农业部门的需求管理计划，为公私合作提供资金，减少能源消耗；通过完善以市场机制为基础的能源存储资格交易提高在能源集中的大工业和企业中的消费效果和提高能源效率；通过创新手段使得产品成本降低，可支付性增加，增加在指定部门中的能源效率适用转换；通过发展财政工具来提高能源效；等等[①]。

2. 通过立法方式强制某些机构和企业采取节能措施

例如，该国《节能法》规定，中央政府和邦政府须在某些情况下宣告某些机构和企业为高耗能单位，并可要求其委任专人负责节能管理、公布能耗信息及采取节能措施、遵守能耗标准等。同时，政府有权禁止生产、销售、购买和进口不符合节能标准的设备，并通过信息技术、教育、培训的方式提升全社会积极应对气候变化的意识。

3. 积极推行可持续的农业国家计划

农业发展在印度国民经济中占有相当比重。农业发展可以解决大量劳动力就

---

① Government of India. 2008. National Action Plan on Climate Change.

业问题，吸收约56.4%的劳动人口进行耕作，支持6亿人口的生存。增强农业的抗旱能力、抵御灾害的能力、运用生物技术的能力都是十分必要的适应气候变化的法律措施。通过立法完善，积极推行可持续农业国家计划至关重要，主要包括发展气候恢复力强的农作物、选育抗热和抗极端气候的作物品种、提高保护土壤和水的技术、进行工厂和农业共同体试点、加强农业气候信息的共享和传播、通过政府财政支持农民采用相关的技术来克服气候变化带来的压力、完善气象保险机制和耕作方式等。

4. 积极推行"绿色印度"与"可持续生活环境"等立法宗旨

"绿色印度"旨在改善印度生态系统，提高生态系统的碳汇功能。森林对于维持生态平衡和生物多样性具有重要的作用。通过退化林地的造林计划，继续增加500万公顷的森林覆盖面积，积极将印度国土的森林覆盖率从23%提高到33%，力求在2020年增加森林5千万～6千万吨的二氧化碳汇量。印度森林法律规范明确要求充分保护原始森林自然资源，当地人在没有积极参与的情况下也有权力保护森林资源。不仅规定防止进入和糟蹋林地，也根据特殊区域情况联合采用一系列特殊保障手段。此外，印度前任总理曼莫汉·辛格认为："世界无法承受一些发达经济体所采取的那种高消费模式。为了全人类的福祉，我们需要寻找更具可持续性的发展方式"。为此，印度制定《国家发展战略》把建立节约、可持续发展的经济模式放在重要地位。印度第三大温室气体排放源是交通运输、商业及住宅的温室气体排放。唯有通过立法形式，强调在居家和商业机构推广节能、处理固体废物和鼓励城市公共交通等方法，才能确保人居环境的可持续性。例如，修订节能建筑规范，积极开发包括节能建筑、材料、设备、照明在内的各种产品；强调城市废物管理和回收利用，进一步提高其回收利用率；加强机动车燃料经济性标准的执行力度，以及使用定价措施鼓励购买低能耗汽车；提倡使用公共交通工具，解决现代城市人口增长和经济发展而导致出行量提高；采取扩大生物柴油、压缩天然气使用范围、报废老旧车辆、推行更严格的车辆排放标准等综合措施来改善环境条件；规定空气、水、噪声、散发物和排放物的标准等。

（二）南非

"彩虹之国"——南非，位于非洲大陆最南端，东、南、西三面被印度洋和大西洋环抱，气候状况复杂，所辖区域分属热带草原气候、热带沙漠气候、地中海气候等。整个国家是非洲第一大经济体，以农业、矿业和制造业等为支柱产业，基础设施良好、资源较为丰富、经济开放程度较高。但是，国民经济各部门发展水平、地区分布不平衡，收入分配不均。在全球气候变化的大背景下，南非也深受其扰。气候变化会导致南非农作物成活率低、可耕种土地减少，粮食减产和粮价上涨①。然而气候变化对南非的影响远远不止这些。

南非政府批准的《减缓气候变化长期情景》明确指出，南非的温室气体排放总量从 2020 年至 2025 年将达到峰值，经过 10 年左右的平台期，可能从 2035 年开始下降。南非政府宣布的具体行动目标是到 2020 年使南非的温室气体排放量在"情景照常"的基础上下降 34%，到 2025 年下降 42%。南非政府已经推出一系列财政措施，以支持绿色产业和可再生能源发展，其中包括"可再生能源保护价格""可再生能源财政补贴计划""可再生能源市场转化工程""可再生能源凭证交易"及"南非风能工程"等②。

南非的农业较为发达，可耕地约占土地面积的 13%，但肥沃土地仅占可耕地的 22%。农业生产总值约占国内生产总值的 4.1%，并提供 13%的正式就业机会，正常年份粮食除自给外还可出口。林木覆盖面积占全部土地的 6%，畜牧业较为发达。水产养殖业产量占全非洲的 5%和世界的 0.03%。南非商业捕捞船队有各种船只 500 多艘，近 3 万人从事海洋捕捞业。即种植业和捕捞业居于主导地位，受到气候变化的影响较大。为此，南非采取了一系列具体措施。例如，调查并评估物种适应选择成本及随之可能发生的环境风险，支持农业探索新的潜力与机会；大力推进并调查农业领域的短期、中期、长期的适应性；加大投资，开发水源与营养物保护技术，开发气候抗性作物品种；开发并使用预警系统，对不利天气及病虫害进行预警，提供现代化的信息与决策支持工具；对农村人口进行培训，促进乡村对气候变化与农业关系的认知。通过自然领域的基因库建设、农业领域的适应性作物培育技术、气候变化与病虫害预警系统，为了保护生物多样性（海陆）强化保护区规划，确定保护区扩大战略，力争保护生态系统，减少生物灭绝。为了更为有效地管理，南非在关键保护区周边建立起非正式保护区，建立生物多样性监测系统，对特定风险提供及时信息，对濒临灭绝物种建设基因库。为了保护海洋生物多样性，南非加大保护生态海岸保护系统并对渔业采取风险规避的方法，实施海产资源收获配额制度，强调渔业与海洋生物多样性的协调与合作，确保应对气候的法律措施，形成双赢的局面。

南非在能源法律规范建设方面的努力主要包括以下几个方面。

（1）强调加快能源的多样化组合，启动低碳能源开发与利用机制。南非强调能源效率达标，积极投资新的清洁技术，推进农业废弃物沼气技术、生物燃料、城市垃圾及废水沼气技术、太阳能资源开发等计划，探索并进一步发展核能动力。

（2）使用市场手段优化能源开发与使用效率。南非确定了"新增长路径"与"国家工业政策行动方案"，通过提升碳税等方式优化能源构成、激励能源效率并

---

① 中国经济新闻网. 2011. 气候变化让南非等国陷入四大窘境. http://www.cet.com.cn/wzsy/ny/395158.shtml.

② 中国气象局. 2011. 南非应对气候变化打造绿色经济发展模式. http://2011.cma.gov.cn/qhbh/newsbobao/201104/t20110420_91565.html.[2016-08-20].

促进可再生能源技术的开发、实施及出口工业的发展，提升就业潜能。

（3）推行强化节能的强制标准。南非政府一直强化能源利用效率，大力投资开发洁净煤技术与煤炭效能技术，并谋划对火力发电站引入更为严厉的热效率与排放标准，主要包括家用电器强制（能效）标志、器具设备的"最低能源标准"、强制能源等级标志等。

（4）大力探索工业与交通减排途径。南非通过《工业制造业应对气候变化行动方案》，有效管理并降低经济风险，确保向低碳经济的平稳过渡。通过《大气质量法》（第29条第1款）对所有涉及二氧化碳排放的能源征收二氧化碳税，管理所有重要工业源的温室气体排放。南非政府注意到气候变化对交通设施的潜在危害，大力发展公共交通、低碳交通，增加铁路运输的比例，鼓励公共交通与绿色出行，提升替代性交通工具，提升公交效能，等等。为了减少交通碳排放，南非正在加大投入，在交通行业进一步开发与部署清洁能源技术（如电动汽车或混合动力汽车），支持清洁燃料技术产品与使用[1]，开发化石燃料的替代燃料；降低燃油税，激励清洁燃料使用。

当前南非发展最快的行业是旅游业，产值约占国内生产总值的8%，从业人员达120万人，已经成为其第三大外汇收入和就业部门。该行业是高度气候敏感型的行业，为应对各种挑战，南非建构了强化旅游吸引力的碳柔性与适应能力，鼓励绿色旅游基础设施建设，鼓励本土旅游，以便应对因其他各国交通减排而导致的国际旅行衰退；鼓励本土与国际游客参与自然环境保护并享受责任之旅；支持旅游产业引入可再生能源并允许游客补偿其旅游产生的碳排放。

（三）印度尼西亚和马来西亚

印度尼西亚（又称"千岛之国"）是位于赤道附近的由17 508个岛屿组成的全球最大的群岛国家，70%以上的区域位于南半球，是年平均温度为25～27℃的典型热带雨林气候，农业和旅游业比较发达。与之相邻的马来西亚也属热带雨林气候，全年平均温度为26～30℃。该国在20世纪70年代之前的经济以农业为主，之后不断调整产业结构，大力推行电子业、制造业、建筑业和服务业等出口导向型产业。纳吉布总理执政后，采取了多项刺激经济和内需增长的法律措施，使得整体经济逐步摆脱了金融危机影响，企稳回升势头明显。

首先，两国在应对气候变化过程中采取的法律措施是保护热带雨林。印度尼西亚是全世界保有原始森林面积最大的国家之一，热带雨林是其生存和发展的最大优势资源，但该国的毁林情况非常严重，被吉尼斯世界纪录评为"全球毁林速度最快的国家"。为改变这种状况，印度尼西亚政府积极立法加强对森林的保护，

① Pegels A. 2010. Renewable energy in South Africa：Potentials，barriers and options for support. Energy Policy，38.

设法增加树木种植，扩大森林面积。通过保护婆罗洲热带雨林和生物多样性的"婆罗洲之心"，对婆罗洲心脏地带的热带雨林进行研究、保护和永续利用，切实保护该地区森林资源和物种多样性；通过保护乌卢梅森森林，争取在未来30年内使得1亿吨二氧化碳得以吸收并存在于森林植被和土壤中；通过保护本国天然林的"两年计划"，禁止天然林资源用于商业用途。马来西亚则对非法侵占林地和非法采伐规定了严厉的处罚措施，基本遏制热带雨林大面积迅速被毁的势头。

其次，两国积极开发新的替代性能源，实现高效、清洁、可靠和经济上可担负的能源供应与利用。印度尼西亚政府主张建立一种可持续能源供应与利用体制，鼓励集约利用可再生能源、利用能效技术、营造节能型生活方式；减少了燃油补贴，提出2025年生物燃油的使用占所有能源比例达到5%；积极鼓励企业生产棕榈油和蓖麻油，深度发掘地热资源。马来西亚降低对化石燃料依赖度的措施主要是大力开发和利用水能，将水能作为新增加能源需要的主要解决方案[①]。为了鼓励新型洁净能源的开发，该国签署了《京都议定书》并设立清洁发展国家委员会，要求开发新能源（水能、风能、太阳能）的公司进口国内不能生产的设备可免征5年进口关税和销售税，并可按技术创新身份规定免征10年所得税。不过，两国的措施也遭到一些批评。例如，印度尼西亚发展棕榈油的措施刺激人们毁林种树，不仅没有达到减排的目的，反而破坏大片热带雨林。

再次，两国致力于保护和利用海洋。印度尼西亚的海洋面积比陆地还大，有着丰富的海洋资源。鉴于海洋对气候变化的重要作用，印度尼西亚政府十分重视利用海洋植物的固碳能力，加大海洋对二氧化碳的吸收以实现减排。印度尼西亚政府在首届世界海洋大会上宣言呼吁各方在哥本哈根世界气候大会上讨论海洋、海岸与气候变化之间的相互作用。紧接着印度尼西亚、菲律宾、马来西亚、巴布亚新几内亚、所罗门群岛和东帝汶六国领导人签署了"珊瑚金三角"（又称"海中亚马逊雨林"，不仅有地球上面积最大的红树林区，还拥有世界最丰富的海洋生物物种和富饶的渔业资源，全球76%的珊瑚和35%的珊瑚礁鱼类生活在这里），通过了关于保护和可持续管理海岸及海洋资源的区域行动计划，加速区域合作，共同采取措施管理海洋、海岸和小岛生态系统。

最后，两国均积极进行国际合作，举办各类国际会议与论坛，争取外部资金、技术、知识等各方面的援助，改善国家形象，提升国家地位。例如，印度尼西亚巴厘岛举办了联合国气候变化框架公约成员国第13次会议，制订了巴厘岛行动计划；该国成立开展应对气候变化的科学和技术研究的气候变化中心时得到美国提供的700万美元的直接建设援助与另外1000万美元的相关项目经费。

① 郭军，贾金生.2006.东南亚六国水能开发与建设情况.水力发电，32.

第二章 江苏产业结构应对气候变化的
优化范式

第一节 江苏产业结构的变迁轨迹

一、江苏产业结构的演进历程

依靠国家加速宏观调控的有利背景，江苏产业结构一直处于持续性的主动调整之中，经历了由小到大、由弱到强的独具特色的发展历程。

改革开放初期，苏州、无锡、常州等地区利用靠近上海的特殊区位优势，主动把握上海国有企业人才和技术扩散的双重机遇，开创性地走上了以工兴农的乡镇企业发展之路。蜚声中外的"苏南模式"成为中国农村走上工业化之路的排头兵，引起多方争相效仿与研究思考，产生深远的影响。总体而言，江苏一次产业在保持正常发展的同时，对经济增长的贡献份额逐年下降，在 1985 年至 1989 年期间，产业贡献份额从 34.5%降到 24.5%；二次产业步入快速稳步上升的通道，由 1984 年的 48.2%上升到 1987 年的 53.5%，其中工业由 44.1%上升到 48.1%。此时，江苏纺织、食品、化工、机械、建筑、建材等产业迅速崛起并壮大成为支柱产业，完成了产业结构的第一次转型，为推进整个地区的工业化进程奠定了坚实的基础。

在乡镇企业发展逐渐成熟、国内市场空间相对稳定之后，江苏通过与外来投资、合资、合作经营的方式，引进先进技术和管理方式，推进传统行业更新换代，大力发展现代通信设备、新材料等新兴行业，走上了外向型经济发展之路。与此同时，国家级石化、化工行业的项目建设步伐加快，使江苏工业向资本密集、技术密集的重型化方向发展，实现了江苏工业化的第二次跨越。从 1995 年起，重工业首次超过了轻工业，同时商业、交通运输邮电业、金融保险业等服务行业也得到长足发展。在这个阶段，实现了江苏产业结构的第二次转型，确立了以出口为导向的外向型经济发展道路。

在进入 21 世纪后，苏南招商引资工作在世界制造业基地转移的大背景下突飞猛进，国有企业和乡镇企业改制进一步推进，民营经济逐渐显露峥嵘，在江苏发展进程中掀起了新一轮的增长浪潮。第三产业的发展引起了政府和各方的高度关注，各地纷纷出台了鼓励和促进第三产业发展的政策措施，在民间资本的大力推动下，房地产、商务服务等一些新兴服务业快速崛起，交通通信、金融保险等基础服务行业得到改进和加强，教育、卫生、文化事业蓬勃发展，展现出勃勃生机。江苏经济正面临着第三次转型的机遇。

十多年来，江苏三次产业结构实现了从"二一三"到"二三一"的历史性转变，可贵的是这种转变没有以牺牲农业为代价，相反地，发达地区采取了以工补农的经济和社会政策，农业基础进一步加强，农业经济结构得到了改善，农业、农村、农民工作得到了切实的改进和加强。在工业化进程推进到一定阶段时，三产发展应时而起，是以满足人民生活水平和生活质量不断提高为基础发展起来的，是经济和谐发展的一种标志。而工业的发展则是利用自身优势抓住世界经济格局调整的机遇，是一种快速调整的发展。江苏正在走上新型工业化的道路，三次产业结构呈现出一种工业化、合理化、高度化的发展势头。目前，江苏经济正保持着良好的发展势头向前推进。

二、江苏产业结构演变的主要特征

（一）江苏产业结构的历史演变体现了产业结构发展变化的基本规律

纵观世界各国现代经济发展的历史，三次产业结构演进一般遵循以下发展规律：在三次产业结构之间，第一产业存在不断减少的趋势，第二产业先是迅速增加，然后趋于稳定，第三产业则呈不断上升的趋势。在 20 世纪 70 年代前后，西方发达国家产业结构的变化出现了新的趋势。这就是：在整个产业的各种行业中，传统行业逐渐被新兴行业所取代，新兴行业不断从传统行业中脱颖而出，逐渐成为主导性行业；在制造业内部中，产业结构逐步表现出技术密集型趋势，技术或者说高科技密集产业不断涌现；整个产业非农业、非工业倾向日益明显化，第三产业的地位越来越突出。江苏产业结构发展变化基本体现了上述发展规律（表 2-1、图 2-1、表 2-2 和图 2-2）。

表 2-1　江苏各产业分年总产值　　　　　　单位：万元

产业	2008 年	2009 年	2010 年	2011 年	2012 年
第一产业	2 100.11	2 261.86	2 540.10	3 064.78	3 418.29
第二产业	16 993.34	18 566.37	21 753.93	25 203.28	27 121.95
第三产业	11 888.53	13 629.07	17 131.45	20 842.21	23 517.98

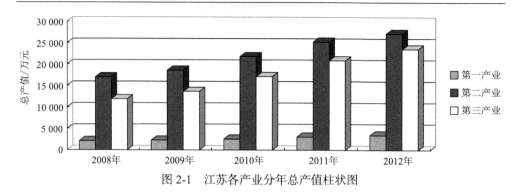

图 2-1　江苏各产业分年总产值柱状图

表 2-2　江苏各产业从业人数比例　　　　　　　　　　单位：%

产业	2008 年	2009 年	2010 年	2011 年	2012 年
第一产业	25.1	23.7	22.3	21.5	20.8
第二产业	40.2	41.1	42.0	42.4	42.7
第三产业	34.7	35.2	35.7	36.1	36.5

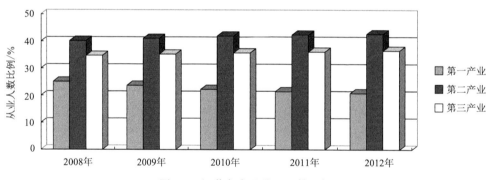

图 2-2　江苏各产业从业人数比例

从 2012 年的数据来看，江苏按 GDP 划分的结构类型已进入"二三一"型；据世界银行《世界发展报告》提供的部分国家资料，20 世纪 90 年代以来，世界低收入国家（人均 GDP 为 700 美元以下）第三产业比例为 35%～50%，江苏到 2012 年的比例已经达到 40%，离结构类型最高形态"三二一"只差一个阶段。从从业人数划分的结构类型来看，第一产业的从业人数逐年稳步下降。第二、三产业的从业人数逐年稳步上升，但第二产业的上升幅度较第三产业略高，说明从第一产业解放出来的生产力主要还是流向了第二产业。三次产业的从业人数常年保持"二三一"的格局，这与国外发达国家相比也还有一步之遥。因此，江苏应在发展第一、二产业的基础上加快第三产业的发展，继续发展运输、邮电业的同时，加快发展商品流通业、金融保险业、房地产业、旅游服务业、文化娱乐业，特别是技术、知识、信息产业等，大力发展要素市场，使之成为江苏经济发展的新的增长点。疏通劳动力流动渠道，依照城镇化的发展思路，应继续大力发展农村乡镇工业，在城市则应引导外来劳动力流向第三产业，以吸收更多的农村剩余劳动力，使其结构类型较快进入"三二一"。

（二）江苏产业结构的发展速度与西方发达国家存在很大差距

江苏的三个产业发展速度较快，结构较合理。但与西方发达国家相比，差距还很大。1993年日本GDP三个产业比例依次为2.4%、44.4%、53.2%；1987年美国为2.1%、31.4%、66.5%；1992年英国为1.81%、33.08%、65.11%。以上这些国家均为"三二一"的结构类型。江苏1995年GDP产业结构与日本1995年相比，结构相似系数为0.9125。江苏1995年劳动力产业结构与日本1995年相比其结构相似系数为0.9573。虽结构相似系数超过90%，但江苏三个产业的结构大致相当于日本20世纪40年代的水平。

三、江苏产业结构调整的主要问题

（一）产业结构的调整力度还应加强

以2008年的数据为例，江苏第一产业所占比例为6.8%，广东和浙江两省的比例分别为5.5%和5.1%；第三产业的所占比例为38.4%，广东和浙江两省所占比例分别为42.9%和41%[1]。2012年，江苏三大产业的比例分别为6.3%、50.2%、43.5%。浙江三大产业的比例分别为4.8%、50%、45.2%[2]。广东三大产业的比例分别为5.0%、48.5%、46.5%[3]。

以2012年江苏、浙江和广东三省三大产业比例数据为例（图2-3），同为经济较发达的省份，从产业结构的发展程度上来说，江苏较广东和浙江两省还有差距，结构优化还有很大的提升空间。并且在2008年到2012年这5年中，江苏与其他两省的差距并未明显缩小，说明江苏在产业结构调整方面的力度还应当继续加强。

---

① 袁宁. 2010. 1978~2008年山东省产业结构演进分析. 山东经济，11.

② 浙江统计信息网. http://www.zj.stats.gov.cn/tjsj/ydsj/gmjjhs/gmjj2012/201402/t20140225_113522.html. [2016-08-20].

③ 广东统计信息网. http://www.gdstats.gov.cn/tjnj/2013/directory/03-04.html. [2016-08-20].

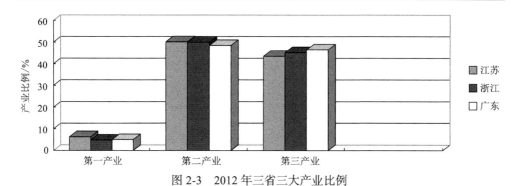

图 2-3　2012 年三省三大产业比例

（二）产业结构演进的结构性偏差

1. 产业总体层次不高

产业结构偏离度被定义为三次产业产值结构与三次产业就业结构之差的绝对值之和，主要反映就业结构与产值结构之间的不对称状态。偏离度越大，表明产值结构与就业结构的差距越大，产值结构与就业结构越不对称。1995～2001 年，江苏产业结构偏离度逐步上升，到 2000 年达到最高点，第二产业产值比例过高，第一产业就业比例过高；第一产业的劳动力比例虽持续下降，但仍远高于其增加值比例；第三产业的劳动力比例虽持续上升，但仍远低于其增加值比例。相对于产业结构变动而言，就业结构调整较慢，第一产业仍存在大量剩余劳动力，而最具吸纳劳动力能力的服务业发展不足，就业比例偏低，造成产业结构的整体效益水平较低。同时，大量劳动力滞留在农业而引发的低收入和低消费，成为制约工业和服务业进一步发展的结构性因素。经过数年的产业结构调整，产业结构偏离度持续下降，从 2008 年至 2012 年（表 2-3），已经降至 30% 左右，较 2000 年的水平有了接近一半的降幅，但比例仍显过高，因此，在产业结构方面还有很多工作要做。

表 2-3　2008～2012 年产业结构偏离度　　　　　　　单位：%

年份	产业结构			就业结构			产业结构偏离度
	第一产业	第二产业	第三产业	第一产业	第二产业	第三产业	
2008 年	6.8	54.8	38.4	25.1	40.2	34.7	36.6
2009 年	6.5	53.9	39.6	23.7	41.1	35.2	34.4
2010 年	6.1	52.5	41.4	22.3	42.0	35.7	32.4
2011 年	6.3	51.3	42.4	21.5	42.4	36.1	30.4
2012 年	6.3	50.2	43.5	20.8	42.7	36.5	29

2. 供给与需求结构变动不佳

随着需求层次和结构的日益多样化,供给的差异性却不显著。传统产业比例偏高,工业消费品领域的变动缺乏弹性,造成20世纪90年代以来经济高速扩张时期形成的制造业生产能力出现持续性低水平过剩。据2002年下半年全国市场供求情况的排队分析,供求基本平衡的商品和工业品分别占排队总数的12%和9.7%,供不应求的商品及工业品均继续保持为零。同时,高技术层次产品短缺。电子、机械、石化、汽车行业2001年产值比例为50.2%,尚未形成规模上的绝对优势。服务领域的供给在规模、种类和质量上与需求的差距更大。第三产业发展仍相对滞后,并且内部结构仍以传统的交通、批零贸易餐饮业为主,新兴第三产业发育不足。

第二节　气候变化与江苏经济发展

一、江苏经济发展对气候变化的影响

(一)经济增长方式对气候变化的影响

出口、投资和消费拉动是影响中国经济增长的三大主要因素,它们是以不断扩大生产规模为基本特征的粗放式增长模式,这样的模式恰恰又是导致中国碳排放增加的主要原因。

首先长期以来中国经济增长主要依赖大规模的投资活动。投资在中国经济增长中所占比例比其他国家要高,投资的增加自然会导致能源消耗量的增加,而中国的能源结构又比较单一,煤炭和石油一直以来都是中国主要的能源形式,因此碳排放随之增加不可避免。其次,由于物质产品的日益丰富,人们的生活质量提高,消耗的各种资源也越来越多。任何一种商品均意味着或多或少的碳排放。最后,出口也是中国碳排放总量迅速增加的主要推动力之一。随着发达资本主义国家逐步进入后工业时代,国际间的产业转移越来越多,中国通过承接这种产业转移来获得发展所需的资金和技术。这对中国在经济上赶超英国、美国等发达国家无疑是具有积极意义的,但是在中国成为世界加工厂的同时,也"有幸"成为最大的碳排放国。这种排放是名义上的排放,实际上相当多的产品被销往国外,真正应当对这种碳排放负责的应该是使用这些商品的国家。但现实情况是发达国家在享受低碳生活的美名,而中国却因碳排放过高而受到不应有的指责。

按照目前的经济增长和消费模式,中国碳排放量将随经济增长而增加,其中尤以工业增长排放 CO_2 最为显著。根据国际经验,一国经济进入工业化快速发展阶段,城市化进程加快,交通、能源的消费需求增加,碳排放量将很快增长。如果不改变目前的经济增长方式,继续沿着一些发达国家的老路去发展,中国未来的可持续发展将面临巨大挑战。

（二）经济结构对气候变化的影响

经济增长与经济发展的概念并不等同。经济增长着眼于短期经济总量的增长，而忽视经济增长的质量和增长的可持续性。中国长期以来单纯追求数字化增长的模式已经导致了全社会在资源环境上的巨大损失。改革开放以来，中国经济的发展速度比较快，但对经济结构总体而言改进有限，工业所占比例一般为 40%～50%。第三产业大约占33%，服务业比例低于巴西，约20%，并低于发达国家（35%～40%）。这与中国经济过分依赖投资并一度强调重工业发展战略不无关系，而重工业的特点决定了中国经济目前仍为外延型和粗放型的增长，说明中国经济增长方式的转变还要走漫长的道路，未来经济的发展对能源和 CO_2 排放的需求还很大。中国以第二产业为主的产业结构将在很长的时期内一直保持下去，但随着信息化、知识化的浪潮席卷全球，一国经济增长可以更多地依靠人才和科技创新及制度的改进，不断提高资源配置效益和产出效益，从而促进产业结构的提升。虽然，发展以服务业为主的第三产业，可以大大减少工业对碳排放的需求，并逐步改善人们的消费需求偏好，降低单位产值的碳排放量以保护环境。应当调整产业结构、人力发展高新技术产业和第三产业。

（三）能源结构对气候变化的影响

中国能源结构显著不平衡、不安全。长期以来以煤炭、石油和天然气为主的化石能源仍然是中国能源消费的主力。而这其中，煤炭又占据了绝大部分份额。2012年，中国消耗的煤炭占世界总量比例超过 50%，比全世界其他国家煤炭消费总和还多。中国一次能源消费中煤炭占到近 70%，煤炭之外的相对清洁的能源消费只占30%左右，这与世界水平正好相反。美国 2012 年煤炭消费占比只有 19.8%。2012年，中国一次能源消费构成中，煤炭占到68.5%左右，非化石能源占9.1%左右，天然气占 4.5%左右；2013 年，中国能源结构调整步伐加快，非化石能源消费占能源消费总量比例由 2012 年的 9.1%提高到 2013 年的 9.8%。考虑到原油消费的平稳增长和天然气消费的快速增长，2013 年中国煤炭消费占比至少下降了 1 个百分点。

二、气候变化对江苏经济发展的影响

（一）正面影响

1. 充分利用清洁发展机制等机制为经济发展和转型赢取资金和技术

《京都议定书》明确了各国对控排温室气体应担负责任，对发达国家的温室气体排放量作出强制性的限制，对发展中国家则没有强加强制减排的义务。为了实现既定的减排目标，《京都议定书》还规定富有创造性的三种灵活机制，其中清洁发展机制（Clean Development Mechanism, CDM）对中国具有十分重要的意义。CDM 是一种发达国家与发展中国家在控排温室气体领域协作双赢的新颖模式，它允许承担控排义务的国家，在另一国投资能够减少排放量的项目，而减少的排放数额可返还投资国，用以冲抵其本身的减排义务，相比在本国改造企业排放设施所需的成本，发达国家情愿通过 CDM 与发展中国家合作。对于发展中国家而言，则可通过 CDM 项目获得部分资金，同时又引进保护环境的先进技术。可以说 CDM 是发展中国家与发达国家取得共赢的机制，因而得到了迅速的推广和发展。

2. 推动江苏承接绿色外来产业，修正不利环境的产业结构

1）承接外来产业

自改革开放以来，江苏在积极承接国际资本和国际产业转移方面一直走在全国的前列并且取得了明显成效。据统计，2012 年江苏实际利用外商直接投资。外国资本的进入，尤其是跨国公司的落户，在一定程度上促进了江苏产业结构的调整和升级，增强了江苏产业的竞争力和国民经济的快速发展。虽然这种国际间的产业转移主要还是由于经济自身发展规律的推动，但是近年来，随着气候变化问题的日益严峻和发达国家强制减排义务的制约，国际间的产业转移还会进一步深化，当前的国际产业转移呈现出一些新的趋势：国际产业转移出现跳跃性，许多跨国公司通过缩短贸易、技术转让、投资等阶段之间的时间来加快国际化进程，兼并和收购使跳跃式发展变得更为简便；生产外包成为国际产业转移的新兴主流方式。跨国公司所控制的价值增值环节集中于少数具有相对竞争优势的核心业务，而把其他低增值部分（如简单的生产加工）外包给较不发达国家的供应商；国际产业转移由产业结构的梯度转移逐步演变为增值环节的梯度转移。全球价值链分为技术、生产和营销三个环节，作为发达国家往往将技术环节保留，而将相对高碳排放的生产和销售环节进行转移。作为制造业大省的江苏，在承接发达国家的产业转移方面具有十分独特的优势。此外，江苏承接国际产业转移的同时可以充分利用自身的人才优势，构建和完善以企业为主体、产学研相结合的创新体系，加强技术学习，提升引进、消化、吸收、再创新的能力，为自身的产业结构升级创造条件，带动其他欠发达地区经济发展。目前，江苏已经产生了一批产业园区。但这些园区大多处于产业集群演进的初级阶段，发展层次和企业素质较低，产品技术和市场基本上都掌握在外商手中，近年来在土地、劳动力等成本不断攀升的背景下，很多产业的部分企业已经开始向西部、北部甚至国外转移。这既是挑战也是机遇。江苏应当通过改造、重组和政府支持，发挥科研教育资源集聚的优势，强化和完善技术创新机制，积极培育具有国际先进水平的高新技术产业，使自己的支柱产业具备国际竞争力，这样才能在日益激烈的国际竞争中长期立于不败之地。

2）本省内部南北转移

苏北地处长江以北，地域比苏南辽阔，农副产品、矿产、土地、海洋等资源丰富，人力资源成本较低，在"经济大省、人口大省、资源小省"的江苏，苏北在能源、原材料等资源加工业和制造业方面具有先天优势和巨大潜力。优势产业基本上属于劳动密集型及资源密集型产业。以此为基础，承接苏南外移的产业，可以就地生产和制造，减少了资源流动的成本，降低能源的消耗，有利于发展循环经济，减少环境污染和二氧化碳的排放。例如，苏北是江苏乃至全国的重要产量区，每年粮食收获后，秸秆等固体废弃物的处理是非常棘手的一件事，究其原因主要还是就地处理对农民自己来说最经济，但是秸秆是重要的资源，如果不能充分利用，不仅是一种浪费，而且还会造成污染（传统的焚烧法已经多次造成环境污染事件），如果能够在苏北地区就地建厂，将苏南的这类产业转移进来，采用先进技术对秸秆进行无害化处理甚至作为原料进行再加工，生产出生物柴油等有用的资源，无疑可以发挥这些资源和要素的优势，同时有利于江苏整体经济的快速发展。

苏南地区的优势产业主要集中于电子、电器、石化、冶金等产业，基本属于资本和技术密集型产业。政府和企业就可考虑对其进行转移，适度淘汰或转移传统产业，腾出资源和空间发展更为高端的产业。节能环保、新一代信息技术、新能源、新材料等新兴产业将成为经济的新引擎。根据江苏出台的"新兴产业倍增、服务业提速、传统产业升级"三大计划，苏南必须集中资源和力量发展新兴产业。这样才能在保证经济稳定增长的同时，有效地减少环境污染和二氧化碳的排放。

但是应当看到，产业转移不是污染和排放的转移，产业转移必须以可持续发展和环境友好作为最基本的原则。在产业转移的过程中实现产业的升级换代和技术改造，重点是引进科技含量高、投资力度大、资源利用率高、环境污染少的项目，防止承接污染、落后的产业，绝不以牺牲环境来换取经济的发展。

3）向内陆省份转移

中国区域经济格局正在发生重大变化，有序推进产业转移势在必行。一方面，东部沿海地区要素成本持续上升，传统产业的发展优势在减弱；另一方面，广大中西部地区基础设施逐步完善，要素成本优势明显，产业发展空间相对较大。加快东部沿海地区产业向中西部地区转移，形成更加合理、有效的区域产业分工格局，已成为国家促进区域协调发展的政策取向和重要任务。近年来，内陆省份在加强与沿海省份对接、创新沿海地区合作机制、提高土地集约利用水平等方面做了大量富有成效的工作，积累了宝贵的经验，产业承接规模不断扩大，成效日益显现，内陆省份劳动力资源丰富、成本相对较低，可以有效吸引并承接来自沿海地区劳动密集型产业的转移。例如，皖江城市带已与长江三角洲形成产业发展共生圈，皖江城市带加工产品的 50% 以上为长江三洲角配套，汽车、家电等产业所需零部件的 70% 左右来自长江三角洲。皖江城市带拥有水资源、岸线资源和环境容量等方面的组合优势，并具备很突出的地缘优势，为江苏企业拓展了很大的发展空间。江苏沿海开发和皖江城市带这两大战略完全可以"共振""共赢"①。

　　一方面"区域化制造"、产销地靠近，使得生产要素趋于集中，减少了物流和劳动力流动的费用，主观上是为了降低成本，但客观上减少了能源的消耗，这意味着温室气体排放量的减少。另一方面传统产业转出缓解了东部地区要素资源的供需矛盾，为引进和发展高端新兴产业腾出空间。江苏地区可以借此机会，大力调整自身产业结构，发展第三产业和高科技工业，以新兴产业代替传统产业，不断提升产业链高度，实现产业结构升级，这对于减少温室气候的排放具有很重要的意义。

3. 发挥高新技术产业优势，推进节能减排

　　应对气候变化的一项重要举措就是新能源的开发和利用，运用清洁的可再生能源代替传统的高污染、高排放的化石能源，是解决气候变暖的釜底抽薪之策，大力发展风能、水能、太阳能、生物质能等新能源，推广分布式能源和智能电网，加强天然气、煤层气、页岩气勘探开采与应用，开发应用节能环保技术和产品，更开拓了节能环保等新兴产业成长的广阔空间，其中蕴含着很大的商机。但是新能源的开发和利用中最关键、最根本的问题是技术问题，以太阳能为例，太阳能是取之不尽、用之不竭的清洁能源，但是真正实现进入日常的生产和生活，目前还不现实。主要原因是成本高、光电转化效率低、缺乏商业运用的价值，如果能够从技术层面进行改进，大幅度地降低太阳能开发和运用的成本，其代替煤炭和石油的地位终将变成现实。相关的产业也是不可多得的朝阳产业。江苏是中国经济最发达的省份之一，也是科技强省，还是拥有最多高校和科研机构的省份之一。江苏完全可以利用自身的科技、人才优势，抓住节能减排的有利时机，加快本省产业结构的调整，在新能源的开发和利用技术创新领域开创出自己的广阔天地。

（二）负面影响

1. 能源消耗的制约

　　近年来，节能减排一直是中央到地方各级政府的"硬任务"，2011 年，中央

---

① 朱新法，王拓. 2010. 产业转移，挥师西进又增新落点.http://js.xhby.net/system/2010/01/30/010677463.shtml.
[2016-08-20].

政府在政府工作报告中就指出要控制能源消费总量，淘汰落后产能，降低化石能源发电比例，关停高耗能、高排放企业。目前，国务院制定了2014～2015年新的工作目标：单位 GDP 能耗、化学需氧量、二氧化硫、氨氮、氮氧化物排放量分别逐年下降 3.9%、2%、2%、2%、5%以上；单位 GDP 二氧化碳排放量两年分别下降 4%、3.5%以上。作为经济大省的江苏，节能减排压力非常大，虽然"十二五"的前三年，江苏年单位地区生产总值能耗累计降低 12.14%，完成"十二五"节能目标进度的 65.2%，超额完成国家要求的进度目标。规模以上工业单位增加值能耗降低 6.35%，前三年累计下降 18.78%，但是由于江苏仍处于经济结构和产业转型的调整升级期，因此面临的减排形势依然非常严峻，表现为新增污染物总量仍然居高不下，各地区减排进展也不均衡，同时污染减排的空间也在大幅收窄，仅依靠污水处理厂和电厂脱硫脱硝工程建设完成减排任务已不再可能。此外，规模化畜禽养殖场污染治理平均水平还有待提高，中型、重型汽柴油车淘汰力度明显低于其他类型车辆，钢铁、水泥行业由于经济效益和政策因素影响，存在工程建成不能正常投运的现象。由此可见，伴随着一系列节能减排政策措施的实施，难免会对经济增长带来影响；面对经济继续下行的不利发展环境，既要完成节能减排的任务，又要保持经济增长 7.5%左右的发展目标，可谓困难重重。据悉，2014年，江苏将深挖结构减排潜力，提升管理能力，确保完成年度减排目标。化学需氧量、二氧化硫两项主要污染物排放总量分别削减 3%，力争提前实现"十二五"总目标，氨氮、氮氧化物排放总量分别削减 3%和6%，确保达到"十二五"序时进度。2016 年全省共安排减排项目 2106 个，预计可实现四项主要污染物分别削减 9.82 万吨、1.15 万吨、1032 万吨和23.04 万吨，可以完成既定目标任务。同时，江苏还加大产业结构调整力度，充分发挥减排倒逼作用，重点淘汰技术落后、排放量大的小火电、小钢铁、小印染企业。狠抓重点减排工程建设，提高城镇特别是农村地区的污水处理率[①]。这些目标的实现，必将对一些企业和部门产生不利影响，特别是一些高污染、高能耗、规模小的企业会受到很大的冲击，江苏有不少这样的小企业。如果不能积极地引导它们改进、重组、转型，甚至会被淘汰，这可能对江苏的经济产生影响。

2. 新能源的储量较少

江苏是中国的能源消费大省，能源消耗 70%依赖煤炭，煤炭消费占全国 7%左右。而江苏境内煤炭探明储量仅占全国 0.6%，天然气主要依靠西气东输，石油储备主要依靠进口，一次性能源的自给能力非常低，因此，大力开发新能源是解

---

① 莫小羽，王瑶. 2014. 江苏超额完成国家节能减排目标. http://js.xhby.net/system/2014/05/27/021049946.shtml. [2016-08-12].

决经济发展中的能源危机的重要手段。江苏的新能源储备具有很大的开发潜力。目前各种新能源中，技术比较成熟，而江苏地区蕴含量也比较丰富的主要是风能、太阳能和生物质能。

风能资源是气候资源的重要组成部分。风能资源相对于不可再生的化石燃料而言是清洁的可再生能源，其显著的特点是无污染、无污染物排放。同时，风能又是永久性能源，是最具潜力的替代能源。风能资源的开发利用已经成为世界利用可再生能源的主要成分，是符合可持续发展的"绿色能源"。江苏地区的风能资源是丰富的，蕴藏量约 238 万 kW，列全国第十位。并且风能密度大部分地区在 $50\sim80$ W/m^2，属于可利用风能资源比例很高的省份。但是，连续风观测记录表明，自 20 世纪 90 年代以来，测站风速观测记录较七八十年代明显减小，气象观测站环境也明显改变，因而实际风能资源及其分布将与过去的评估结果存在明显差异。对全省风能资源进行重新评估，为政府部门规划开发全省风力发电提供决策依据显然是必要的。

依据相关研究结果，江苏地区太阳总辐射呈北丰南贫的趋势。相对来说，连云港地区、盐城北部、徐州东北部及宿迁北部地区的太阳能资源相对较丰富，年均太阳总辐射可达 5000MJ/（m^2·a），年均日照时数在 2300h 以上，属于资源较丰富区；苏南地区及中部地区年均总辐射相对较少，日照时数为 1900~2300h，属于资源贫乏区。总体而言，江苏地区的太阳能资源属于资源贫乏区，且由北向南逐渐减少[①]。

江苏的生物质能源蕴含量非常丰富，江苏特别是苏北地区为中国重要的粮食产区，农业废弃物的种类和数量都比较丰富，但是生物质能的开发和利用过程中还存在不少问题和障碍。首先，项目的规模普遍较小，装机容量等达不到要求，在短时间内难以形成规模。其次，市场狭小，导致产品价格不理想，为扶持生物质发电产业的发展，国家发改委于 2010 年 7 月出台政策，规定农林生物质发电项目标杆上网电价为每千瓦时 0.75 元，高出之前的生物质电厂上网电价近 0.1 元，但更多的企业并没能享受到政策带来的"福利"，生物质电厂仍然面临如何与电网协调所发电量消纳的问题。发达国家生物质燃料能卖到 300 欧元/吨，而国内市场最高 1800 元/吨，而且在需求量上也有巨大差距。最后，成本没有想象得那么低，由于生物质能资源基本处于分散状态，秸秆等资源都掌握在一家一户的农民手中，收购和运输加剧了生物质能原料成本的上涨。有些企业在建厂初期进行调研时，秸秆的成本约几十元一吨，但等到真正建厂运行起来时，农民已经把价格涨到几百元一吨，而生物质能设备价格的居高不下又无疑是雪上加霜。以年产 10 万吨的生物质燃料加工机械为例，其价格就已经达到 1400 万元左右，而 10 万吨

---

① 周杨，吴文祥，胡莹，等.2010.江苏可用太阳能资源潜力评估.可再生能源，6.

的装机容量对于电厂来说根本不值一提。

从上述分析可以看到，虽然新能源的开发和利用一直为我们所倡导和鼓励，但是在实践中还存在很多问题，对于江苏地区而言，自然条件、技术条件、制度因素等都是制约新能源发展的因素。短时间内摆脱对化石能源的依赖并不现实，而节能减排的任务是现实而紧迫的，因此对江苏经济发展产生的压力不容忽视。

3. 农业发展受到制约

江苏是农业大省，粮食播种面积自 2010 年以来始终维持在 5300 千公顷左右，粮食产量始终维持在 3300 万吨左右。以 2011 年的数据为例，全国夏粮播种面积为 27 557.61 千公顷，秋粮播种面积为 77 265.89 千公顷，合计为 104 823.5 千公顷，江苏粮食播种面积占全国的 5.07%。全国粮食总产量为 57 120.85 万吨，江苏粮食产量为 3307. 76 万吨，占全国粮食总产量的 5.79%[①]。江苏以占全国 4%的耕地生产出占全国 6%的粮食。全省高效设施农业面积达到 861.2 万亩，占耕地面积比例提高到 12.2%，总量和比例分别居全国第三和第一；国家级农业龙头企业达到 61家，国家级农业产业化示范基地 6 家，均居全国第二[②]。由此可见江苏的农业生产对于全国的粮食安全具有十分重要的意义。然而众所周知，农业也是受气候变化影响最大、最直接的产业。

虽然二氧化碳浓度增加，使作物生长发育加快，可提高其水平利用率，但是总体而言，全球气候变暖给农业带来的主要还是负面影响。从持续农业的角度看，保证其稳定发展的是以水、土、气、生等农业资源为主的持续利用与发展，而这些农业资源均在很大程度上直接受气候条件及其变化的制约，特别是在人类强烈活动影响及大量温室效应不断增长的今天，气候变化日趋明显。因此，农业首当其冲地受到气候的影响。

首先，气候变暖引发导致自然灾害和生物灾害频发，例如，全球的气候异常的一个重要表现就是降水不均，有的地方降水过度，引发涝灾，而另一些地方却在忍受干旱的煎熬。这为实现高产稳产增加难度。有学者利用模型对中国地面温度和降水率在二氧化碳浓度增加 1 倍时的变化情况进行了模拟，其结果表明：华东地区增温在 2～3℃区间水平。中纬度地区由于温度高，蒸发量大，热带风暴的频率和强度有所增加，8 月海水温度升高，增加了洪涝等极端天气的发生。因此，粮食生产的不稳定性增加。气候变暖与病虫害发生有密切关系，暖冬有利于病虫安全越冬，这使翌年病虫危害提前发生；热量增加促使病虫繁殖加快，危害期延长。温度升高使作物的生育期缩短，有机物的积累减少，从而使农作物的质量下

---

① 江苏统计局. 2014. 2013 年统计年鉴. http：//www.jssb.gov.cn/2013nj/nj10/nj1001.htm. [2016-08-20].
② 新华日报. 2012. 江苏农业在全国的地位. http：//news.hexun.com/2012-09-24/146166223.html. [2016-08-20].

降[①]，严重影响粮食安全。

其次，全球变暖促使耕作制度改变。耕作制度涉及气候、土壤、地貌、人口、作物等因素。气候变暖将使现行的熟制线北移，即目前的二熟制地区将北移到目前一熟制地区的中部，三熟制北界将从目前的长江流域移至黄河流域，复种面积扩大，粮食总产量可能增加。但是部分地区的水分条件很难满足冬作加两季水稻的三熟制所需要求。土地可能不堪重负，导致地力下降。

再次，全球变暖导致冰川融化、海平面上升，政府间国际气候变化专门委员会（Intergovernment Panel on Climate Change，IPCC）指出，2030 年海平面可能上升 9～29cm，2090 年甚至有可能上升 58cm。中国近几十年上升速率为 0.1～0.25cm/a，其影响也是值得关注的[②]。以江苏为代表的沿海地区的耕地将面临土壤盐渍化甚至被淹没的危险。

从上述研究可以看出，气候变化对农业生产有利有弊，就江苏而言，气候变化带来的有利因素作用不明显，而不利因素对江苏的影响却比较大，因此两者相抵，弊大于利。有学者研究得出结论：气候变化的综合效应将使中国农业生产力下降 5%。这一结论同样适用于江苏地区，而且可能更加严重。

第三节　气候变化形势下江苏产业结构的优化方向

在全球气候变暖的背景下，江苏要实现经济协调发展，必须对产业结构进行调整。这种调整不仅仅是由经济发展内部的规律所决定的，而且也是适应全球气候变化条件下的必然要求。江苏地区经济结构的调整，必须秉承可持续发展的基本理念，坚持稳定农业、优化工业、壮大第三产业的基本方针，在各产业内部优先发展资源节约型、环境友好型和废物利用型行业。

一、第一产业内部结构调整

第一产业结构调整有一个基本的前提条件，即要保证粮食安全。第一产业在产业结构中的比例虽然仍可能继续下降，但总量基本保持稳定或略有增长；衡量粮食安全状况的指标包括粮食外贸依存度、粮食储备水平、粮食产量变异系数和目前江苏粮食安全程度。特别是在经济结构调整的同时，要注意粮食的安全问题。江苏省许多灌溉用水已经达不到最低的环保要求，有的地区土壤中重金属等的含量已经大大超标，严重威胁粮食的生产和品质安全。

---

① 吴小玲，廖艳阳. 2011. 气候变化对农业生产的影响综述. 现代农业科技，11.
② 赵其国. 2004. 气候变化与农业可持续发展. http://www.jsxnw.gov.cn/newsfiles/246/2004-11/1555.shtml.
[2016-01-10].

在保证粮食安全的前提下，第一产业内部应当调整。

1. 坚持以低碳、绿色和循环经济的观念继续发展种植业

种植业在江苏农业生产中所占的比例最大。种植业生产过程中会消耗大量的化肥、农药、能源，这些都是产生温室气体排放的重要来源。同时农业废弃物资源处理过程中也会直接或间接导致温室气体的排放。农业生产活动的广泛性、普遍性及农业生产主体的分散性，加上农业碳排放涉及范围广、随机性大、隐蔽性强、不易监测、难量化，使之存在控制难度大的特点。根据德国可再生能源研究所（IWR）的研究结果，2008年中国碳排放总量为68.1亿吨，中国农业碳排放占据碳排放总量的10.43%。从碳排放结构比较来看，秸秆焚烧排放平均占比最高，达90.60%，其次依次为化肥、灌溉、农药、农业机械化使用，其排放平均占比分别为5.77%、2.25%、0.95%、0.42%。依据相关研究，2008年农业碳排放量排名中，江苏位列全国第六，江苏虽然为中国东部发达省份，然而其耕地面积较大，化肥、农药等投入强度依然较高，因而农业碳排放较大。这说明中国农业的高投入、高消耗、高排放等发展模式还普遍存在，以高强度投入换取经济总量增长的农业发展模式没有发生根本性的转变。国家对于化肥尤其是氮肥产业的政策鼓励和高额补贴让中国化肥产能急速膨胀，化肥的大量使用，在促进粮食增产、保障了国家粮食安全的同时，也带来了大量污染和高额碳排放。因此，应当积极发展低碳、低能耗、低物耗的环保型农业，加强生态农业建设，引导农业产业结构向无害化方向调整，积极推广无公害农产品、有机食品和绿色食品是其中重要的方面；还应积极研究和推广农业生产要素的替代品，减少有毒有害物质和二氧化碳排放量。通过技术创新与管理创新，提高资源利用效率。另外，应当按照循环经济理念模式，实现农业废弃物资源化与无害化高效开发利用，引入现代产业链概念，通过产业的横向拓展和纵向联系，实现农业产业链的延展和增值；如秸秆的再利用，种植业为畜牧养殖业提供饲料等生产资料，畜牧业的废弃物可以成为种植业的肥料或能源来源。目前中国的农业生产的集中度总体水平不高，污染源分散造成了循环经济的"不经济"，因此相关部门应当在积极推进农业生产经营及废弃物利用的专业化和规模化的同时，注意大力发展与农业有关的第三产业，以"一产"的"三产化"带动农业产业结构升级①。

2. 大力发展水产养殖业

江苏是一个多水的省份，养殖条件得天独厚，如果能够有效地控制水的污染，渔业的发展还有很大的潜力。渔业的发展可以减轻对粮食需求的压力，有利于粮

---

① 宣亚南，周曙东，张伟新. 2007. 循环经济与江苏产业结构调整. 长江流域资源与环境，16(2).

食安全程度的提高。优化产业结构，可以减少碳排放，提高人民的物质生活水平。

3. 在合适的地方继续植树造林

一方面，通过扩大木本粮食作物的种植比例，把不宜耕种粮食的 25 度以上坡地，逐步退耕还林、还牧，提高肉类食品的供应能力。山区和丘陵地区，因地制宜地发展水果和林产品生产，扩大和丰富食物来源，实现由"粮食观"向"食物观"的转变，既可以绿化环境，又可提高粮食产量。另一方面，充分利用生物炭技术，减少大气中现有的温室气体的含量。

二、继续稳定发展第二产业

继续发展制造业仍然是江苏今后一段时间内第二产业发展的必然选择。第二产业是江苏的传统优势行业。虽然江苏的制造业为基础的工业结构形态总体上仍然存在高投入、高污染的特点，机械、化工、纺织、电子、冶金等几大主导产业和支柱产业同时也是资源消耗最多、污染产出最高的产业。但是相对于这种情况在短时间内恐怕无法发生实质性变动。

保持江苏制造业的优势地位势在必行。但是同时不能忽视制造业发展带来的环境问题，应当切实采取措施来减少温室气体的排放，可以考虑以下具体措施。

1. 促进制造业内部转型升级重点发展污染少的高新技术产业

加快培育壮大重点优势产业，增强高新技术产业的带动力和传统产业的竞争力。集中力量发展电子信息、装备制造、基础材料和新材料、现代纺织、生物医药、软件等六大重点优势产业，提高产业附加值，促进产业链向高端攀升，创造新的产业竞争优势。进一步促进产业集聚，沿沪宁线信息产业带突出抓好集成电路和软件业的发展，沿江基础产业带重点抓好沿江港口开发和专业化开发园区建设，沿东陇海线加工产业带主要抓好特色产业（主要是农产品加工和第三方物流等）的发展，沿海海洋经济产业带主要以生态旅游、海洋资源生产加工为发展等。

2. 优化能源供给方式和结构

低碳经济主要是指依靠技术创新和政策措施，建立一种较少排放温室气体的经济发展模式，其实质是能源效率和能源结构问题，核心是能源技术创新和制度创新，重点是替代当前的化石能源发展模式，目标是减缓气候变化和促进人类可持续发展。

而江苏缺少能源的省情和以煤为主的能源结构，使经济发展面临更多来自低碳的压力。因此必须优化能源结构，全力推进清洁能源和节能技术的应用，推动全社会节能降耗。例如，在江苏大力推行智能电网建设，智能电网具有安全水平高、适应能力强等优势，能够适应风能、太阳能发电等各类间歇性、随机性能源接入和消纳的需要，能为大规模开发和利用风能、太阳能等清洁能源提供坚强支撑。2010 年，江苏省累计节能约 200 万吨标准煤，减少二氧化碳排放约 3.6 万吨，总节能效益约 16 亿元。建设发展智能电网，到 2020 年，可使全国每年减少煤炭消耗 4.7 亿吨，减少二氧化碳排放量 13.8 亿吨，有利于 2020 年温室气体减排目标的实现[①]。

3. 积极推进产业集群建设，充分利用循环经济模式的作用降低温室气体的排放

规模化是现代制造业发展的主流，它是降低成本、提高效率和效益的重要途径。虽然江苏制造业总量规模很大，企业单位数、总资产和增加值总量均居全国第二，但上规模的企业不多，中小企业比例很高，小企业占绝大部分，达 89.9%（1998 年为 86.6%）。从平均每个企业拥有的资产来看，至 2002 年年末全省规模以上制造企业平均每个企业资产规模为 5456.3 万元，低于上海（9009.9 万元）、山东（7001.3 万元）、广东（6209.9 万元），也低于全国平均规模水平（6591.4 万元），仅高于浙江（3860.5 万元），制造企业中超百亿元的"航空母舰"式企业更是凤毛麟角，企业规模明显偏小，整体实力较弱，规模经济优势不突出。因此，为了使江苏的制造业能够适应国际产业转移潮流，提高自身的竞争优势，必须大力打造上规模的制造企业。在具有一定数量大规模制造企业的基础上，要形成整个产业的集群，发挥产业积聚效应，并且带动上下游关联企业的联动发展，充分享受规模化带来的收益[②]。

据了解，2001～2008 年，江苏万元 GDP 能耗逐步下降，低于全国水平。但是全省的碳排放量增长较快，二氧化碳排放量年均增长率为 11.26%，虽然低于同期 18.11%的 GDP 增长率，但高于中国 10.23%的碳排放年均增长率。特别是电力热力的生产和供应业、化学原料及化学制品制造业、非金属矿物制品业、造纸及纸制品业和纺织业、黑色金属冶炼及压延加工业和金属制品业 7 个行业，其二氧化碳排放量占所有行业的 90%以上。在巨大的碳排放压力下，江苏将降低工业碳排放作为首要任务进行"减压"，试图走出一条适应江苏发展的低碳模式。

推行建筑业节能减排。建筑业是碳排放最主要的根源之一，研究表明建筑业的碳排放占所有二氧化碳排放量的 30%～50%，是低碳节能的关键领域之一，也是排放敏感性最高的部门。据统计，在美国，建筑消耗了全国 70%的电能，使用

---

① 闫艳，高杰，李莉，等. 2011. 七大行业碳排放占总行业 90%以上 减碳迫在眉睫. http://news.qq.com/a/20110217/001197.htm.[2016-08-20].

② 吴进红. 2005. 国际产业转移与江苏产业竞争力的提升. 世界经济与政治论坛，6.

了全国 40%以上的一次能源，排放了全国 40%～45%的温室气体；英国 2000 年温室气体排放总量 1.5 亿吨，其中建筑排放占了 7500 万吨；中国的建筑物总能耗占社会总能耗的 25%～28%。通过设计合理的围护结构等，可以较容易地达到 50%～60%的节能效果，并且建筑物的使用寿命远比其他工业产品长。建筑节能减排对发展低碳经济、控制全球气候变暖具有更深远的意义。如图 2-4 所示，江苏地域较小，人口密度较高，此类减排多年来一直遥居全国各省、自治区之首。

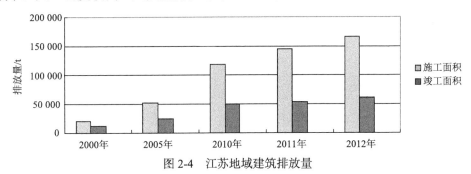

图 2-4　江苏地域建筑排放量

　　建筑业排放主要由投资引起。在不影响经济发展水平的情况下，通过以下途径可以有效减缓中国碳排放的增长：①改进技术，积极开发和推广新材料、新能源，促进水泥等建筑材料生产环节的减排；②采用新技术设备，提高机械作业比例和效率，降低施工环节的碳排放量；③通过提高建筑物的质量、延长建筑物的使用寿命、减少建筑业的浪费可以有效避免碳排放的增长，大力发展小户型住宅，抑制大规模基础设施特别是高速公路的盲目建设；④提倡全民减排、建立节约型社会，特别是做好服务业节能[①]。

三、积极推进第三产业

（一）全面推进第三产业的发展

　　（1）第三产业的发展壮大是经济发展的必然趋势。产业结构的发展过程中，第三产业的比例不断提高是共同的特征。20 世纪 60 年代以来，主要经济体第三产业中的劳动力和国民收入的地位都保持向上的势头，比例都在 50%以上，目前美国、欧洲国家、日本等发达经济体服务业比例均在 70%以上[②]。

　　（2）第三产业本身的碳排放量小，污染少，积极发展第三产业，提高其在区域经济中的比例，可以减少温室气体的排放量。

　　（3）同时，第三产业对第一产业和第二产业有很好的关联带动作用，而且能

① 刘红光，刘卫东，唐志鹏. 2010. 中国产业能源消费碳排放结构及其减排敏感性分析. 地理科学进展，6.
② 刘国良. 2013. 十二五江苏省产业结构变化趋势及对策. 江苏广播电视大学学报，4.

较多地吸纳劳动力，特别是可以吸纳本地劳动力就近就业。这样可以大大减少运输的压力和能源的消耗，减少温室气体的排放。

因此，江苏省要在承接国际制造业转移的进程中推进生产性服务业的扩张；在转变经济增长方式的进程中力促现代服务业的发展；在深化体制改革的进程中构筑服务业发展的平台；在诚信法制建设的进程中提升服务业规范化发展水平；在实现富民强省的进程中铸就服务业发展动力机制。同时发展能大量吸收劳动力的传统服务业和附加值高的现代服务业。应以加快改革、调整结构、协调发展为重点，推进江苏产业结构向"三二一"的高级化方向演进，实现产业结构优化和升级。

（二）有重点地推进污染和资源消耗更低行业的发展

第三产业内部所涵盖的行业门类非常多，第三产业内部的结构调整，重点加快环境服务业、信息服务业、生态物流业、生态旅游业等无污染或者污染少的产业发展。这是低碳生活背景下江苏地区产业结构调整的必然选择。

第三章　江苏应对气候变化产业结构
调整的法律规制泛论

　　目前来看，无论是国际还是国内，政府还是学界，对应对气候变化和产业结构调整需要多元规制已经达成了共识。尤其是随着气候变化问题的日益凸显，以法律手段应对气候变化已经成为国际社会和各国政府公认的可行路径和必要内容。事实上，在应对气候变化和产业结构调整方面，法律手段正在发挥着积极的、不可替代的作用。

　　应对气候变化方面，人为因素造成的气候变化问题具有明显的社会非难性，不仅是自然科学领域探究和攻克的难题，也引起法学学科的回应[①]，促使国际法和国内法大量出现。在国际上一系列具有重大意义的应对气候变化国际法文件基础上，中国已制定了《中国应对气候变化国家方案》（2007年）和《国家应对气候变化规划》（2014年），环境立法也对此作出积极回应，其中最具代表性的就是《节约能源法》[②]；而被界定为应对气候变化专门和基本立法的《中华人民共和国应对气候变化法》的立法工作自2010年启动以来，中国社会科学院组织专家起草了《中华人民共和国气候变化应对法》（征求意见稿），国务院也相继出台了一系列节能减排规范性文件，初步形成了应对气候变化的国内立法体系。对于产业结构调整领域，中国长期以来在产业布局和发展上存在不合理的结构性缺陷，极易诱发经济风险，基于这一现状，中国根据实际出台了《中小企业促进法》《农业机械化促进法》等产业政策立法。此外，为消解全球性经济危机给中国产业发展带来的不利后果，2009年2月以来，中国政府制定出台了十大产业振兴规划，对社会经济发展产生了深远影响；国务院及相关部门也制定了相当数量的产业结构调整规范性文件[③]。

[①] 李玉梅. 2015. 中国气候变化法立法刍议. 政法论坛，1.

[②] 除《节约能源法》外，截至目前，与气候变化相关的国内立法约有30部。

[③] 查询结果显示，仅2012～2013年，国务院及相关部门在调整产业结构方面就集中出台了多部规范性文件，包括《"十二五"国家战略性新兴产业发展规划》《战略性新兴产业重点产品和服务指导目录》《战略性新兴产业分类（2012）》《关于加强战略性新兴产业知识产权工作的若干意见》《服务业发展"十二五"规划》《关于加强培育国际合作和竞争新优势的指导意见》《生物产业发展规划》《产业结构调整指导目录（2011年）》《全国老工业基地调整改造规划（2013—2022年）》《关于化解产能严重过剩矛盾的指导意见》《关于促进健康服务业发展的若干意见》《关于金融支持小微企业发展的实施意见》《关于加快发展节能环保产业的意见》，等等（解振华. 2014. 中国应对气候变化的政策与行动——2013年度报告. 北京：中国环境出版社，8-9）.

　　在应对气候变化法和产业政策法都日益获得重视的背景下，促使两者有机融合，解决"应对气候变化会减缓经济发展速度"的悖论难题，将应对气候变化的目标、理念和任务内化于产业结构调整立法，在产业结构调整制度安排中融入节能减排与低碳目标，并在江苏这一特定区域内深入探寻两者耦合的内在机理，无疑将拓宽和丰富应对气候变化与产业结构调整的研究视角和深度，也将夯实应对气候变化目标下对产业结构进行法律调整的理论基础，更为江苏应对气候变化产业结构调整形成具有可操作性的制度设计提供理论支撑。

第一节　江苏应对气候变化产业结构法律调整的正当性论证

　　就规范性质而言，应对气候变化与产业结构调整属于不同法律部门的调整对象。应对气候变化作为当前世界上公认的突出环境问题，理应归入环境法的研究和调整范围；而产业结构调整则是宏观经济调控的必要手段，隶属于经济法范畴。但部门归属的不同并不排斥两者之间的耦合可能。近年来，越来越多的学者用不同学科的论证方法证明了气候变化与产业结构之间的关联性：产业结构中的能源消费和二氧化碳排放状况与气候变化的结果呈直接正相关。正是在这一认知背景下，采用法律手段规制应对气候变化产业结构调整问题就成为一个真命题。江苏作为能源消费大省，产业结构不够合理，污染问题突出，节能减排压力大，区域应对气候变化产业结构调整具有现实必要性。由此，本节将首先就江苏应对气候变化产业结构法律调整的正当性展开论证，为具体制度设计提供坚实的理论基础。

一、江苏应对气候变化产业结构法律调整的合理性

（一）规制市场失灵的需要——公共物品属性与私有产权的矛盾

　　现代市场经济的基石是市场机制作用的充分发挥。市场机制的运作是通过价值规律调节供求关系使市场主体开展自由竞争来实现的。以价值规律来调节市场即为市场调节。亚当·斯密将这一市场调节机制称为"看不见的手"，寓意为市场的自发调节手段。发展现代市场经济，市场调节是不可或缺的基础性调节手段。但是，市场调节不是万能的，它也可能存在自身固有的缺陷或作用无法发挥的情形，这就是所谓的市场失灵。在不同学者的归纳和总结中，市场失灵的表现多种多样，包括市场竞争失灵、公共失灵、信息失灵、分配失灵等。其中，公共失灵即公共产品供给失灵，是指市场供给公共产品是低效率或无效率的。市场供给公共产品无效率与市场主体的趋利本性有关，是市场自身无法克服的。之所以如此，归根结底是由产品的公共物品属性决定的。

　　市场中的产品极为丰富，但如果简单归类的话，可分为私人产品、公共产品、

共有（公有）资源和自然垄断。通常进行对比的是私人产品和公共产品。市场交易的前提和基础在于产品有明确归属。产品经过特定化，有明确的、不存在争议的所有者，才能从事并完成市场交易，也才能体现交易的效率。所以，参与市场交易的产品都是私人产品，或者说是有明确产权的产品。但是，我们的生活不仅需要通过市场交易获得有明确产权的产品，还需要公共物品的存在。私人产品拥有明确的产权归属，所以，它在排他的同时又具有竞争性，即一个人对某一物品的使用会减少或排斥他人使用该物品的效用。与之相对的，公共物品就是那些既无排他性又无消费中的竞争性的物品[①]。由于公共物品的非排他和非竞争特性，人们从中获得了"搭便车"的激励，其结果就是人人都免费享有物品带来的收益，但并不为此付费。本质上，这就是产权缺失所导致的市场失灵。因为无法通过产权制度将公共物品私有化，公共产品又是人类生活不可或缺的，所以，公共产品往往都是免费供给。价格是影响市场主体活动的信号，当一个产品没有价格，市场配置资源的功能也就丧失了。而当公共物品免费的时候，逐利本性使得市场主体不会也不愿意承担这种物品供给带来的高成本和高风险，这就是市场的公共失灵。市场不能提供这类必需的物品，就需要借助外部力量加以解决。在市场之外，政府所拥有的改变和分配资源的能力使得通过政府调节来弥补市场失灵成为可能，而且政府作为公认的公共利益"最佳代理人"，这些都为政府调节的产生提供了合理性基础。政府调节与市场机制这一"看不见的手"不同，它是通过政府行为完成的，因而被称为"看得见的手"。"看得见"的政府调节源自于市场调节的失效，这是政府调节正当性之所在。但政府调节的出现不是要取缔市场调节，它还必须尊重和保障市场调节的基础性作用，其功能是弥补市场调节的不足，在市场失灵的领域发挥作用。

在众多的公共产品中，包括应对气候变化和产业结构调整。气候变化问题和产业结构问题是市场失灵在环境领域和经济领域的具体表现。应对气候变化和产业结构调整代表了两种既密切相关又存在区别的公共利益，是政府为应对市场失灵而提供的特殊公共产品，是现代政府职能的必要内容。

1. 应对气候变化是政府提供的破解气候变化危机的公共产品

应对气候变化的需要来自于气候变化这一环境问题的凸显。众所周知，环境本身就是公共物品，环境外部性是环境问题产生的根源。因此，环境问题的解决与环境公益的保护也是一种公共物品。同理，气候变化导致公共环境危害，已经对人类的生存与发展产生了严重威胁，以解决气候问题为主旨的应对气候变化，其公共物品属性也是不应存在疑问的。正如有学者所言："与温室气体这个全球

---

① 曼昆. 2013. 经济学原理（微观经济学分册），6版. 梁小民，梁砾，译. 北京：北京大学出版社.

公共危害相对应，则发展低碳经济，减少向大气排放温室气体（特别是 CO_2）的流量就是一种全球公共产品"[1]。应对气候变化的核心措施正是减少污染气体向大气环境的排放，换言之，应对气候变化的努力是向国际社会供给的一种全球公共物品，……防止气候变化对于国际社会中每个国家而言都是一种公共性的利好[2]。由于环境的非排他性，如果没有外力介入，市场不能解决环境难题，市场规律和市场交易的基本规则还会鼓励和保护对环境资源的破坏性利用，成为环境问题加剧恶化的"元凶"。因此，应对气候变化虽然需要全人类的共同努力，但在国内层面，政府仍然是应对气候变化不可或缺的中坚力量。随着应对气候变化的重要性越来越得到重视，各国政府也先后将应对气候变化纳入其职能范畴，成为现代政府的新近职能内容。

2. 产业结构调整是政府提供的促进经济健康发展的公共产品

产业状况与经济发展密切相关并随着经济发展不断变化，产业间比例的变动产生了产业结构概念，引起了对产业结构的理性关注。产业结构与经济发展方式、经济增长效率、经济发展动力等存在内在的关联性，在一定程度上还决定着经济发展的程度和方向，影响着人类的文明程度。因此，健康的国家经济需要维持一个有利于经济发展的、合理的产业结构。这也使得产业结构具有了公共性的特点。但实际上，在经济发展变化的过程中，产业结构也会产生诸多问题，产业结构不合理就是典型表现。产业结构不合理是由价值规律的市场调节对资源不合理配置（市场失灵的表现之一）所致，对产业结构进行调整的需要由此产生。产业结构问题因市场而生，却无法由市场自己来解决，产业结构的合理调整因之成为政府调节的重要内容。

经济学领域对产业结构调整理论基础的探讨也充分印证了这一点。在产业政策诸多理论中，能够说明制定产业政策合理性的就是市场失灵理论。经济学家小宫隆太郎于 1984 年所著的《日本的产业政策》一书将市场失灵理论（或者说市场失败论）作为产业政策存在的理论依据。在该书中，小宫隆太郎对产业政策功能的定位是"弥补市场缺陷"，即产业政策是政府用以弥补或修正市场在配置资源时所固有的局限性或缺陷的基本手段。该固有缺陷即为市场资源配置不合理所导致的产业结构失衡或产业投资偏好。这一市场失灵的存在决定了政府有必要通过制定产业政策，主要以诱导的方式但不排斥有时是直接介入的方式来调节或干预社会资源在产业部门之间和产业内部的配置过程，以此修正失败的市场功能，弥补市场的缺陷①。这一理论虽然直到现在还遭到一定质疑,但仍具有广泛的认可度,其合理性无法完全驳斥,目前也没有更好的理论加以替代,因而还是包括中国学界在内公认的产业政策主流基础理论。根据这一理论,政府制定与实施产业政策不是要取代或者排斥市场机制对经济活动的基础性调节,而是在充分尊重并利用市场机制的基础作用的前提下,对市场缺陷的必要补充②。显然,政府实施产业结构调整的目的是形成合理的产业结构,从而为经济健康发展奠定基础。也就是说,政府通过产业结构调整实施经济调节的实质是提供能够促进经济健康稳定发展的公共产品。

综上所述,无论是应对气候变化还是产业结构调整,都是基于解决市场失灵的需要而产生的,均属于政府职能的范畴。共同的理论基础为两者的融合与沟通提供了可能,政府职能的内部可耦合性使在应对气候变化目标下的产业结构调整具备了极为便利的条件。在此基础上,应对气候变化下的产业结构调整作为综合解决市场失灵问题的积极产物和手段,代表的是不可忽视和不能放任的公共利益。由此看来,对这种关键利益的有效保障同样也应是一种政府供给的公共产品。

(二)规制政府失灵的需要——利益代理人的异化

政府调节介入的前提是市场失灵的出现,因而其正当性来自于市场缺陷的存在。市场失灵由政府来加以解决和弥补,那么如果政府调节不能发挥作用又如何?我们必须清楚,此一讨论的认识论基础是,现代社会没有什么是万能的。市场不是万能的,政府也同样不是万能的。这就意味着,政府调节弥补市场失灵的同时,也可能会出现"失灵"问题。也就是说,政府同样是有其固有缺陷的,政府调节也可能不但不能弥补市场失灵,反而会带来新的问题。在学者们看来,政府失灵的表现也是多方面的,包括权力寻租、效率失灵、信息失灵等。效率失灵是指在政府行政多层级的架构和庞大的政府组织体中,行政效率往往比较低下;信息失灵与市场的信息失灵相同,是指政府在收集信息过程中也同样存在不充分、不完全和不可靠的问题,导致政府在依据这些信息指导市场活动时也会出现谬误。在政府失灵的众多表现中,最突出的、后果也是最为严重的就是权力寻租。

行政权力是一种可以控制或影响他人行为的能力,具有非对称性和扩张性的特点,可以将自身的意志强加于权力对象,并基于惯性,尽力扩张其权力范围。权力的这种特性决定了,权力如果缺乏约束,就会产生异化问题。正如英人阿克顿之名言:权力导致腐败,绝对权力导致绝对腐败③。尤其是当政府为解决市场失灵而提供公共产品时,是以公共利益最佳代理人的身份出现的。这是从政府的理

---

① 陈其林.1999.产业政策:企业、市场与政府.中国经济问题,3.

② 王先林.2003.产业政策法初论.中国法学,3.

③ 阿克顿.2001.自由与权力.侯健,范亚峰译.北京:商务印书馆.

性经济人假设出发，认为政府会为公众谋取福利，与公共利益完全保持一致，所以得出政府是代理实现公共利益最佳选择的结论。而提供公共服务的现实需要与政府自身的功能性使得政府及其工作人员手中握有庞大的行政权力。如果在制度上没有一种行之有效的约束机制，那么当大权在握的政府部门及其工作人员的自身利益与公众利益发生矛盾时，受损害的总是公众利益①。此种私益对公益的不合理驱逐就是权力异化。进而言之，政府手中的行政权力背后蕴含着巨大的经济利益，政府和政府官员在行政权力行使的过程中向市场主体提供了"租用"权力的机会，一旦通过权钱交易完成了权力的租用，权力就不再是为公共利益服务而是为个人利益服务，且往往是以牺牲公共利益的方式来服务于个人利益。此时，政府就不再是公共利益的最佳代理人，提供的也不会是合格的公共产品。中国采取的是政府主导型市场经济模式，由于政府权力的强制性和支配力，包括产业结构调整在内的产业政策对企业行为具有显性约束和强约束，可以说，政府失灵会比市场失灵要更糟，它将对市场机制产生破坏性影响，从而对经济发展造成的消极后果也要更加严重。基于此，有必要通过各种有效手段来确保政府这一公共利益的最佳代理人能够切实履行职责，服务好公共利益。现代社会公认的具有效率的权力约束手段是法律制度，即以法律约束权力。通过立法，合理规范政府权力，保障政府调节活动有序进行并实现预期目的，是规制政府失灵的必由之路。

前面论及，应对气候变化和产业结构调整从性质上均为公共利益，也都是政府提供的公共产品，当两者有机结合，更是使政府拥有了巨大的行政权力，需要进行必要的约束和规制。应对气候变化产业结构调整立法是规范政府在应对气候变化目标指引下，直接介入产业活动进行调节活动的立法。它赋予政府各项权力，直接参与并影响产业发展。作为政府调节的一种手段，产业结构调整是国家对经济的调控活动，当这一国家经济调控行为实现法律化之后，其主要规范的并非被调控者的行为，而是调控者——政府及其工作人员的行为。产业结构调整立法也确实产生于对政府权力控制和约束的现实需要。即使制定的产业政策是合理的，而且政府也有愿望去推行产业政策，但在产业政策的制定与实施过程中，仍然会因种种原因导致产业政策失灵，出现政策制定主体的权力和利益异化、信息失灵、政策制定主体的能力不足和制定程序的集体选择无效率、利益和利益手段的协调障碍等②。我们还必须认识到，产业结构调整作为一种事先的计划安排，具有预测性、计划性和超前性的特点，极易出现决策错误；而当产业结构调整将应对气候变化纳入其目标，政府拥有的权力进一步扩张，采取调整措施就更需慎重，也更加需要通过制度确保政府调节权力的合理运用，以避免政府失灵导致产业结构调

① 曹立村.2008.论基于新经济人假设的政府经济人理性的回归.求索，3.
② 窦丽琛.2010.冲突与协调：政府与企业在产业结构调整中的利益选择.北京：中国社会科学出版社.

整背离预期目标，对应对气候变化和经济发展产生不可估量的消极影响。由法律手段来解决失灵问题的现实需要就产生了。政府干预产业领域的最早立法出现在美国，是该国于 1933 年颁布的《全国产业复兴法》《农业调整法》和《农业信贷法》。随后，各国在产业结构调整中，都有意识地运用法律手段加强对产业结构调整权的规范，如日本、德国等都出台了众多产业政策立法，尤其是日本的产业政策法有很多值得称道和借鉴之处。

（三）应对气候变化与产业结构调整的内在关联性

1. 应对气候变化对产业结构调整的影响之争

在气候变化与产业结构的双向关系上，产业结构对气候变化的影响这一向度几乎不存在争议。合理的产业结构会降低气候变化的风险，对应对气候变化也会产生积极的助推作用。反之，不合理的产业结构作为引起气候变化问题的成因，至少是原因之一，也会对应对气候变化产生阻碍。这已由科学研究和各国产业实践所证明。IPCC 第四次评估报告将全球气候变化的原因归结为长生命期温室气体的排放[1]。2013 年，IPCC 第五次评估报告第一工作组报告《气候变化：自然物理基础》，更是进一步用数据客观明确地说明了人类活动是造成 20 世纪中叶以来气候变暖的最主要原因[2]。虽然使用的表述不同，但第四次评估报告中的"长生命期温室气体"与第五次评估报告中的"人类活动"之间显然存在内在联系。长生命期温室气体中对气候影响最大的气体是二氧化碳，而它主要来自于工业革命以来工业尤其是重工业对化石能源耗竭式的消费，是典型的人类对自然的干预活动。而实践方面，即便是以先进产业政策闻名的日本，在 20 世纪 70 年代以前，也曾经有制定单纯追求经济增长型的产业政策导致严重产业公害的惨痛经历。日本在第二次世界大战后至 20 世纪 60 年代的快速经济发展帮助日本跃升为世界经济强国，但代价是日本成为世界上公害最为严重的国家之一。世界闻名的八大公害事件，日本占其四，其教训之深刻足以说明问题。可见，应对气候变化需要合理的产业结构，而产业结构也因合理与否而对应对气候变化发挥或积极或消极的影响。

在气候变化对产业结构的意义这一向度，可从其对经济发展和产业结构的影响两个层面一窥其貌。气候变化对经济发展的负面影响已从理论到实践有了充分的印证。从目前的研究成果来看，近十几年来 GDP 增长率与气候变化直接经济损失增长率的变化趋势显示，GDP 增长率逐渐下降，气候变化带来的直接经济损失

---

① IPCC. 2008. 气候变化 2007：综合报告. http://www.ipcc.ch/pdf/assessment-report/ar4/syr/ar4_syr_cn.pdf. [2016-08-20].

② Working Group I Contribution to the IPCC Fifth Assessment Report Climate Change 2013: The Physical Science.

增长率逐渐上升①。而应对气候变化对产业结构的影响，学界却有着不同的声音，主要的分歧在于应对气候变化对产业结构调整到底带来的是正面的还是负面的影响。当然，应对气候变化对产业结构调整的影响归根结底是应对气候变化与经济发展的关系问题。就应对气候变化对产业结构的影响，学界存在着两种截然对立的观点：著名的 Porter 假说认为节能减排行为能够带来双赢机会，即环境质量和生产率会同时得到提高，社会和经济目标都得到满足；反对的人则认为，如果存在这样的双赢机会，就不需要由政府额外对企业施加节能减排成本②。作为后一种观点的延伸，辛格博士进一步指出：激进、冒失的，尤其是单方面的旨在延缓想象中温室气体的作用的行动，会造成企业失业、引发经济萧条，而不会有任何效果③。两种对立观点代表了应对气候变化到底会对经济发展产生什么影响的不同回答。

　　这种认识上的分歧实质上折射出环境保护与经济发展之间矛盾关系的深刻影响。前种观点认为应对气候变化与解决经济发展现存问题的路径是一致的，节能减排会为产业结构调整提供机遇，带来积极的影响，最终达到两种社会问题的共同解决，是一种双赢之策。后一种观点则认为，节能减排会带来各种成本的大幅增加，对重工业产业的限制作用明显，基于工业化国家重工业的支柱性地位，应对气候变化会对经济发展产生不利影响，降低经济发展的速度。我们认为，两种观点都具有一定程度的合理性。前述两种观点中应对气候变化对经济发展影响的分析，恰恰是应对气候变化对经济发展长期和短期影响的归纳和提炼。节能减排和环境治理长期来讲不可避免，事关经济发展方式转变和未来新技术制高点之争；但是短期而言，尤其是在金融危机肆虐的时刻，节能减排又不可避免会消耗本来用于产出的有限资源，对经济增长和复苏带来负面影响②。而从生存权和发展权的角度看，温室气体的排放控制会牵涉并深刻影响公民的基本生存权和发展权④，如果操作不当，可能会出现公众的消极参与或抵触。具体到应对气候变化和产业结构调整的关系中，应对气候变化对产业结构调整同样会产生长远的和短期的影响。从长远看，应对气候变化对产业结构调整是正面影响。应对气候变化为产业结构调整提供了发展方向，对产业结构调整有着显著的外部激励，促使产业结构调整向符合经济规律和应对气候变化要求的方向和路径发展，最终必将是两种目标的共同实现。换言之，实现低碳经济与保持社会福利增进并不矛盾——转变经济增长模式、提高能源利用效率，降低对化石能源的依赖，在促进经济增长的同时实

① 侯燕捷. 2015. 近 15 年来气候变化对中国经济的直接影响. 吉林林业科技, 1.
② 陈诗一. 2011. 节能减排、结构调整与工业发展方式转变研究. 北京：北京大学出版社.
③ 詹姆斯·霍根，理查德·里都摩尔. 2011. 利益集团的气候"圣战". 展地译. 北京：中国环境科学出版社.
④ 徐保风. 2015. 气候变化危机现状的原因探析——基于伦理学的角度. 武汉理工大学学报（社会科学版），3.

现节能减排,是我们在人与自然之间、当代与未来之间找到平衡点的根本突破口①。从短期来看,应对气候变化可能会给产业结构调整带来负面影响。在资金和资源均具有稀缺性的情况下,应对气候变化的额外成本增加及对资源的必要消耗,尤其是对经济和财政收入的支柱产业的限制甚至是取缔需求,将加深这些产业的抵触情绪和当地政府的消极执行,无疑会导致产业结构调整效率受到不利影响。不过,应对气候变化的影响也不全都负面。大力倡导和发展环境保护与节能减排,不仅有利于可持续发展背景下的宏观经济调控和经济结构调整,同时也为中国加快工业化建设与产业升级带来了更多的发展机遇和拓展空间②。而且,应对气候变化事实上对产业结构调整的促进作用明显,至少可以在两个方面对投资过热引发的经济增长偏快发挥效应:一方面能够有效地遏制地方政府的投资冲动,另一方面能够扭转投资方向由高污染、高消耗行业向低污染、低消耗行业转移③。从总体来看,为了长远目标的实现,在短期内,我们有必要适当牺牲产业结构调整的效率乃至经济发展的速度,但这种牺牲以不降低人们的生活标准和社会福利水平、不损害人们的可预期发展利益为限,否则,不仅长远目标无法实现,反而会引发社会稳定问题。

2. 应对气候变化与产业结构调整是目标与手段的关系

随着经济的快速发展和总量的扩张,劳动力、资源和环境已进入高成本和短缺时代,这就需要经济发展方式必须相应地发生转变,转变为科技含量高、经济效益好、资源消耗低、环境污染少的集约型增长,以应对生产要素高成本、资源短缺和环境压力的挑战④。产业结构的优劣直接关系经济发展状况,经济发展方式的转变从根本上需要产业结构的优化升级。因此,产业结构优化调整的实质是根据产业结构发展的基本规律,向产业结构的合理化、高级化转型。具体来说,避免继续走高能耗、高污染的不可持续经济发展道路,而走低能耗、低污染的绿色发展之路,从经济特点上就体现为发展低碳经济。这与应对气候变化的要求显然是不谋而合的。低碳经济的技术经济特性与中国等发展中国家目前正在开展的节约资源、能源,提高效率,调整能源结构,转变经济增长方式,走新型工业化道路,降低污染排放等做法是一致的⑤。低碳经济的核心或实质就是低碳发展。所谓低碳发展,重点在低碳,目的在发展,是一种更具竞争力、更可持续的发展。低碳约束将制约经济发展方向的选择,决定经济社会向低温室气体排放的方向演化

---

① 吴力波. 2010. 中国经济低碳化的政策体系与产业路径研究. 上海:复旦大学出版社.
② 肖元真,黄如进,谢连弟. 2008. 结构调整、产业升级与节能减排战略的导向. 学习与实践,3.
③ 周振华. 2007. 中国经济分析丛书. 上海:上海人民出版社.
④ 十七大报告辅导读本编写组. 2007. 十七大报告辅导读本. 北京:人民出版社.
⑤ 庄贵阳. 2007. 低碳经济:气候变化背景下中国的发展之路. 北京:气象出版社.

发展①。可见，应对气候变化可以为产业结构调整提供努力的方向和目标。作为目标，其实现方式是内化于产业结构调整的全过程并由产业结构调整立法的制度加以贯彻。尽管环境保护法已经成为一个独立的法律部门，环境产业政策可以成为产业政策的单独组成部分，但是更重要的还是要将环境保护或者生态化作为一种理念、原则贯穿于产业政策法，尤其是产业结构政策法的制定与执行之中②。简言之，就是通过产业结构调整法的生态化或绿化实现应对气候变化在产业结构调整法中的内化。反过来，产业结构调整也是实现应对气候变化目标的手段。应对气候变化的要求需要具体在经济发展的各个环节、各个层面进行落实，或者说需要实现经济发展全过程的绿化，其中当然包括产业结构的合理调整。就此而言，产业结构调整无疑是应对气候变化的具体手段之一，或者说是应对气候变化的必由之路。考虑到产业结构调整对经济发展的必要性，而产业结构调整在实现应对气候变化目标时又是必不可少的基础性手段，可以说其实质就是以产业结构的低碳化调整来推动应对气候变化目标的实现。事实上，我们也一直将产业结构调整作为应对气候变化的基本手段和措施，甚至在特定的条件下，还以产业结构调整为核心构建应对气候变化的政策和行动体系。

规制双重失灵和应对气候变化与产业结构调整的内在关联性共同构成了应对气候变化产业结构调整立法的正当性基础，提升了对其进行深入研究的价值。同时，通过应对气候变化产业结构调整立法的研究还可以管窥一斑，有助于实现环境保护与经济发展相协调的发展模式的确立。正如党的十七大报告所述，要正确处理经济增长速度与节能减排的关系，节能减排要与经济发展保持平衡，实现资源、环境、经济发展的有机结合，就可以破解资源约束，促进保护环境，实现中国经济的可持续发展③。

二、江苏应对气候变化产业结构法律调整的必要性

（一）区域应对气候变化产业结构法律调整的必要性

1. 区域应对气候变化必要性的凸显

在一些学者看来，大气温室气体及其排放空间是全球公共物品，具有消费的"非排他性"和"非竞争性"，必须通过国际合作加以解决，以防搭便车。其理由有三：一是在中国，气候变化在很大程度上被看做是由中央政府来处理的国际问

---

① 郎春雷. 2009. 全球气候变化背景下中国产业的低碳发展研究. 社会科学，6.
② 王先林. 2003. 产业政策法初论. 中国法学，3.
③ 十七大报告辅导读本编写组. 2007. 十七大报告辅导读本. 北京：人民出版社.

题，超出了地方政府的权力和职责范围[1]；二是温室气体减排和能源消费减少会降低经济发展速度，通常认为减缓气候变化与地方利益是相悖的[2]；三是气候变化区别于一般的环境问题，温室气体排放具有很强的外部性，仅仅一个地区应对气候变化的努力并不能消除全球变暖的影响[1]；应对气候变化作为全球性公共产品，以大气环境质量改善为目标，除了每个人自觉的节能和减排行为，最关键的是政府的应对行动。大气环境的流动性也决定了小范围的大气环境质量的好转对大气环境的整体改善作用有限。但是，应对气候变化仅有国际社会和国家层面的努力，难以取得令人满意的效果。从气候变化的国际应对产生以来，就是国际社会和各国政府唱主角，虽然动作不断，然而应对气候变化的效果有限。尤其是当国际上气候博弈陷入僵局与停滞难以取得突破性进展的时候，应对气候变化有必要从宏观走向微观。而且，气象学研究也表明，全球变暖并非全球一致性地变暖，自然气候波动使各地气候变化具有特殊的区域性，各地受到全球变暖的影响并不一致[3]；加之，中国自然资源禀赋分布不均，经济发展、产业布局、能源消耗、资源分布、碳汇和碳源等方面都存在明显的地区差异，不同地区气候变化的生态脆弱度和敏感度不同[4]。基于上述原因，应对气候变化要取得成效，局部采取差异化应对措施是必要的。因此，现阶段应对气候变化从宏观转向微观，就需要有一个向下的转移过程，从面到点，以地方或区域为单位，通过各地采取具体措施改善本区域的大气环境质量入手，然后所有地方或区域的应对努力形成合力，应对气候变化的目标才有实现的可能。为此，个人、家庭、企业、社区和各级政府的日常活动必须有实质性的转变[5]。所以，气候变化虽然是全球环境问题，但这并不意味着在区域范围内的应对努力是不必要的或者是没有价值的。相反，从现实角度出发，在应对气候变化欠缺有效推进路径的前提下，从区域应对中获取积极经验，进而凝聚应对气候变化的内生动力，是最为可行且有利于应对措施深入的安全选择。

事实上，国际组织和各国政府也都致力于应对气候变化自上而下深入地执行。例如，新西兰《2002 年地方政府法》要求各地方政府以民主决策的方式制定、实施或授权实施适用于本地区的气候变化立法与政策，在制定其他立法与政策时考虑气候变化的影响，以切实体现本地区社区居民的意愿并维护当地的经济、环境和文化的协调发展[6]。就中国而言，未来 20～50 年，中国需要在工业化发展和温

① 张焕波，马丽，李惠民，等. 2009.中国地方政府应对气候变化的行为及机制分析. 公共管理评论（第八卷），1.
② 潘家华. 2003. 减缓气候变化的经济与政治影响及其地区差异. 世界经济与政治，6.
③ 叶笃正，严中伟，马柱国. 2012. 应对气候变化与可持续发展. 中国科学院院刊，3.
④ 李玉梅. 2015.中国气候变化法立法刍议. 政法论坛，1.
⑤ 埃莉诺·奥斯特罗姆. 2013. 应对气候变化问题的多中心治理体制. 国外理论动态，2.
⑥ Local Government Act of New Zealand 2002, Part 2, 10.

室气体减排之间进行平衡，这是不争的现实。在这一压力下，国内应对气候变化的行动正在积极展开。在 21 世纪以来尤其是 2007 年以后，各地方政府环境保护和节能减排的意识不断提高，采取了大量应对气候变化的措施和行动。2008 年 6 月，在国家发改委、联合国开发计划署（United Nations Development Programme，UNDP）等机构的推动下，中国启动了省级应对气候变化方案项目，促使一些试点省份制定省级应对气候变化方案或大纲。至今，各省份基本都已出台了本省应对气候变化的方案。相当一部分省市还制定了地方性节能法规，如《上海市节约能源条例》《山东省节约能源条例》《安徽省节约能源条例》等。这些条例大多不仅对本省市的节能减排工作做出了整体性的安排，还对具体操作进行了制度规范，大都包含合理调整产业结构、调整能源消费结构、节约能源、推进节能技术进步等内容。

有学者在考察了美国经验的基础上，总结了影响地方政府采用气候变化应对措施的四点因素：①易受气候变化影响的地方政府更关心气候问题；②地方财政充裕的地区更容易展开应对气候变化行动，这些财力雄厚的城市更有资源和条件去应对气候变化，强大的经济基础支撑也令应对气候变化行动更有成效和保障；③人力资本水平高（即人口统计中的收入水平、教育水平高）的城市和地区、环保组织活动影响大的地方更容易参与到应对气候变化互助组织中；④应对气候变化行动的开展同时与当地利益相关人的诉求息息相关[①]。这一经验在很大程度上也可适用于中国的地方应对气候变化。对照前述因素，易受气候变化影响、财政充裕和环保组织分布及作用发挥，均指向的是经济发达地区。江苏在长期的经济快速发展之下，虽然稳居经济发达地区，但也付出了沉重的环境代价，尤其是在城市化进程中大气环境质量恶化日益加剧，已经显现出对经济发展的阻碍效果。在这一背景下，江苏也更加重视节能减排工作，采取了多种应对气候变化的举措，在"十一五"和"十二五"期间取得了显著的效果。在"十一五"期间，江苏连续 4 年完成或超额完成国家下达的减排任务。截至 2010 年 10 月，全省 COD（化学需氧量）和二氧化硫提前分别完成"十一五"减排总目标的 110% 和 123%[②]。而"十二五"期间，2014 年全国各省市减排情况考核数据显示，在水体主要污染物化学需氧量和氨氮的减排方面，江苏位居全国前列[③]。但抛开近年来看似非常亮眼的减排成绩单，现实则是，各类环境事件不断，公众对环境质量的整体感受不佳，再对照 2007 年的太湖蓝藻事件和 2013 年年初长时间的"雾霾围城"等典型事件和现象，都说明了江苏环境质量问题仍很突出，节能减排的任务还很重。事

---

① 宋彦，刘志丹，彭科.2011. 城市规划如何应对气候变化——以美国地方政府的应对策略为例. 国际城市规划，5.

② 新华网.2011. 江苏"十一五"超额完成减排任务. http://news.xinhuanet.com/fortune/2011-01/07/c_13680656.htm. [2016-08-20].

③ 孙秀艳.2015. 化学需氧量减排提前完成"十二五"任务. 人民日报，2015-7-23(10).

实上，要切实改善江苏环境质量，仍需要就应对气候变化付出更多有效的努力，关键是能够将应对气候变化全面落实在经济发展的决策中，这其中当然也包括产业结构调整决策。

2. 区域产业结构调整对经济发展实属必要

中国《中共中央关于建立社会主义市场经济体制若干问题的决定》规定："宏观经济调控权，包括货币的发行、基本利率的确定、汇率的调节和重要税种税率的调整等，必须集中在中央，这是保证经济总量平衡、经济结构优化和全国市场统一的需要。"是否我们就可据此判断，产业结构调控权包括立法权就只能集中在中央呢？答案是否定的。原因有以下几方面：首先，宏观经济调控权集中于中央，是从其对经济调节的范围而言，对经济整体的调控决定了此项权力只能归属于中央政府。货币发行、基础利率、汇率问题和基本税种税率等，这些都是基础性宏观经济调控杠杆，对国民经济影响极大，不是仅具有区域视野就能合理运用的。产业结构调整虽然也是宏观调控的基本手段，但是产业结构在很大程度上受制于不同地域的资源禀赋，各地的资源禀赋差异大，产业结构也会呈现出不同的特点。就某一具体的国家或地区而言，其所处经济环境、区位条件、资源禀赋、需求结构和开放水平等各不相同，其"合理"的产业结构也会大不一样[1]。要对产业结构进行调整就不能不因地制宜地考虑不同地区的产业结构实际。由此可见，区域产业结构调整并不是可有可无的。随着中国经济发展模式问题的日益突出，区域产业结构调整也日益成为常态化的经济调控手段。其次，加入世界贸易组织（World Trade Organization，WTO）使得中国面对的市场范围进一步拓展，从而促使原有市场范围较小时形成的产业结构和资源配置方式将发生结构性的重大变化，并使各地区企业更多地立足于各自的比较优势[2]。此外，WTO 允许各国采取的贸易保护政策，也对出口面向型经济的国家在出口产品的技术标准、环境标准、劳工标准等方面有着诸多限制，进而推动出口企业向低碳、低污染、高科技产业转移。这对于将出口贸易作为地方经济支柱的地区而言，也是产业结构调整的内在动力。再次，从立法的角度看，经济立法应该密切关注地方经济发展的不平衡性现实，在具体经济立法中既考虑立法的统一性又重视差异性，可以保证不同经济区域的真正意义上的公平竞争与发展，最终最大限度缩小地区经济差异。简言之，区域经济差异要求经济立法具有弹性，不能"一刀切"[3]。为此，在立法分工上，中央产业立法应对一般性内容进行规定，具体的特别是具有明显地区差异的

---

① 杨志云. 2014. 产业比重变化≠产业结构调整. 南方日报, 2014-6-14(F02).

② 王家新, 吴志华, 胡荣华. 2003. 江苏产业结构调整与粮食安全冲突的协调探析. 产业经济研究, 3.

③ 何宗泽. 2008. 区域经济差异与经济立法的弹性设计初探——以产业政策法和税法为视角. 安徽广播电视大学学报, 4.

内容还需要地方立法的辅助和细化。具体到江苏，目前，江苏正处于工业化中期向后期的过渡阶段。在这一发展阶段，产业结构调整与优化依然是区域经济发展的核心[①]。江苏可耗竭能源的储量不高，严重依赖资源大省的资源输出，如果不能加快产业结构优化升级，经济发展将无以为继。从这一点上看，江苏进行区域产业结构调整也更加具有现实迫切性。

区域应对气候变化和区域产业结构调整均有其特定的现实基础，具有现实合理性，将两者有机结合，在应对气候变化的现实压力和产业结构调整的常态化基础上，也更凸显出区域应对气候变化产业结构调整的必要性。

（二）地方政府角色的特殊性

1. 地方政府角色的多重性

理论上，在单一制国家结构中，中央政府与地方政府的关系相对简单，地方政府的角色就是中央政府在地方履行职能的代理者。但是，现代社会的府际关系却不可能如此简单，伴随着治理理论的实践及政府职能的转变，特别是在分权化和市场化改革的推动下，地方政府的角色呈现出多样化的特征。

总体上，地方政府的权力扩张使得地方政府除了是中央政府及上级政府在本辖区的"代理人"，同时还是地方利益的代表者、辖区的管理者和公共物品的提供者[②]。首先，基于管理成本和管理效率的考虑，中央政府不可能对地方事务进行直接的管理，所以，按中央政府意志或需要设立、权力来自于中央政府授权或特许的地方政府就成为中央政府在特定辖区进行管理活动的代理者。作为代理者，合格的地方政府是代表国家管理地方事务，要绝对服从国家利益，服从中央政府的意志和权威。其次，地方政府在作为中央政府的代言人之外，还拥有相对独立的利益，行政性分权和财政性分权使地方政府有了独立的经济利益，因而不会完全按照中央政府的期待管理地方事务，甚至会有意识地利用中央的期待和放权，去实现自己的目标[③]。再次，地方政府是辖区的实际管理者。地方政府是辖区的唯一合法的管理机构，是地方利益的最佳代理人，管理地方的各类事务，对地方社会发展进行决策。最后，地方政府是辖区内公共产品的供给者。公共产品的供给者主要是政府，在地方，地方政府的职能之一就是提供公共物品，满足社会需要，实现社会稳定，当然其提供的公共物品与中央政府相比就是地方性公共物品。在地方政府所具有的多重角色中，有些角色是协调的，也有些角色存在竞争性，尤其是可能出现地方政府的独立利益背离中央政府利益、地方政府的独立利益

[①] 王树华，范伟，孙克强. 2010. 江苏产业结构调整与区域经济发展分析. 江苏纺织，4.
[②] 唐丽萍. 2010. 中国地方政府竞争中的地方治理研究. 上海：上海人民出版社.
[③] 何显明. 2008. 市场化进程中的地方政府行为逻辑. 北京：人民出版社.

导致地方公共利益的异化和被牺牲等现象。随着利益的进一步分化，地方政府身上集中的利益竞争将更加激烈，地方政府的利益选择对各利益主体及公共产品供给结果就显得极为关键。这就需要当某一公共物品的提供过程中可能会出现地方利益与中央利益、地方经济利益与地方环境利益的博弈时，通过立法对各种利益的边界进行明确的界定，约束地方政府的权力来避免公共利益的不合理异化。

2. 现行政治经济体制带来的特殊性

当前，中央和地方的分权特别是经济分权及锦标赛式的政治晋升模式给地方政府带来双重压力。在双重压力的挤压下，即便节能减排已经纳入地方政府的政绩考核，但地方政府的政绩观还是一种扭曲的、以追求经济政绩为首要甚至是唯一目标的政绩观。虽然这一政绩观受到强烈的质疑和抨击，但是，我们在考察江苏应对气候变化产业结构调整立法的必要性时，却无法回避，更无法漠视这一现实。

1）自上而下的财政分权

改革开放前，中国是典型的计划经济体制，权力高度集中在中央政府，地方政府的全部功能就在于作为中央政府的代理人在地方贯彻中央政府的意志，地方政府没有独立的财权，其履行职能所需的财政资金完全由中央政府控制并通过计划来进行配置。这种财权结构导致地方政府在履行职能时毫无自主权，不能灵活地根据本地的实际来提供公共物品，地方政府的能动性、积极性都很低。改革开放以来，中国进行了多次的财权改革，赋予了地方政府大量的财权，地方政府拥有了提供公共物品的能力，保证了地方政府拥有可自主支配的财政资金，能够根据地方的实际情况能动地、灵活地提供公共物品来促进地方经济社会的发展。财权在中央与地方之间的重新配置，直接导致了政府利益结构发生重大变化。在中央与地方政府利益分化的基础上，横向上地方政府之间的利益分化也在加剧，府际之间存在多领域的竞争关系，其后果是各地方发展高度同质，资源需求高度相似，利益对立更为尖锐，陷入恶性竞争。而且，随着纵向分权的深入，地方政府所承担的职能不断增加，提供公共服务的压力更大，也导致地方财政压力不断增大。

2）自下而上的政治晋升

分权带来的显著后果之一就是中央对地方控制力的不断削弱。由于信息控制成本过高，中央政府对地方政府主要的控制渠道就是人事制度。地方政府官员升迁机会的获得是基于其政绩评价，导致地方官员不得不积极投身以取得政绩为核心内容的晋升竞争之中。这种竞争被称为"政治锦标赛"。"政治锦标赛"指的是"一种政府治理的模式，是上级政府对多个下级政府部门的行政长官设计的一种晋升竞赛，竞赛优胜者将获得晋升，而竞赛标准由上级政府决定，它可以是 GDP

增长率,也可以是其他可度量的指标"①。在政治锦标赛中,政绩是官员晋升评价的核心指标,有时甚至是唯一指标。政绩评价的激励是一种强激励,它从对政府作为一个社会组织整体性的绩效评价开始,但其效应却是体现在地方政府或政府部门可获得的资源和发展机遇及地方官员的升迁机会上。换句话说,对地方政府、地方政府部门及地方官员而言,政绩评价的结果意味着自身利益的可实现性和实现程度,特别是体现在对地方政府、地方政府部门及地方官员自身利益的促进上②。当与官员晋升联系在一起之后,政绩就有了明显的短期性特点。因为经济政绩最为显性,评价标准也最为统一和成熟,所以,在现有政治晋升压力下,地方政府的政绩取向单一化,唯 GDP 论,经济发展沦为官员开展晋升博弈的工具,成为官员晋升最重要的政治资本。为兑现政绩期待,也就是实现 GDP 的快速增长,政府官员就可能会出租权力,从而牺牲公共利益。

3. 地方政府角色特殊性对地方应对气候变化产业结构调整的影响

1)消极影响

在中国"政治集权、经济分权"的管理模式下,地方政府的行为在双重压力下极易扭曲,出现异化。受强烈的自利冲动的影响,地方政府在实际执行中央政府决策和意志的过程中,就会出现"上有政策,下有对策"的现象。事实上,应对气候变化和产业结构优化升级是中央政府已经明确的发展决策,但是地方政府的执行效果却不够理想:一方面,由于地方政府普遍存在着强烈的投资冲动,在预算软约束及执法不严、监管不力的情况下,不少高污染高消耗的项目开工建设依然我行我素③。结果是地方政府无法完成经过层层分解的节能减排任务。另一方面,各级政府对待产业政策的态度不尽相同。中央政府着眼于全国,希望通过产业政策的顺利实施来促进地方经济协调发展,保证宏观经济稳步前行。而地方政府则对能够在短期内推动 GDP 增长、增加税收、降低失业率的行业青睐有加。为此,地方政府可能对限制这些行业发展的政策进行抵制,从而导致产业政策实施效果不佳,产业结构升级缓慢④。地方政府角色的特殊性所产生的这些消极影响,更加突出了通过立法规范地方政府应对气候变化产业结构调整行为的必要性。

2)积极影响

地方政府角色的特殊性对应对气候变化下产业结构调整也并不完全都是不利影响,它也有积极的一面。从不同层面看,应对气候变化、节能减排与产业结构调整之间的内在关联,促使地方政府可以通过统一行动来达到预期目的,而这种

---

① 周黎安. 2008. 转型中的地方政府:官员激励与治理. 上海:上海人民出版社.

② 何显明. 2008. 市场化进程中的地方政府行为逻辑. 北京:人民出版社.

③ 肖元真,黄如进,谢连弟. 2008. 结构调整、产业升级与节能减排战略的导向. 学习与实践,3.

④ 张纯,潘亮. 2012. 转型经济中产业政策的有效性研究——基于中国各级政府利益博弈视角. 财经研究,12.

统一行动具有效率提升、效果多重与成本控制等优势。首先，地方政府可以同时声称应对节能和气候变化问题，而在实际行动时只采取节能行动。本质上这是一个一石二鸟的做法，而从积极的角度讲，这是一个双赢战略[①]。这就使得地方政府的应对行动可以实现成本的节约。其次，气候变化是环境问题，也是发展问题，归根结底是发展问题[②]。将环境与发展统一起来，同样可以达到效率提高和成本缩减的积极效果。因此，在应对气候变化的要求下进行产业结构调整，不仅可以满足地方政府的政绩需要，而且能够使地方政府及其工作人员有积极性和主动性去制定符合节能减排和低碳发展要求的产业结构调整战略和措施，节约节能减排和产业结构调整的立法和执行成本，提高立法与行政效率。从这个意义上讲，地方政府也有动力制定一部好的应对气候变化产业结构调整立法。虽然存在节能减排与减缓经济发展速度的矛盾，但两者之间并非根本性的、不可调和的矛盾，在产业结构调整中找到节能减排与维持经济发展速度之间的平衡点，是可以在不显著降低经济发展增速的前提下实现节能减排目标和任务的，还可以从中央的优惠和激励制度中受益。并且，从长远来看，即便是短期内经济发展增速放缓，节能减排和产业结构调整带来的能源消费成本和消除环境与经济危机带来的成本的节约远大于维持较快经济增速所带来的利益。更何况，在举国重视节能减排和产业结构调整的大背景下，地方政府和地方官员没有其他更好的替代性选择，也不能不"化压力为动力"，从而采取各种可行有效的方式履行节能减排和产业结构调整的责任。在诸多可选项中，立法无疑是最具权威也最具强制力保障的方式，尤其是在可以通过一部立法产生多重效果的前提下，立法的优势更加突出，地方政府的立法积极性和主动性也无疑会更高。

三、江苏应对气候变化产业结构法律调整的可行性

（一）中国法制建设的实际

受制于中国法制建设的实际，很多部门尤其是新兴的法律部门存在大量的法律空白、立法效力层次低、可操作性差等问题。遇到这些问题，惯常的做法是：在有高效力层次立法但缺乏可操作的情况下，需要通过低位阶立法包括地方性立法进行细化；在上位法缺失的情况下，从效力层级较低的立法逐步推进制度完善是可行的，也是中国立法实践中最常采用的立法方法。事实上，中国很多领域的立法，都是在理论准备不足、立法条件不成熟等因素的制约下，先行由事先选择的试点城市或试点区域制定地方性立法，进行制度创新，积累立法经验，待到时

---

① 张焕波. 2010. 中国、美国和欧盟气候政策分析. 北京：社会科学文献出版社.

② 庄贵阳. 2007. 低碳经济：气候变化背景下中国的发展之路. 北京：气象出版社.

机和条件成熟，再形成统一立法。《立法法》也为这一做法提供了法律依据。根据《立法法》第64条第2款规定："除本法第八条规定的事项外，其他事项国家尚未制定法律或者行政法规的，省、自治区、直辖市和较大的市根据本地方的具体情况和实际需要，可以先制定地方性法规。在国家制定的法律或者行政法规生效后，地方性法规同法律或者行政法规相抵触的规定无效，制定机关应当及时予以修改或者废止。"可见，即便是在上位法缺失的前提下，也是可以进行地方性立法的。

但是，地方性立法主体理应受到一定的限制。原因有二：第一，在上位法缺失的情形下，地方立法没有了"参照物"，需要承担制度创新的功能，对立法技术和立法能力的要求相对较高。当某一领域的上位法"难产"，就说明立法难度很大，对立法能力和水平的要求更高。相较之下，由于省级政府在现有政府行政体制中处于承上启下的地位，在一省范围内承担比较重的宏观管理职能，因而，省级政府在地方政府层级中，拥有最强的政策制定和立法能力。其立法资源和立法技术相对于下级地方政府和地方立法机关而言，也更具优势。第二，无论上位法是否完备，地方立法的性质决定了其应做到不重复、有特色、可操作，即不是上位法的简单重复，不照抄照搬，能够体现地方特色，并且具有可操作性。但实际上，仕现有法律体系中，地方性立法的质量整体不高，这一通病的病因在于地方立法"鹦鹉学舌"，为了不违背上位法，或者出于其他原因，漠视地方立法应体现的区域特色，照抄照搬上位法，既做不到对上位法的细化，也不能对上位法做符合本地区特色的"解释"，导致立法难以操作。考虑到这一现实问题，具有地方立法权的机关应珍惜有限的立法权限，尤其是在上位法体系化程度较低的情况下，应尽量由省级地方立法机关来行使立法权，就是因为在地方层级中，省级地方立法机关在提炼和突出地方特色、加强立法的可操作性上能力最强，这样才不至于无谓地浪费立法资源。此外，受地方性立法的立法权限所限，地方性立法在制度创新的程度上也不是没有限制的。江苏应对气候变化产业结构调整立法作为地方性立法，由省级地方人大及其常委会或者省级政府来承担立法工作，既能够满足立法所需的能力和资源，又有能力最大限度地避免出现地方性立法的通病。

（二）应对气候变化与产业结构调整立法的现实

党的十八大报告将生态文明建设单篇阐述，与经济、政治、社会、文化建设相并列，标志着对环境问题的重视程度已经达到了一个新的高度。这对于环境立法而言，无疑是一个重大利好。其实，党的十八大报告对生态文明建设的重视只是近年来加强环境保护和环境立法的缩影。综观改革开放特别是1993年以后的立法实践，可以说，环境法是立法活动最为频繁、投入立法资源最多的一个部门法。所以，短短的三十多年时间，已经初步形成了一个庞大的环境法律法规体系。其中，在应对气候变化方面，已经制定出台了《节约能源法》，还有《循环经济促进法》《清洁生产促进法》等配套的法律，《能源法》等相关立法也已经列入立法日程，应对气候变化的一些具体措施，如碳排放权交易也经由地方试点在逐步向统一立法推进。种种现实表明，在环境法领域，随着应对气候变化重要性的确认，应对气候变化立法会得到更多的立法倾斜。不过，由于应对气候变化法领域的高效力层次立法的可操作性问题比较突出，亟须通过地方性立法进行细化，增强可操作性，来指导区域应对气候变化实践。承接这一现实需要，江苏也已经出台了《江苏省节约能源条例》《江苏省机动车排气污染防治条例》等应对气候变化相关立法。迄今已经从上至下初步搭建起了应对气候变化立法的制度框架。

反观产业结构调整立法，则又是另一番景象。产业结构调整立法属于产业政策法，是宏观调控法的组成部分，宏观调控法在立法上存在的问题也反映在产业结构调整立法中。在经济法这一部门法中，市场规制法有比较成熟的理论基础和比较完善的制度内容，在法律的完备性方面要远远超过宏观调控法。宏观调控法因其调控经济的杠杆形式多样，且相互之间差异较大，因而难以形成统一的基础理论和具体制度，与宏观调控法在经济法中具有的核心地位不符。在目前社会经济发展现实难题的压力下，产业政策法可以作为解决这一问题的关键点。因为，国家调节经济的各种手段均与产业政策尤其是产业结构调整有着直接或间接的关联。换言之，产业政策法是最为广泛运用经济法各种调控手段的立法。但产业政策法却并没有形成完善的立法体系。至今，产业政策法领域仅有《中小企业促进法》等少数高效力层级的立法，其次就是《促进产业结构调整暂行规定》《产业结构调整指导目录》等部门规章，立法空白较多，法律化程度较低，一般性立法缺失，对产业政策尤其是产业结构调整的指引作用有限，给产业政策留下了很大的适用空间。在这样的立法背景下，倒是地方性产业政策法有了很大的进展。以江苏为例，已经颁布了《江苏省软件产业促进条例》《江苏省中小企业促进条例》《江苏省发展民营科技企业条例》等地方性法规，还有诸如各类产业准入条件、行业结构调整指导意见等一系列规范性文件。但是，江苏现有的产业结构调整规范体系主要是以产业政策或规范性文件为主要形式，法律化程度不高，立法体系化程度也明显不足。

应对气候变化立法能够为江苏应对气候变化产业结构调整立法提供制度支持，产业结构调整立法虽然存在诸多立法空白，但是通过江苏应对气候变化产业结构调整立法也可为产业结构调整立法的法律化程度提高带来机遇。无论应对气候变化和产业结构调整立法的现状如何，江苏应对气候变化产业结构调整立法都可从中吸取合理的养分，并将之转化为特定的制度内容。其实，江苏在应对气候变化产业结构调整立法方面已经做出了有益的尝试，《江苏省应对气候变化领域对外合作管理暂行办法》《江苏省固定资产投资项目节能评估和审查实施办法（试行）》就是这种尝试的成果。当然，严格说来，这些成果还不能称为真正意义上的江苏应对气候变化产业结构调整立法，要形成江苏应对气候变化产业结构调整的立法体系还需要一个过程，需要克服种种困难，在理论和实践层面也需付出更多努力。

第二节　江苏应对气候变化产业结构法律调整的基本范畴

　　江苏应对气候变化产业结构法律调整的基本形式是地方性立法。对江苏应对气候变化产业结构调整立法的基本范畴展开阐述的前提是对其概念的厘定。如前所述，应对气候变化下的产业结构调整是以产业间的资源配置结构优化与调控为核心内容，实质是通过产业结构的合理化来推动经济可持续增长，在资源配置效率优化的基础上实现节能减排和低碳发展。可见，应对气候变化产业结构调整立法本质还是产业结构调整法。所谓产业结构调整法是指调整在国家推进产业结构优化升级过程中产生的各种社会关系的法律规范的总称。那么，应对气候变化产业结构调整立法就是在应对气候变化的目标下，调整国家在实现节能减排与低碳特征的产业结构转型过程中产生的各种社会关系的法律规范总和。再具体到江苏应对气候变化产业结构调整立法，是调整江苏省在实现本区域内节能减排与低碳特征的产业结构转型过程中产生的各类社会关系的法律规范的总和。它实质上应当是有关应对气候变化产业结构调整的地方立法体系，而并非一部地方立法。在此基础上，本节将对江苏应对气候变化产业结构调整立法的本质、价值、宗旨及基本原则进行阐释。

一、江苏应对气候变化产业结构调整立法的本质

（一）以社会利益为本位

　　基于社会与个人和国家之间的相对独立地位及社会主体价值选择类型化的需要，法本位可以划分为国家本位、个人本位和社会本位三个基本类型。社会本位是当人类社会发展到一定阶段，在国家本位和个人本位之间产生的新的法本位类型。作为一种新的法律理念和法律改革思想，社会本位是在19世纪末20世纪初产生并发展起来，是避免国家主义和个人主义极端化的产物。顾名思义，社会本位是以"社会"为价值取向，注重社会整体发展，保障社会整体效率，以追求社会整体利益的最大化[1]。社会利益实质就是公共利益。以社会利益为本位，代表着

① 孟庆瑜.2010. 论社会本位及其经济法的本位观//张守文. 经济法研究（第7卷）. 北京：北京大学出版社.

在国家利益、个人利益和社会公共利益之间明确的选择取向。国家利益和个人利益与社会利益有时保持一致，但也有存在冲突的情况。当国家利益与社会利益不一致，就需要利用法律手段避免政府用国家利益取代社会公共利益；当个人利益与社会利益不一致，也同样需要通过法律手段优先保护社会利益。

江苏应对气候变化产业结构调整立法以社会利益为本位。产业结构调整在现阶段主要的表现是产业结构优化，即产业结构的合理化和高级化。其原理是通过政府的调整决策解决市场的公共失灵问题，影响产业结构的供给和需求结构发生变化，实现资源的优化配置，为经济发展提供新动力和新的增长点，推动社会总收入和社会福利的增加。产业结构调整主要是通过产业政策来完成的。产业政策作为一种公共政策，是国家或政府分配社会公共资源的一种经济政策，关乎全民社会公共利益，具有社会本位性①。无疑，公共政策是为公共利益服务的，产业政策也当然是为产业结构合理调整所代表的公共利益服务的。一般来说，在产业政策的制定与实施过程中，政府代表的是社会共同利益，而不是某种政府利益。这是产业政策的一大特点，并以此与自由经济下的其他一些政府政策相区别②。而在应对气候变化的要求下，产业结构的优化是以降低环境外部成本、减少能源消费并寻找替代、发展低碳经济产业类型、淘汰落后产能来实现经济的可持续发展。显然，无论是节能减排、发展低碳经济以实现环境质量的好转，还是通过产业结构调整实现新的经济增长，这都是社会全体的共同利益。在区域范围内，这种共同利益就是区域公共利益。由此，彰显公共利益也就成为应对气候变化下产业结构调整的精神内核，它也同时决定了以此为规范对象的应对气候变化产业结构调整立法的公益性。应对气候变化产业结构调整立法是为了规范和保障产业结构调整行为，目的也是保障社会发展利益的实现。产业结构调整立法对某些行业、企业进行规划、引导、扶持、保护和限制等，其所要达到的直接目的都是维护社会整体利益，而不是某个或某些私人（企业）的利益，尽管它在客观上间接地会对个体利益产生某种积极或消极的影响③。江苏应对气候变化产业结构调整立法的社会利益本位决定了它必然以保护和促进社会经济的整体和实质公平为目标，以对不利于社会经济发展整体和长远利益实现的"两高"产业和企业私益的规范和限制为内容。

（二）以可持续发展为价值目标

可持续发展是广为公众获悉并在诸多领域广泛使用的概念，其首次使用是在1980 年的联合国大会。1987 年，世界环境与发展委员会发表《我们共同的未来》，

---

① 宾雪花. 2012. 产业政策立法问题研究 //张守文. 经济法研究（第 10 卷）.北京：北京大学出版社.
② 陈淮. 1991. 日本产业政策研究. 北京：中国人民大学出版社.
③ 王先林. 2003. 产业政策法初论. 中国法学，3.

系统提出"可持续发展"的战略。《我们共同的未来》作出的突出贡献不仅在于为人类发展指出了一种新的发展观，还在于为"可持续发展"给出了至今最为广泛认可的定义，即可持续发展是"既满足当代人的需要，又不对后代人满足其需要的能力构成威胁和危害的发展"。理解可持续发展有两个核心要点：①人类发展权利的实现应建基于人与自然的和谐统一；②当代人与后代人的发展机会平等，不能随意剥夺后代人本应享有的发展机会。换句话说，可持续发展要求将环境与发展构成有机整体，并通过代际公平的实现来保障发展的可持续性。可持续发展的落脚点还是在发展，一方面肯定发展的必要性和可能性；另一方面充分注意到发展的可持续性，为突破增长的相对极限开辟了可能的前景①。可持续发展为环境保护与经济发展的矛盾解决提供了可行的思路，而对发展的终极关注也使可持续发展具有广泛适用的基础，可持续发展也因此成为人类发展所致力追求的价值目标。

实现可持续发展要求，首先，必须既改变目前高能耗的生产、生活方式，又使人们的生活水准不断提高；其次，必须通过不加重环境的负担、减少污染排放的方式不断提高人们的生活水准；再次，对废弃物实现"变废为宝"的资源化处理；最后，减少可耗竭资源的使用，增加可再生资源的种类、数量和使用效率②。从中可以看出，可持续发展实现途径其实是将应对气候变化和产业结构调整有机地结合起来。应对气候变化的目的在于通过节能降耗，对可耗竭的能源提高利用效率和利用水平，并寻求清洁能源加以替代，发展低碳经济，为经济的持续稳定发展夯实物质基础和优化发展环境。从可持续发展的战略高度，它必然要求充分认识适应全球气候变化问题的重要性；尽快制定在可持续发展框架下适应气候变化问题的中长期战略；以可持续发展战略思想为基础，制定合理的适应政策与措施③。这其中，产业结构调整的生态化构成适应政策与措施的基本组成部分。产业结构与经济发展之间的内在关系要求它必须以可持续发展为价值目标，其具体表现就是产业结构调整生态化。产业结构调整生态化就是将产业结构从低级化向合理化、高级化进行转型和优化，这符合产业发展的基本规律，有利于资源利用效率的提高，也有助于产业结构整体的低碳化。通过低碳转型使产业结构更趋合理，产业结构才能够为社会经济提供稳定的、可持续的发展基础。总体而言，应对气候变化产业结构调整在可持续发展目标指引下，调整产业结构成为实现节能减排目标的重要手段，节能减排则为调整产业结构提供现实可行的切入点和突破口。

① 吕忠梅.2008.环境法学（第二版）.北京：法律出版社.
② 李成威.2011.低碳产业政策.上海：立信会计出版社.
③ 王守荣.2011.气候变化对中国经济社会可持续发展的影响与应对.北京：科学出版社.

二、江苏应对气候变化产业结构调整立法的价值追求

作为一个哲学范畴的概念，价值概念广泛应用于人文社会学科研究和日常生活之中。价值也是法理学研究的基本内容。研究事物的价值，首先要认识该事物有什么价值（价值是什么）；其次要弄清（在事物具有多项价值时）该事物各项价值之间的关系，其中哪些是主要的价值；最后还要弄清按照该事物价值的特性，人们应该怎样去发挥和利用价值，即价值实现方式[①]。本书对江苏应对气候变化产业结构调整立法的价值的探讨，也依循这样的顺序。

（一）江苏应对气候变化产业结构调整立法的价值内涵

法的价值是法学研究领域亘古不变的永恒话题。法有其区别于其他社会规范的独特价值。简要说来，法的价值代表对特定事物的观念和原则，是法所追求的理想和目的。法的价值是由法这一独特的社会现象的品格所决定的，它所体现的价值实质上是人所普遍认同并鼎力追求的普遍原则[②]。在法律体系中，就特定的法而言，其价值具有双重性。一个特定立法首先应具有普遍性的、所有部门法共有的价值，其次还应具有其区别于其他法的特殊价值。众所周知，法的共性价值包括如公平、自由、秩序、安全等多方面，而具体到不同的部门法中，这些价值的内涵则有所区别。而一个部门法往往包含诸多具体立法，具体立法在价值内涵上又将有所偏重。对于部门法乃至其具体立法而言，显然探寻其价值中的特殊性更为重要。作为调整特定区域应对气候变化产业结构调整法律关系的立法，江苏应对气候变化产业结构调整立法的价值也必然呈现出这种双重性，也需要我们着重探究其特殊价值。

1. 公平

公平价值是法的基本价值，是人类社会的永恒追求。总体来说，公平是一个内涵外延极为宽泛的概念。它可以在特定含义上与正义、公正、平等等概念做相同理解。在现代社会，法的公平价值大致有两种理解：一是形式公平，二是实质公平。概括而言，在法的体系中，传统的民法追求的是形式公平，而社会法追求的则是实质公平。形式公平其实就是机会公平，即无差别对待，是给予所有市场主体以相同的机会，其实力、规模等方面的差异不考虑在内。但在现代社会，市场主体的实力、规模等方面的差异恰恰可能会带来不公平的竞争后果。实质公平则是不同情况差别对待，即在机会公平之外，更加关注主体之间实力、规模的差异可能带来的结果不公平，从而区分不同主体的不同情形加以区别对待，追求真

---

① 漆多俊. 2014. 经济法学（第三版）. 北京：高等教育出版社.
② 齐延平. 1996. 法的公平与效率价值论. 山东大学学报（哲学社会科学版），1.

正公平的实现。正如有学者所言："实质公平是在承认经济主体的资源和个人禀赋等方面差异的前提下而追求的一种结果上的公平"①。就两种公平的关系而言，实质公平本身并不排斥机会公平，还以形式公平为前提和基础，其与形式公平的核心区别在于它是以实质意义上的结果公平为依归。当然，实质公平并不等于绝对公平。绝对公平并不存在，所谓的公平是且只能是相对的公平。社会法以维护社会利益为本位，就需要充分考量社会中的各种情形，从而使其中的绝大多数实现公平，而不要求所有情形下的绝对公平，甚至可能为了实现实质的公平，会允许某些"不公平"现象的存在。

无论是应对气候变化改善环境质量还是通过产业结构调整进行宏观经济调控，追求的都是社会公共利益的实现，具体到公平价值上，追求的都不是获取个体利益的机会公平，而是社会整体的环境公平和经济公平。江苏制定应对气候变化产业结构调整立法，在公平价值的内涵指向上也只能是实质公平。它关注的核心是"具体情况具体对待"的结果公平而非"相同情况相同对待"的个体公平。具体而言，这种实质公平可简称为产业结构调整公平，包含区域公平、能源利用公平等丰富内容。正是基于此种公平内涵，江苏产业结构调整应根据节能减排和能源可持续利用的现实需求及能源利用的实质公平要求，对不同产业进行合理区分，采取有区别的调整措施，而对符合低碳要求和经济发展规律的产业进行必要的倾斜则实属题中应有之义。

此外，还可从其他层面上对江苏应对气候变化产业结构调整立法的公平价值做出解读。就公平的实现范围而言，江苏应对气候变化产业结构调整立法追求的公平是局部公平，与整体公平之间也需要进行衡平，即追求局部公平不应对整体公平的实现造成实质妨碍。如以产业结构调整之名行产业垄断之实，阻碍中国产业的整体转型，影响经济发展，则不应纳入江苏应对气候变化产业结构调整立法的公平内涵。从可持续发展的要求来看，江苏应对气候变化产业结构调整立法追求的公平还应是代内公平与代际公平的统一。江苏应对气候变化产业结构调整立法应致力于实现代内公平，即省内各地市环境、社会、经济的平衡发展，避免出现贫富差距过大、环境污染不合理转嫁等不公平现象；同时，代内公平的实现不应以牺牲代际公平为前提，即代内发展利益的取得不能剥夺后代人平等获得发展的机会和发展利益的权利，而应是有节制、有限度地增加社会福利。

2. 效率

效率同样是一个使用范围很广的概念。经济学上的效率是指社会能从其稀缺资源中得到最多东西的特性，即价值最大化。在社会科学范畴，效率是

---

① 李昌麒.1999.经济法学(第三版).北京：中国政法大学出版社.

最有效地使用社会资源满足人类的愿望和需要，这是根据预期目的对社会资源的配置和利用结果所做的社会评价。法的效率价值是这两种意义效率概念的统一。

　　江苏应对气候变化产业结构调整立法的效率价值包括经济效率和环保效率。经济效率是江苏这一区域内社会经济的总体效率，具体表现为区域能源利用效率、产业结构效率等。环保效率则表现为江苏区域内控制污染排放效率。从经济效率来看，既然是江苏经济发展的总体效率，那么，也就意味着它在个体效率和总体效率中优先实现后者；在眼前效率和长远效率中优先实现长远效率。据此，个别产业的畸形快速增长和地方政府产业结构调整的短期行为都是不符合效率价值要求的。在经济效率中，首先，能源利用效率的高低与产业结构状况和环境污染状况直接相关。因此，区域能源利用效率是衡量应对气候变化和产业结构调整效果的重要标准。如果能源利用效率高，那么产业结构优化和节能减排的效果就会比较好；如果能源利用效率低，产业结构合理化程度和节能减排的效果就自然会比较差。其次，基于产业结构调整与经济增长的内在关联，经济增长效率也是经济效率必然考虑的内容。产业结构调整和优化是经济稳健增长的内在诉求，两者呈正相关关系。区域产业结构效率是衡量产业结构合理与否的最终标准，也是区域经济发展的归宿。如果一个区域的经济效率较高，并且这个效率是由产业结构带来的，那么，其产业结构就是合理的；相反，如果一个区域的产业结构效率不高，而且这种较差的经济效率是由产业结构带来的，那么，其产业结构就不合理[①]。再来看区域污染排放控制效率。产业结构向合理化、高级化升级，其中蕴含的是从低端制造业向低能耗、低污染的第三产业和高科技产业转型的发展路径。污染排放控制效率高低的评价不是单一地将节能和减排效果作为评价标准，还将产业结构合理化和经济发展结果作为评价内容。污染排放控制效率是由节能和能源替代技术所决定的，而产业结构的合理化、高级化与技术升级也是分不开的。因此，区域污染排放控制效率高，产业结构升级转型的效果就好，产业结构的合理化、高级化程度就有所提高；反之，产业结构的合理化、高级化程度就较低。

　　在江苏应对气候变化产业结构调整的效率价值内容中，污染排放控制效率与经济效率之间不像通常认为的是一对矛盾的价值内容，两者之间不存在实质的冲突。经济效率界定为社会经济的总体效率本身就将不利于节能减排的短期行为视为低效率或者无效率的行为。可以说，效率价值的实现是经济效率与环保效率有机协调的结果。当然，追求区域效率价值目标，也需注意不能阻碍全国性应对气候变化产业结构调整立法效率价值目标的实现。

---

① 张帆. 2008. 从产业结构效率论产业结构调整方向——以秦皇岛市为例. 城市问题, 12.

3. 秩序

秩序是人类社会生存与发展的基础，也是法的基本价值。在法价值体系中，秩序价值还是实现其他价值的前提，只有建立必要的秩序，其他的价值才具有实现的可能。也正因如此，尽管秩序不是法的最高价值目标，但在任何社会中，维持必要的秩序总是法律制度最基本的社会职能，就是因为秩序是最具基础性的价值①。法律确立秩序价值，目的在于预防或消除无序状态。江苏应对气候变化产业结构调整立法的秩序价值即为区域应对气候变化下的产业结构调整构建必要的秩序。当必要的秩序存在，行为主体有明确的行为指引并对行为后果有明确的预期。江苏应对气候变化产业结构调整立法的秩序是区域经济秩序、环境秩序和社会秩序的统一，即将区域经济、环境和社会秩序有机结合，在规范区域经济和环境秩序的同时达到社会的有序平衡。区域经济、环境与社会的内在关联性决定了任何一方面秩序的建立和维护都会受到其他方面秩序状态的影响。例如，单纯考虑产业结构调整秩序而忽视环境秩序，其结果是产业结构调整秩序也难以真正确立并得到有效的维护。区域的经济秩序、环境秩序和社会秩序本身都是公共产品，代表公共利益，社会秩序的稳定更是社会进步的内在诉求和重要目标，是最大的公共利益。区域经济秩序、环境秩序和社会秩序的统一是江苏应对气候变化产业结构调整立法社会本位的必然要求。将区域经济、环境和社会秩序有机地统一起来，不仅有助于应对气候变化目标的实现，也有助于产业结构的优化升级，更有助于形成稳定的社会状态。江苏应对气候变化产业结构调整立法的秩序价值要求，稳定应对气候变化目标下产业结构调整法律关系，确立应对气候变化下产业结构调整的基本规则，建立低碳发展的产业结构调整秩序，确保应对气候变化产业结构调整立法的有效执行，规制产业结构调整违法行为。

4. 安全

安全也是当代社会重要的法价值。安全价值是法所确立的行为规则和行为秩序是否能够保障特定社会领域的稳定、不受威胁、不存在危害和损失的社会评价。法建立秩序，追求自由、平等和正义，保障合法权益，就是实现法所调整的社会关系的理性化和稳定性，并以国家强制力保障该领域的安全。在某种程度上，安全价值的实现是以其他法价值的实现为基础的，是一种结果价值。在现代社会，安全的重要性已经被提升到了前所未有的高度，甚至能够决定社会发展的方向和程度。其中，气候安全为代表的环境安全、因经济危机带来的经济安全及能源耗竭的前景导致的能源安全都是其中获得高度关注的安全类型。江苏应对气候变化

---

① 张文显.2007. 法理学（第三版）. 北京：法律出版社.

产业结构调整立法实现应对气候变化和产业结构调整的耦合，其安全价值包括区域的能源安全、环境安全、经济安全及建基于此三种安全之上的社会安全。区域能源安全要求提高可耗竭能源能源利用效率，杜绝能源的破坏性利用，使用清洁的替代能源，为区域社会经济的可持续发展提供必要的物质基础；区域环境安全要求节约可耗竭化石能源的消费，减少区域污染排放，将污染排放控制在环境承载能力之内，打造健康和美好的生存环境；区域经济安全则要求影响经济发展的各个因素、环节和结构符合市场经济规律，消除影响经济稳定增长的潜在风险，满足经济可持续发展的需求。实质上，这三种安全息息相关。解决了最为引人关注并且直接关系社会稳定的能源、环境、经济安全问题，区域社会安全就有了实现基础。区域社会安全要求社会总体稳定，社会风险或危机处于人类可接受的水平和范围内。实现安全价值需要做到以下方面：首先，安全价值的丰富内涵尤其是社会安全的引入，意味着对其他任何一种价值的追求程度包括对能源、环境和经济安全的追求程度都不是越高越好，都需要考虑是否符合社会安全的要求，是否为社会稳定制造风险且这种风险是否可控。其次，作为区域的安全价值目标，这种安全的实现也应与全局安全诉求保持一致。最后，区域社会安全属于公共安全，个体安全应服从社会安全。

（二）价值间关系及价值实现方式

法所追求的价值是美好的，理想的状态当然是所有的价值都能够得到充分实现。不过，我们也必须承认，这种理想状态并不存在。一般情况下，价值之间是可以达到内在和谐的，但同样地，价值之间也可能存在冲突，甚至在特定的语境下，价值之间有可能是对立的关系。所以，价值间关系包含两个层面：一是价值之间能够相对和谐地呈现立法的基本精神；二是价值之间存在冲突。在现代社会，最常见的、也是最主要的法价值冲突就是公平与效率价值之间的冲突。具体到江苏应对气候变化产业结构调整立法中，公平价值与效率价值存在一定的矛盾之处，两者间的冲突是价值间关系的突出表现和主要方面。

法的公平价值与效率价值在理念上是不分主次、先后与轻重的。人类需要公平的环境与机会，也需要高效率的财富创造。人对于法必然有公平与效率的双重价值追求。公平与效率可谓法的双翼，法运行于社会的理想状态便是公平与效率的最佳衡平[①]。但现实是，多数人认为，追求效率会削弱公平，追求公平则损及效率，从而将两种价值人为地对立起来。确实，在人类社会发展的不同阶段，对公平和效率价值的重视程度有所不同，大致经历了公平优先—效率优先—公平优先的变动过程。中国自改革开放以来，在公平和效率价值的选择上也经历了从效率

---

① 齐延平.1996.法的公平与效率价值论.山东大学学报（哲学社会科学版），1.

优先到重视公平的变化。在应对气候变化产业结构调整的价值排序中，其实也存在公平优先还是效率优先的争议。显然，产业结构调整更侧重效率，应对气候变化则注重公平，到底应该做何选择？其实，我们不能否认，公平与效率价值是存在冲突的一面，但这种冲突并非不可调和，两者也有统一的可能。江苏应对气候变化产业结构调整立法就是统一两种价值的有益尝试。从我们对江苏应对气候变化产业结构调整立法价值内涵的解读即可看出，无论是公平价值还是效率价值，在内涵界定、价值目标实现的要求等方面，都是通过限制和妥协来试图达到两种价值的统一。换句话说，效率是不损害实质公平的效率，公平是保证一定效率的公平。当然，从应对气候变化的迫切性和产业结构调整的实质来看，公平价值的实现应该更为受到重视。

至于价值的实现，主要是通过理念阐释和制度安排来加以贯彻和落实的。无论是立法的宗旨、原则还是具体制度，都应体现其价值取向。重要的是，立法理念和具体制度内容之间要保持一致，才能共同指向特定的价值目标；制度内容要具有可操作性并且得到有效的实施，也才能够保证价值目标得到实现。

（三）江苏应对气候变化产业结构调整立法价值的属性归纳

在明确江苏应对气候变化产业结构调整立法的价值内涵后，还要进一步对其价值属性进行简要归纳。应对气候变化和产业结构调整分属于环境法和经济法，具有不同的价值取向，应对气候变化具有明显的生态价值属性，产业结构调整却更加凸显经济价值属性。经由耦合，应对气候变化产业结构调整立法价值必然兼具生态性与经济性诉求。当然，生态性与经济性价值诉求往往存在冲突，要使之兼容，需要在两者间做出适度平衡。而某种意义上，公平与效率的价值统一就是生态性与经济性价值平衡的具体表现。

三、江苏应对气候变化产业结构调整立法的宗旨

立法宗旨是立法的基本要求和基本目的。江苏应对气候变化产业结构调整立法的宗旨分为两个层次：一个是近期目的，即调整产业结构和实现节能减排目标；一个是远期或者终极目的，即在促进经济增长方式的根本转变基础上实现区域环境、经济和社会的协调发展。

（一）合理调整江苏产业结构

江苏应对气候变化产业结构调整立法作为产业政策法，其最直接的目标就是实现有效的江苏产业结构调整。江苏产业结构调整的合理性应从以下方面体

现：①制度规范能够实际发挥效用，江苏产业结构存在的问题能够得到明显改善；②制度内容能够解决公平与效率、节能减排与调整速度乃至经济发展速度的矛盾，平衡产业利益和环境利益；③产业结构调整是有效的，其达到效果应是符合经济和产业规律及节能减排的要求，发展低碳经济和清洁生产，产业结构实现合理化和高级化，向高科技产业和环保产业转型。

（二）实现江苏节能减排目标

在有效调整产业结构的同时，江苏应对气候变化产业结构调整立法还需将节能减排目标的实现作为其立法目的。在本章第一节中，笔者已经阐述了应对气候变化与产业结构调整之间是目标与手段的关系，所以，节能减排作为江苏应对气候变化产业结构调整立法的宗旨是题中应有之义。节能减排目标的实现应做如下理解：①节能减排目标包含了节能和减排两方面的内容，两者相互联系，相互依存，缺一不可；②节能减排是产业结构调整的目标，与产业结构调整规律和发展方向具有内在的契合性，因而节能减排的要求应贯穿产业结构调整的全过程；③节能减排目标的实现不要求所有经济区域的任务时限都是完全相同的，只要在规定时间内完成规定的义务和责任即可；④节能减排目标责任应纳入各地市产业结构调整成果考核的评价标准体系。

（三）促进江苏环境、经济和社会协调发展

在江苏产业结构得到合理调整和节能减排目标实现的基础上，解决江苏经济增长方式存在的问题，促进经济增长方式的根本转变，就是要从粗放型的经济增长方式向集约型的经济增长方式转变，从严重依赖出口外向型经济转变为国际和国内市场并重，根本上消除不利于经济健康、持续、有序发展的因素，为江苏经济的后续提升注入新的动力，找到新的经济增长点。如果说前两者是江苏应对气候变化产业结构调整立法的直接目的，那么，实现江苏环境、经济和社会的协调发展则应是其终极目标。这一目的的实现是多元利益协调的结果，也是个体利益服从社会利益、区域公平和效率服从总体公平和效率的结果，更是建立全新的和谐社会秩序、实现经济社会安全发展的内在诉求。

四、江苏应对气候变化产业结构调整立法的基本原则

此处所指的基本原则是江苏应对气候变化产业结构调整立法的基本精神和价值取向的集中表现，是贯穿于立法始终、所有规范都应遵守和贯彻的，规范江苏应对气候变化要求下产业结构调整法律关系各类主体行为的指导思想和基本准则。江苏应对气候变化产业结构调整立法的基本原则包括以下内容。

（一）综合决策原则

综合决策原则是可持续发展价值理念在基本原则层面的体现。综合决策原则首创于环境法。在环境法中，综合决策全称为"环境与发展综合决策"。这一思想始自 1972 年联合国人类环境会议，并于 1992 年联合国环境与发展大会形成明确表达。所谓环境与发展综合决策，就是在决策中，正确处理环境与发展的关系，贯彻可持续发展战略，把经济规律和生态规律结合起来，对经济发展、社会发展和环境保护统筹规划，合理安排，全面考虑，实现最佳的经济效益、社会效应和环境效益[①]。很显然，这一思想意在通过一种和谐的、非冲突的方式解决环境保护与经济发展的矛盾，在二者间实现协调发展。基于当前环境问题的严重性，环境与发展综合决策也具有了更加广泛的适用性。应对气候变化下的产业结构调整是为了协调环境保护尤其是节能减排与产业发展之间的矛盾，因而在江苏应对气候变化产业结构调整立法中确立综合决策原则是非常必要的。

江苏应对气候变化产业结构调整立法中的综合决策原则，具体的含义如下：

1. 综合决策是双向互动的过程

从应对气候变化的角度，优先保护环境利益是其必然的要求；产业结构调整的根本目的则是实现经济发展利益。综合决策就是将应对气候变化和产业结构调整有机结合起来，不仅要求在产业结构调整决策和具体措施中充分考量应对气候变化的要求，而且还要求在应对气候变化目标实现的过程中充分考虑江苏经济、社会发展的现实状况和产业结构的客观情况。它不是单向度的某种利益受到限制或被否决，而是需要两种利益在互惠的基础上各自做出一定的"妥协"。通过综合决策，产业结构调整牺牲一定的经济发展速度，而应对气候变化也能确保人民生活、社会经济发展不致停滞或倒退，最终换取的是环境、社会、经济的可持续发展。换句话说，综合决策就是在环境利益和经济利益间促成双向互动，实现两种利益的有机融合。

2. 综合决策实质是平衡利益

我们在日常生活中经常面对环境利益与经济利益的激烈冲突，很重要的一个原因就在于发展决策是在两种利益对立的观念基础上做出，其结果只能是取此舍彼或者取彼舍此。但是，经济稳定增长是解决其他社会问题的前提和基础，作为发展目标不可动摇；环境问题的严重性及对经济发展的影响也决定了，这种利益也不能忽视和放弃。两种利益都很重要，彼此之间却存在深刻的对立，导致实践中很难做出取舍。综合决策就是要解决这种利益获取上的非此即彼，而是实现"鱼

---

① 蔡守秋，莫神星. 2004. 中国环境与发展综合决策探讨. 中国人口·资源与环境，2.

与熊掌兼得"。通过综合决策，将环境利益和经济利益置于环境、经济、社会可持续发展这一总体利益之下，对不同利益主体的利益诉求进行统筹协调，寻求达到环境利益的"增"与经济利益的"减"相加能够实现总体利益增进的效果，也就是在环境利益和经济利益之间找到可操作的平衡点，从而为经济发展找到一种环境与发展双赢（win-win）的产业结构调整决策方案。

3. 综合决策是非冲突消解矛盾的有效手段

作为环境与发展双赢的产业结构调整综合决策是一种非冲突式的消解冲突与矛盾的方法。以往的决策人为地将环境利益和经济利益对立起来，对利益的抉择结果是更加剧两种利益的冲突。而综合决策之所以实现双赢，原因就在于决策以协调两种利益为目的，并在决策过程中通过利益的耦合来消弭冲突，具体表现为产业结构调整生态化与经济、环境效益统一化，因而是一种和平的、预防性的降低和解决冲突的决策机制。将利益间的冲突在决策阶段就采用彼此融合的方式解决，决策执行的阻力降低，执行成本也最小化，执行后果会增进利益间的沟通，缓和冲突，至少也不会导致利益冲突的进一步升级。在具体制度中，综合决策原则的贯彻落实主要由产业结构调整决策的风险评估机制加以保障。

（二）决策民主原则

决策民主原则，也即公众参与原则。在现代民主社会，公众参与是避免权力过度集中和权力腐败的基本手段。公众参与是发端于政治运动的概念，与政府行政的民主化进程相伴随，并逐步向政府行政的各个领域渗透。公众参与有利于破除政府权力运行的不透明，有助于行政机关在有效吸收公众意见和建议的基础上形成民主、科学的决策，降低错误决策的风险。最重要的是，公众参与有助于抑制权力异化。在环境保护领域，公众参与更是环境保护的内在诉求和落实保护目标的必要手段。事实上，环境法将公众参与确立为基本原则，中国公众参与制度的引入和发展也离不开环境法的积极推进。作为环境法内容的应对气候变化立法也应遵循这一环境法的基本原则。而在产业政策领域，科学的产业决策同样需要公众的广泛参与。可实际情况却是，中国自 2009 年 2 月以来，相继出台了十大产业振兴政策，来促进产业振兴，调整产业结构。但这些产业振兴政策暴露出诸多问题：产业政策出台前的暗箱操作，社会公众无权参与；所选择的扶持产业没有反映市场发展方向等，即不透明、不公开、不民主；体现鼓励垄断和限制垄断的产业政策内容已经影响到市场机制正常发挥作用[1]。因此，无论是应对气候变化全民参与的诉求还是产业结构调整科学决策的需要，江苏应对气候变化产业结构调

---

① 宾雪花. 2012. 产业政策立法问题研究//张守文. 经济法研究（第 10 卷）. 北京: 北京大学出版社.

整立法都理应将公众参与确立为一项基本原则。

应对气候变化产业结构调整立法中的公众参与原则是指，在应对气候变化产业结构调整过程中，任何公民都应积极参与其中，享有参与应对气候变化产业结构调整决策和应对气候变化产业管理的权利，并有权对决策部门及单位、个人与应对气候变化产业结构调整有关的行为进行监督，负有保护环境、节能减排和自觉遵守产业结构调整措施的义务。公众参与是保障公平价值实现的重要手段。公众参与的真正目的是建立程序性机制，以确保产业结构调整决策与公众的参与行为结合起来，促使产业结构调整决策符合应对气候变化和科学决策的要求，符合产业发展规律和经济规律。通过公众广泛的参与，在涉及公共利益的产业结构调整中，公平的给予各利益主体表达其利益诉求的机会和权利，从而降低或消除产业结构调整决策作为超前计划可能带来的决策错误风险。相对于政府，公众处于弱势地位，公众公平有效的参与，需要相应的制度保障。根据《政府信息公开条例》、新《环保法》的相关规定，江苏应对气候变化产业结构调整立法需要对公众参与机制进行具体化。首先，要从制度上确立公民的参与权，使公众参与获得明确的权利依据；其次，要规范公众参与的具体规则，包括公众参与的范围、介入时间、参与方式、参与效力、公众意见不予采纳的程序、参与权的救济方式和程序等内容。公众参与的实现由信息披露作为前提，信息披露的时间、范围、方式、程序等也需要明确规定。再次，除个人参与外，公众参与的主要形式是社会团体参与，在产业结构调整决策中主要是环保非政府组织（non-governmental organizations，NGO）的参与。根据中国环保 NGO 的发展现状，还需从制度上进一步加强对 NGO 的培育。最后，基于产业结构调整决策对各利益主体和经济发展的影响都非常深远，有必要在公众参与机制的制度框架内，构建政府、行业协会和企业之间促成共识的交流协商机制。

（三）保护与竞争相结合原则

保护与竞争相结合原则体现了政府调节和市场调节的结合，是在产业结构调整过程中集中反映弱势产业倾斜保护和产业通过市场竞争实现优化理念的一项原则。对弱势产业进行倾斜保护的理论渊源是国家利益理论。国家利益理论也被称为战略性贸易理论或贸易保护主义理论，该理论认为，基于维护国家利益的需要，所有国家特别是后发国家，都会实施产业政策保护或扶持对本国经济发展极为关键的新兴产业和战略产业（尤其是当这些产业属于幼稚产业的时候）的产业政策。虽然进行产业调整要以市场调节为基础，以市场自由竞争为条件，但是一个产业的经济实力决定国际市场竞争的成败，也决定着其在一个国家产业竞争中的命运。所以，对于那些关系国计民生、对一国经济发展影响重要的产业，如果其市场竞争力不足，就有必要对这些幼稚产业进行倾斜保护，直至其市场竞争力提升至足以自如应付激烈的国际竞争，甚至对某些战略产业的保护是没有期限限制的。通过倾斜保护，这些关键性产业可以实现超常规的发展，力求尽快消除其他国家在此类产业上所具有的竞争优势。从国家经济安全的角度考量，对幼稚产业的倾斜保护确属必要。但如果对幼稚产业保护无度，就会导致垄断问题出现和应对气候变化目标落空。因此，我们对幼稚产业的倾斜保护不能以损害其他产业获得公平的市场竞争机会为前提，必须将产业结构调整建立在市场竞争的基础之上。从根本上讲，这也是公平价值实现的一种方式。一个产业的发展不能完全依赖政府的扶持，它的生命力是否长久需要经过市场检验，它必须到市场中经风雨、见世面，经由残酷的市场淘汰规则的洗礼，才能实现竞争力从"量变"到"质变"。因此，将倾斜保护与市场竞争结合起来，实质是为幼稚产业的保护设置一个限度，最大程度的构建一个公平的产业竞争环境。同时，应对气候变化目标的实现，也需要充分发挥市场机制和政府手段的作用。节能减排的有效实施不仅要依靠行政命令，而且也要靠法律手段和市场经济工具。政府要提高企业主动性，需要充分利用各种机制尤其是价格机制，使企业能够自觉采用各种方法降低能耗①。所以，在应对气候变化产业结构调整中，保护和竞争手段缺一不可。保护是为了实现有效竞争，而公平竞争也需要对弱势产业的保护。概括说来，保护性的内容主要是通过政府补贴等经济激励制度来实现，而竞争性内容则主要是通过包括碳排放交易在内的市场规则来落实，前者主要是政府调节，后者则主要是市场调节。保护与竞争相结合原则落实的关键在于在区域范围内幼稚产业的明确界定及其保护程度的具体规定。

（四）合理原则

合理原则是集中体现实质公平的一项原则。所谓合理原则，也可称为"共同但有区别"原则。众所周知，"共同但有区别"原则是在国际气候谈判博弈中确立的一项原则，我们借用它来对江苏应对气候变化产业结构调整的精神内核进行形象的表述。简言之，合理原则就是在江苏省所有地市共同承担节能减排和产业结构优化义务和责任的基础上，对不同区域的产业结构调整决策还需要具体情况具体分析，即根据江苏省各地市的经济特点、地理特征、减排压力等因素进行因地制宜的产业布局和产业结构调整。不同区域的经济特点、地理因素和减排目标等实际上决定着产业结构调整的效果，不宜采用"一刀切"的方式。合理原则在制度上实现的基础是产业分类。在制度安排上，可以借鉴气候责任承担的规定，根据实际对不同地市的产业结构优化和节能减排的任务时间做不同的规定，给予经济相对不发达的苏中和苏北地市各自不同的宽限期，苏北、苏中和苏南地

---

① 张焕波. 2010. 中国、美国和欧盟气候政策分析. 北京：社会科学文献出版社.

区承担程度不同的减排和产业优化任务，同时还要通过制度安排避免污染转嫁和落后产能向苏中和苏北地区转移。该原则应和保护与竞争相结合原则密切配合发挥作用。

第三节　江苏应对气候变化产业结构法律调整的框架构想

在论证了江苏应对气候变化产业结构法律调整的理论基础，阐明了其基本精神和价值理念之后，还需将研究进一步延伸到制度构建层面，这样才能真正从应然走向实然，为江苏应对气候变化产业结构调整立法提供更为务实的支撑。

一、制度构建的路径选择

某种意义上，一部成功的立法首先是构建路径选择合理、正确的立法。不考虑立法的基本精神等理念层面的内容，单从立法技术的角度来说，制度构建路径的选择是否正确可行也可直接影响到立法的成败。任何一部立法都要综合运用各种立法技术，而构建路径的选择是在立法者启动立法工作时面临的首要工作。选择一个适当的制度构建路径，将使后续的立法工作事半功倍；反之，则会为立法工作设置不必要的障碍。作为极具创新意义和价值的努力，江苏应对气候变化产业结构调整立法的制度构建路径选择就显得尤为重要。根据中国长期以来的立法习惯、当前具备的立法条件和资源及可操作性等因素，我们认为，制度构建应遵循如下原则。

（一）自上而下的制度构建路径

在立法产生的起始向度的语境中，制度的构建路径可以分为"自上而下"和"自下而上"两种模式。所谓"自上而下"模式，在立法中特指由政府主导，政府向社会和普通公众推行特定行为规则的立法方法。这种模式意味着规则源自于政府或国家意志，或者说由政府或国家创制，利用国家强制力使社会和公众接受并遵守其意志。因其是一种向下运动的规则产生方式，所以称为"自上而下"模式。而"自下而上"模式，则是特指由社会或公众主导，规则源自于社会或公民生活或人际交往中成熟做法的总结和提炼，基于社会现实需要而促使政府或国家将之接纳并上升为法律规则的立法方法。这种模式意味着规则来源于社会生活，或者说公众意志，当公众力量达到一定程度迫使政府或国家将之变为国家意志。其是一种向上运动的规则产生方式，因此称为"自下而上"模式。自上而下的立法路径因其可以由政府强制推行，无需与社会和公众的沟通过程，所以难免会存在"闭门造车"的问题，立法的可行性、可操作性都会面临潜在的风险。自下而上的立法路径则因其具有广泛的公众基础，经过实践检验，在可行性、可操作性方面不存在问题，但一旦公众意志与国家或政府意志不一致，就可能难以转化为立法，无法成为具有普适价值的规则。自上而下与自下而上的立法路径的选择各有特定的前提条件。一般而言，自上而下立法路径往往是政府主导惯性的国家采用，也就是说"强政府"国家往往使用这一立法路径。自下而上立法路径的使用则一般出现在"强社会"国家，即社会和公众对政府行为有着强大影响力的国家会使用这一立法路径。

中国长期以来，政府主导都是国家政治和社会生活运行的基本模式。在高度集中的计划经济体制下，国家与社会高度统一，政府意志高于一切，造就了一个强权政府。改革开放以来，政府通过逐步放权培育市民社会，力图实现政治国家与市民社会的分离。但是众所周知，政府权力的行使具有极强的惯性，加之市民社会尚未建立起来，公民意识较为薄弱，政府主导模式还是渗透在社会生活的方方面面。更重要的是，改革从一开始就是政府主导并自上而下推动的，所以政府主导是有其现实合理性的。具体到立法领域，几乎就是一部自上而下的立法史。究其原因，除了上述方面以外，立法者本身就是政府或国家，以及30多年来"摸着石头过河"的立法习惯，都使得自上而下立法模式的广泛运用具备了现实基础。

在这一立法现状下，江苏应对气候变化产业结构调整立法采取自上而下的立法模式似乎顺理成章。但是，必须要说，应对气候变化产业结构调整立法自身也有采取这一立法路径的必然性。无论是节能减排实现低碳发展，还是调整产业结构解决经济发展的结构性风险，这都属于社会公共利益，不能被个人利益所左右和绑架。当私人利益与社会公共利益不一致时，应当优先实现社会公共利益。尤其是，产业结构调整本质上是国家对社会经济的调控活动，它本身就具有推行政府或国家产业结构调整意志的任务和功能，政府主导的自上而下的立法路径显然更加适合。而且对于既得利益者而言，其利益关切与国家产业结构调整意志是相悖的，如果采取自下而上的立法路径，很难在政府与现有产业从业者尤其是落后淘汰产业从业者之间达成共识，立法效率低下，立法成本耗费巨大，立法效果也难尽如人意。从这个意义上讲，应对气候变化产业结构调整立法与自上而下的立法路径有着天然的匹配性。江苏应对气候变化产业结构调整立法首先由江苏省相关部门在全国分解的节能减排目标责任及产业结构调整目标和要求的基础上，结合本省实际确定可量化的产业结构调整阶段性目标和长期目标，从目标出发设计具有可操作性的产业结构调整任务和措施，进而在各市县之间进行差异化安排。但这绝不意味着江苏应对气候变化产业结构调整立法就不需要反映产业从业者和社会公众的利益诉求，考虑到立法实施的可行性问题，立法者还是应当经过充分的实地调研和论证，广泛听取公众、相关社会组织和各产业从业者的意见和建议，通过公众参与机制的作用在立法中将政府意志与公众意志进行适度地平衡。

最后，必须强调的是，立法本身是一个错综复杂的、各种利益激烈博弈，各种技术、方法、因素交织发挥作用的过程，不能以单纯的立法向度问题加以概括。同时，虽然立法路径只能择其一而用之，但这并不排斥在立法乃至之后的法律实施过程中存在自上而下和自下而上的双向互动。

（二）改良胜于重构的立法选择

在制度构建的过程中，除了立法向度以外，到底在多大程度上进行制度创新也需要做出正确判断。就此而言，有两种模式可供选择。一种是对现有立法通过废、改、立，加入所需的新立法内容，或者充分利用现有立法内容达到调整新的法律关系目的的模式。这种模式即为改良模式。还有一种则是在现有立法内容之外，重新构建新的制度内容以调整新的法律关系的模式。这种模式就是重构模式。改良模式的原理在于对现有法律体系中不能有效应对新问题、新需要的内容进行修改或变通，以最小的立法成本、最小的法律适应性来进行法律的实施和适用。而重构模式原理则基于现有法律体系不能有效应对新问题、新需要，试图在现有法律制度之外以全新的理念指导全新的制度构建。单纯从选择可行性角度看，改良模式与重构模式各有优缺点。改良模式胜在节约立法成本，不存在新旧立法之间因冲突而必需的沟通与协调过程；缺点是不能完全适应社会现实需要。它更多地体现的是一种温和的、妥协式的法律改革理念，指导制度改良的基本精神和价值理念还是传统立法的。重构模式优点是符合社会现实需要，体现了新制度构建的不可替代性；缺点是耗费的成本巨大，还会在新旧立法之间产生制度理念和内容的冲突。这种模式体现的是一种革命性的法律改革理念，指导制度重构的基本精神和价值理念是与传统立法具有根本性区别的。

选择改良还是重构模式，从根本上要看制度重构是否具有不可替代性，或者换句话说，现行制度的适度变通是否足以有效应对现实问题。应对气候变化虽然是法律领域面临的一个新课题，但产业结构调整却可以说是一个老生常谈的问题。经济结构的调整是实现长期可持续发展的根本途径，最终经济发展水平的高低就体现为结构水平的高低[①]。产业结构调整始终与经济发展相伴随，是适应经济状况不断变化过程中的必要调控措施。所以，应对气候变化要求下的产业结构调整本质上并不是一个新问题，而是一个新形势下的老问题。从这一点出发，我们在衡量应对气候变化产业结构调整立法的制度构建模式到底如何选择时，可从以下方面进行：首先，仅就节能减排和实现可持续发展的角度，在现有的环境法领域，并非没有现成可用的制度，只不过从效果上看，可能需要做适度的改进。其原因在于，现行的法律体系中的很多法律制度在制定之初并没有关注和考虑气候变化

---

① 陈诗一. 2011. 节能减排、结构调整与工业发展方式转变研究. 北京：北京大学出版社.

应对问题，尽管这些制度的实施效果客观上有益于减缓和适应气候变化[1]。其次，在产业结构调整方面，改革开放 30 多年以来，国家在经济调控包括产业结构调控方面已经积累了相当的政策经验，其中一些措施已经成为政策制定中的稳定内容，对产业结构调整的政策法性质而言，这恰恰就是现阶段需要从政策转化为法律的部分，以此逐步实现产业结构调整的制度化。而且，产业结构调整事关经济发展整体，牵涉面广，确实不宜采取激进式的改革。再次，也是更为重要的，节能减排和产业结构调整均涉及社会公共利益，同属社会法范畴的问题。社会法拥有共同的调整理念、调整手段和调整方法，在制度上存在着沟通的可能性和可行性。最后，江苏应对气候变化产业结构调整立法作为地方性立法，制度的全面重构显然不是其能够承担的任务。可见，江苏应对气候变化产业结构调整立法虽然需要在产业结构调整中体现应对气候变化的理念和目标，但其制度建设是可以通过两个部门法的制度结合或融合来实现的。综合立法性质、立法现状及制度融合可能性等方面考虑，江苏应对气候变化产业结构调整立法是可以从现有制度中汲取养分，通过相应的废、改、立工作进行合理限度的制度创新。也就是说，通过现有制度的改良是可以解决应对气候变化产业结构调整这一现实问题的。江苏也已经制定了一些地方性环境立法和产业立法，还有相当一部分相关地方经济立法及数量可观的规范性文件，尤其还制定了结合应对气候变化与经济发展的《江苏省应对气候变化领域对外合作管理暂行办法》《江苏省固定资产投资项目节能评估和审查实施办法（试行）》。可以说，无论是立法技术还是实践方面，都为江苏应对气候变化产业结构调整立法提供了改良的基础。

（三）从行业至整体的立法思路

根据立法条件及现实状况，立法实践存在两种情形：一是立法条件成熟，社会关系稳定，理论基础积累相对充分，有着强烈的社会现实需要，就可以因循从部门基本法到单行法的立法思路，如环境法、劳动法等部门法均是如此。二是当立法条件不成熟，理论储备不足，即便有社会现实需要，往往还是通过单行立法的突破积累立法和理论经验，最终再完成基本法的制定，如经济法即是如此。前者是"由面及点"，从宏观到具体；后者则是"由点及面"，从具体到整体。到底采取哪种立法思路，需要综合考虑立法条件、社会关系稳定程度、理论基础积累状况、社会需要程度、立法内容特点等多方面因素，加以综合分析。

应对气候变化要求节能减排，发展低碳经济，对那些污染严重、大量排放二氧化碳和二氧化硫等引起气候变化问题的产业进行淘汰或关停，而对污染小、能耗低、具有能源替代作用的产业进行鼓励和扶持，可以说，应对气候变化隐含了

---

[1] 李玉梅. 2015. 中国气候变化法立法刍议. 政法论坛，1.

对不同产业的价值判断。而产业结构调整本身就是在对不同产业或行业适应经济发展或者是否符合经济规律的预测性评判基础上,不同产业间的资源重新配置。综合来看,应对气候变化下的产业结构调整需要对不同产业做不同的制度设计。在不同产业间,调整原则、调整要求和措施应该存在显著的区别。例如,淘汰型产业应以强制性规制措施为主,而扶持型产业则应以指导性规制措施为主。由此,在制度安排上,不同产业间呈现的规范特点差异有必要通过单行法来解决。同时,由于多年的产业政策实践,已经有了相应的理论和实践积累,应对气候变化和调整产业结构的现实需要已经毋庸赘述,在立法技术上也并不存在无法逾越的障碍,所以,以地方性立法为试点是完全可行的立法路径。江苏应对气候变化产业结构调整立法可以采取从行业到整体这一"由点及面"的立法路径:首先寻找一个或几个典型的行业或产业以单行法规、规章或规范性文件的形式进行调整规则的设定,进而循序渐进,当不同行业或产业的调整规则都已经确立,再行整合形成"法典化"形式的统一立法。不过,鉴于产业政策法的法律化程度整体不高,有必要对应对气候变化产业结构调整的原则性内容预先以地方性法规的形式进行规定,加上主体的基本权利义务等法律调整的基本内容也亟须明确,所以可以在特定行业调整规则制定的同时或者先期出台《江苏省应对气候变化产业结构调整条例》。这与从行业到整体的立法思路并不相悖。事实上,江苏根据产业结构特点及调整方向,业已于 2007 年出台了《江苏省软件产业促进条例》,它是江苏第一部产业法规,也是国内首部软件产业地方法规,其依循的就是从行业至整体的调整思路。

二、立法模式选择

立法模式目前在学界尚无统一的概念,也无相对统一的、获得多数学者认可的主流表述。从江国华在其《立法模式及其类型化研究》一文中对诸多学者界定的立法模式概念的总结和评价中,其所采的立法模式,是指"一个国家创制法律的惯常套路、基本体制和运作程式等要素所构成的有机整体",进而指出立法模式既非创制某条法律规范的逻辑模式,也不是指一个国家创制某些法律的运作程式,而是一个国家在一定历史时期内具有相对稳定性的创制法律的惯常风格[1]。有学者也做出类似界定:"立法模式是指一个国家制定、修改、废止法律的惯常套路、基本的思维定式和具体的行动序列以及由诸因素决定的法律确认的立法制度、立法规则"[2]。可见,立法模式是一个含义广泛、可从多方面加以解读的概念。根据这一概念界定,结合中国立法实际,我们可以从内容周延性、规范效力特点、

---

① 江国华. 2007. 立法模式及其类型化研究//刘茂林. 公法评论(第四卷). 北京: 北京大学出版社.
② 关保英, 张淑芳. 1997. 市场经济与立法模式的转换研究. 法商研究, 4.

规范性质等方面来综合对一个特定立法的立法模式加以描述。显然，江苏应对气候变化产业结构调整立法也可从上述方面来明确立法模式的选择。

（一）内容周延性——概括加列举式

在立法实践中，往往有三种立法模式：一是概括式，二是列举式，三是概括加列举式。根据立法内容安排的合理性、调整对象的特殊性、法律调整时机的成熟度等因素的影响，不同领域的立法择其一适用。一般而言，这三种立法模式的内容周延性上有着明显的差异。概括式的立法模式是指对调整对象或者规范对象的概念、特征、构成要件或包含范围等基础范畴进行总括性描述。概括式立法模式中的总括性界定或描述通常也被称为"一般性条款"或者"兜底条款"，对后续的立法内容具有统领作用，甚至在一些立法中，一般性条款可以作为帝王条款使用。列举式的立法模式是在法律条文中不对调整对象或者规范对象作概括式界定，而是通过分门别类列明的方式来进行明确。这种立法模式因其界定清楚、明确而在实践中经常采用。概括式和列举式立法模式各有其优缺点。概括式立法胜在给予调整对象以定义，从而能够最大限度地涵盖实践中可能出现的情形；缺点则在于不够细致，实践中难以统一标准，增加法律适用的分歧。而列举式立法则恰好相反，这种立法方式优点在于足够明确，适用上一目了然，可避免适用上的冲突；但却由于规定细致，难以穷尽实践中的情形，以至挂一漏万。在扬弃概括式和列举式立法优缺点的基础上产生了概况加列举式立法模式。概括加列举式，顾名思义，就是建基于前两种立法模式基础之上，将之结合使用的一种立法模式。这种立法模式既会在开篇设立一般性条款，也会对其进行细致分解，列举实践中常用的情形。当出现新情况新问题缺乏明确规定时，即可通过适用一般性条款来解决。这种立法既可以统一适用，也有一般性条款来兜底进行查漏补缺；既能够保证立法的稳定性，同时兼具立法所必需的灵活性，在内容周延性上最强。由于概括加列举式解决了前两种立法模式的缺点，因而，是中国立法实践最常采用的。尤其是与转型时期的社会经济发展密切相关的立法更是适宜采用此种立法模式。

江苏应对气候变化产业结构调整立法更适合采用概括加列举式的立法模式。其原因有三：首先，目前来看，应对气候变化还未有一个统一、规范的定义，虽然在国际文件中大致归纳了应对气候变化的三种手段和机制，其概念的完善还有一个必然的过程，这就决定了应对气候变化的手段和立法都会具有变动性。产业结构调整是产业政策之一部分，产业政策由经济发展状况直接决定，产业政策的调整包括产业结构的调整要根据社会经济的状况及时予以调整。国家宏观调控的目标、任务和所采取的措施，需要根据不同时期、不同的国内和国际经济、政治、社会形势加以确定和产业调整，国家计划、经济政策和调节手段的运用不能一成不变①。这同样决定了产业结构调整立法具有较强的变动性。综合观之，应对气候变化产业结构调整的立法就更加需要平衡立法的稳定性与变动性矛盾的灵活制度安排。其次，产业结构调整呈现出明显的政策性特征，法律化程度较低，其直接表现就是产业立法偏少。应对气候变化的制度化进程更是处于起步阶段。应对气候变化产业结构调整的立法缺乏必要的法律参考，不可避免地需要承担制度构建和制度创新的功能，这也需要在符合立法基本实质和形式要求的前提下获得更多的灵活空间。再次，江苏制定应对气候变化产业结构调整立法，在法律体系中属于效力层次极低的，立法上受到的限制也更多，自主发挥的空间不大，而要想在这有限的立法灵活度之下既不违背上位法，又能有所创新、体现江苏产业结构调整的特色，还要满足节能减排和低碳发展的要求，立法模式本身的灵活性是必需的。简言之，概括加列举式立法模式更加契合江苏应对气候变化产业结构调整立法的现实。具体而言，首先制定江苏应对气候变化产业结构调整的基础性立法，具体在总则中明确产业结构调整的一般性条款，进而在分则中针对不同产业或行业进行原则性的分类规定，最后通过单行条例或规章的形式对不同产业或行业的调整内容进行细化。未来，当条件成熟时，再对江苏应对气候变化产业结构调整立法进行整合，形成一个"法典式"的、统一的地方性立法。这也与我们在制度构建路径上从行业到整体的思路相符。

（二）规范效力特点——强制性与指导性立法相结合

规范效力分为两种：强制性立法和指导性立法。强制性立法主要是指法律规范在对权利义务的设定上偏重于义务设定，通过强制性义务的规定促使当事人按照法律意志为其行为。强制性立法的作用在于可以直接影响当事人的行为，保证法律意志的实现。指导性立法是指法律规范不直接规定强制性权利义务，而是由当事人自由选择。指导性立法的作用在于给予当事人自由选择的空间，当事人自愿选择后，法律意志的执行成本将更低，执行效果也更好。在现代社会，随着社会利益的凸显，社会法更多地进入人们的视野，其地位也越来越重要。社会公共利益的维护难以借由单一的强制性立法实现，这就需要引入具有"软法"或"柔性法"性质的立法。指导性立法随之产生，并已在众多立法中得以体现。指导性立法的出现使社会法的个性更加突出。社会法属于沟通公法与私法的第三法域，既体现公法之特点，也具有一定的私法之特质。在规范内容上，就表现为强制性立法与指导性立法兼而有之。

经济法是典型的社会法。江苏应对气候变化产业结构调整立法本质上是产业政策法，是经济法，只不过在其中要体现应对气候变化的理念和要求。经济法相

---

① 王健. 2002. 产业政策法若干问题研究. 法律科学，1.

较于传统立法的一个突出特点就在于：经济法的调整手段既包括权力手段，也包括非权力手段，从而使经济法具备了公法和私法的双重特征。尤其是，经济法在社会法中率先实现了非权力手段的大量运用，这在立法形式上集中表现为指导性立法占有很大比例。而在经济法的基本法律构成中，宏观调控法相较于市场规制法，指导性立法所占的比例更高。产业结构调整是宏观调控法的必要组成部分，宏观调控法的这一特征也突出地体现在产业结构调整立法中，即产业结构调整立法也包含众多指导性立法内容。从现有立法如《中小企业促进法》《清洁生产促进法》的名称中可见一斑。这些与产业结构调整有关的立法，均以带有倡导、鼓励等指导意味鲜明的"促进法"的形式出现。此外，产业结构调整本身也与指导性立法存在内在契合性。产业结构调整意味着利益结构的全局性变动，牵一发而动全身，除了产业结构调整的政策措施符合经济发展规律和社会发展现实，更重要的是，产业结构调整措施能够得到企业的理解和自觉遵守，这样可以在节约巨大的调整成本之余，提高调整效率。对被调整的企业而言，从市场主体逐利本性出发，经济激励的方式能够相较于命令强制性的行政手段以更低成本和更高效率引导企业产生对产业结构调整措施的认同。综观各国的产业政策立法模式，可分为倾斜型和竞争型两种。其中，竞争型产业政策立法模式就强调要充分发挥市场的作用，为各类产业创造一种公平竞争的政策环境，使产业结构的调整顺应市场需求结构发展的趋势，让企业在市场机制作用下自觉地进行生产要素的优化组合和更新换代，尽可能不采取强制性的行政手段①。显然，这种立法模式强调的是政府对企业的软性产业政策指导，以非权力手段引导企业服从国家的产业发展意志。即便是倾斜型产业政策立法模式，其原理在于国家集中必要的资源、资金和技术力量，通过倾斜投入和扶持加快主导产业的超常发展，同样不能排斥市场的基础性作用，需要非权力手段的辅助。

因此，进行产业结构调整的实质是资源在不同产业间的重新配置，如果单以强制性立法推行，易激化矛盾，增加法律执行的阻力。若仅以指导性立法规范，因缺乏强制约束力，企业和投资者重视程度不足，法律也会沦为一纸空文，或者实施上流于形式。无论是哪一种，产业结构调整立法的预期目标都难以实现。因此，江苏应对气候变化产业结构调整立法宜兼采强制性立法与指导性立法。在两者的具体运用上，对落后产能的淘汰、"两高一低"产业的污染物排放应该体现强制性，对低能耗产业、能源替代产业等则宜采用引导、促进、扶持、鼓励为特征的指导性立法。至于强制性立法与指导性立法的比例配置，一般而言，市场经济不完善，产业措施多以强制管制手段为主；市场经济相对健全，产业措施则以引导为主。结合中国长期以来在经济发展的政府主导及转轨时期的特殊性，应"以

---

① 李寿生. 2000. 关于21世纪前10年产业政策若干问题的思考. 管理世界，4.

采取直接介入性调控方式为主，逐渐加大诱导性调控的力度"①。

（三）规范性质——法律与政策相结合

　　法律与政策是两种不同的社会规范类型，法律与政策在意志属性、规范形式、实施方式、调整范围和稳定程度等方面均存在区别②。尤其是法律由国家强制力保证实施，调整范围远小于政策的调整范围。正因如此，当某类社会关系有调整的现实需要但立法时机尚不成熟时，往往由政策代替法律承担起调整功能。受制于中国整体的立法状况，新兴法律部门相当一部分规范领域存在"以政策代替法律"的现象。在经济法领域，宏观调控法中的政策代法现象尤为突出。究其原因，既有理论基础薄弱、立法技术有所欠缺等外在原因，也有宏观调控本身的变动性导致的原因。换句话说，宏观调控法本身的特点是导致这一问题的根本原因。宏观调控要随着经济形势的变化而及时调整，具有很强的变动性，从规范角度而言，其规范的稳定性较差，这与法律要为人们提供稳定的行为预期的基本功能存在矛盾。而政策在适应宏观调控措施的变动性特点方面具有天然的优势，政策的制定程序要求不像法律那么严格，政策的终止也无需履行特定的程序，可随时根据情况产生、变更和终止。因此，宏观调控法被一些学者称为"政策法"，其中一些具体内容述以"政策法"直接命名，最典型的就是产业政策法。有学者指出，产业政策法是政策与法律相互交叉而形成的一种法律。在产业政策法中，政策是其内容，法律是其形式，或者说产业政策获得了法律的表现形式，进而具有法律的一般性质，如规范性和约束力，或者说政策本身就具有法律性质，在这里，政策和法律融为一体③。

　　诚然，在产业政策领域，尤其是涉及产业结构调整方面，政策与法律的结合是我们必须面对的现实。我们可以从学理上指出诸多产业政策与产业政策法的区别，但也不能否认，这种区别不是绝对的，两者有许多相通之处。就产业政策与产业政策法来说，两者都是国家有权机关制定的，都体现了国家意志，都有强制力和约束力，都是为了解决产业方面的问题，还有许多共同的内容等④。从两者的出现先后顺序上看，先有产业政策，后有产业政策法，没有产业政策就没有产业政策法，产业政策法是经济学家和法学家等专家集思广益的结果，不能像制定其他法律一样主要由法学家进行，而必须以经济学家等专家为主，未经他们拟定为产业政策的，不能制定为产业政策法④。可见，产业政策与产业政策法之间存在着内在的互动关系。概括来说，产业法的制定离不开产业政策的指导，产业法的原

---

① 于潜，江晓薇. 1999. 中国新时期产业政策的实证分析. 经济评论，2.
② 张文显. 2007. 法理学（第三版）. 北京：法律出版社.
③ 董进宇. 1999. 宏观调控法学. 长春：吉林大学出版社.
④ 赵玉，江游. 2012. 产业政策法基础理论问题探析. 天府新论，6.

则和内容反映了产业政策的精神实质。产业法是重要产业政策的定型化、条文化和规范化①。这就说明，"以政策代法"有其现实合理性。但这是不是就意味着不需要产业政策法了呢？答案显然是否定的。产业政策所涉及的关系具有长期性和广泛性的特点，因此在强调依法治国、依法管理经济的条件下其仅以"纯粹的"政策形式存在往往是不够的，还需要有相应的法律调整，以对产业政策的制定和实施进行规范和提供保障②。此外，产业政策制度化的另一重要原因在于，产业政策如果不通过立法加以制度化，会导致现实中出现诸多弊端，在具体实施中出现诸多变数，很难达到预期效果③。李昌麒教授更是直接言明以政策代法的严重后果：产业政策作为一项宏观经济政策由于受主体管理能力、执行能力、信息传导强弱影响，以及外部不经济等因素，不可避免地存在失灵，产业政策也会因政府缺陷而失灵，如果"因只强调政府干预，或淡化干预政府，这种'政策之治'而非'法律之治'所带来的直接恶果就是造就了大量不透明和不公平的临时与短期的规则，为政府设租与寻租提供了可能，更为中国经济体制的深化与行进制造了障碍"④。事实上，中国自 20 世纪 80 年代以来的产业政策实践也已经充分证明，过分依赖产业政策的结果是产业政策总体执行效果不够理想。因此，在产业政策法领域包括产业结构调整方面我们面临的一项极为紧迫的任务就是实现产业政策的法律化。当产业政策一旦上升为法，就不再是政府意志，而是国家意志、全民意志。即使是政府的有关规定或行为与法相抵触，也必须以法律为准，服从法律的要求⑤。产业政策法律化程度的提高能够更有效地规范和保障产业政策措施的制定和实施。

　　在目前产业政策上位法极为匮乏的背景下，江苏应对气候变化产业结构调整立法继续这种法律与政策相结合的立法模式是现实可行的，但更要有意识地提升其法律化程度。江苏已经出台了很多行业准入条件、行业结构调整指导意见等规范性文件，对于那些在江苏省内甚至是其他省份或全国范围内已经实践证明是行之有效的、可以普遍推广的与低碳产业结构调整有关的政策措施，应积极推进从政策到立法的转化。而对于那些具有创新性、尚未经过实践检验的政策措施，仍以政策形式为主加以推行，待条件成熟再行转化为立法。在内容上，对于实现低碳转型的产业结构调整的一般性内容，应通过归纳总结将之固定为立法内容，对于某些不适宜固定的内容则以政策形式保留。在规范性质上，低碳产业结构调整的一般性原则、宗旨、措施和标准适宜法律化，而实践性较强的内容以政策替代。

① 杨紫烜. 2010. 对产业政策和产业法的若干理论问题的认识. 法学，9.
② 王先林. 2003. 产业政策法初论. 中国法学，3.
③ 漆多俊. 2010. 经济法学（第三版）. 北京：高等教育出版社.
④ 李昌麒. 2006. 政府干预市场的边界——以和谐产业发展的法治要求为例. 政治与法律，4.
⑤ 陈淮. 1991. 日本产业政策研究. 北京：中国人民大学出版社.

这样，既能够兼采法与政策的优点，又能平衡规范稳定性与变动性之间的矛盾，从而有效推动应对气候变化产业结构调整目标的实现。

三、制度内容创新

作为地方性立法，在制度构建尤其是制度创新方面受到的内外部约束很多，制度创新可操作范围和程度有限。在上位法缺失的背景下，江苏进行应对气候变化产业结构调整立法更多地具有了"试点立法"的性质。因江苏应对气候变化产业结构调整立法是体系化的立法集合，因而，下文将以江苏应对气候变化产业结构调整的一般性立法——《江苏省应对气候变化产业结构调整条例》为例阐述制度设计构想。结合规制江苏应对气候变化产业结构调整的实际需要及江苏产业政策立法和环境立法现状，《江苏省应对气候变化产业结构调整条例》应着重从以下方面着手进行基本制度的设计。

（一）确立产业分类制度

首先必须明确的是，目前国际上已经有了通用的产业分类方法，即按劳动对象所做的三次产业分类，具体分为第一产业、第二产业和第三产业。而本书所指的产业分类制度是从产业发展的可持续性角度所做的分类。在现有的产业分类之外做新的产业分类是有其现实必要性的。进行产业结构调整需要对现有的产业布局有着全面的把握，对不同产业的未来发展有清楚的认识，才能在此基础上有效调整产业结构。这也就意味着，对不同产业的不同考量是进行产业结构调整的前提。如果在这种考量中还要加入应对气候变化的要求，就更加需要对不同产业做出明确的区分，进而采取或扶持或逐步淘汰的应对措施。对能耗低、污染小的产业要大力扶持和保护，对能耗高、污染大的产业则根据其对国民经济的重要性逐步进行淘汰或者寻求替代性产业。这种分类方法有助于企业对整体产业战略有明确的认知，在企业未来经营发展策略中逐步落实节能减排责任并有意识地向低碳和环保产业转移。事实上，这种产业分类方法已有先例可循。例如，以重视产业政策著称的日本，就将产业分为三大类：一是需要扶持、保护、促进其发展的战略产业和新兴产业；二是需要加以援助以顺利压缩过剩设备、转移人员的衰退产业；三是介于前两者之间，需调整其结构的特定产业[①]。对这三类产业分别采取不同的产业措施。江苏在制定应对气候变化产业结构调整立法时，可借鉴日本的产业分类制度，根据省情将省境内的各种产业区分为扶持保护型产业、衰退型产业和中间类型产业，并明确产业结构逐步向扶持保护型产业类型转移。在这三类产

---

① 国家经贸委政策法规司. 2001. 运用法律手段推进结构调整——日本产业政策和结构调整法制化的启示. 人民日报，2001-9-22(6).

业中，扶持保护型产业和衰退型产业是立法的重点。

确立产业分类制度并非"一刀切"。现实产业状况和经济状况极为复杂，而且经济形势不断变化，新兴产业在节能减排和低碳经济的压力刺激下也在不断涌现，所以产业分类也仅仅是概括性的分类，在制度安排上还是需要预留出一定的空间。在这一点上，日本的经验可兹借鉴，其产业分类制度的灵活性很大程度上是通过对产业临时措施的期限作出限定来实现的。日本规定的产业政策一般都是有一定期限的，很多临时措施法的有效期为 5 年。因此，江苏应对气候变化产业结构调整立法还需配套对不同产业措施的执行期限进行设定。具体的执行期由立法者在实际调研和广泛征求意见的基础上加以确定。

（二）明确政府的权力范围和内容

一方面，任何立法都有着特定的权利基础，并通过权利义务的设定来为法律关系主体提供行为规范。如果缺少了对权利（权力）的明确规定，导致权利（权力）边界不清，就必然会产生权利（权力）滥用的风险。另一方面，现代民主国家对权力的扩张和集中有着高度的警惕，采用法律手段限制和约束权力已经成为必要的手段。可见，无论从哪一方面考虑，对产业结构调整中的权利①都应做出明确规定。从产业结构调整特点来看，产业结构调整主体的产业结构调整权是规定的重点。作为政府经济调控权，产业结构调整权的性质无疑归属于行政权。行政权的扩张惯性决定了对产业结构调整权必须进行合理有效的约束。否则，必将导致"政府失灵"问题。由于产业结构调整由政府主导，权力完全掌握在政府手中，这就决定了产业结构调整权的内涵和外延均很宽泛。在产业结构调整中，政府拥有巨大的权力，如果不能对产业结构调整权进行有效规制，产业结构调整将成为权力腐败的温床，对应对气候变化和经济发展带来的损害都是不言而喻的。可惜的是，虽然在实践中，中央政府和地方政府都已经非常娴熟地运用前述产业结构调整权，但在立法层面，政府的产业结构调整权却没有做出明确的界定。产业结构调整权的内容、范围、权力边界都是比较模糊的。这就使得现有立法反而为权力滥用提供了不恰当的法律保障。《江苏省应对气候变化产业结构调整条例》作为一般性地方立法，应对政府产业结构调整权进行界定。就法律规范的特点而言，明确即为限定。明确政府产业结构调整权本身就意味着权力已经被限定在特定的范围之内，具体应规定权力主体、权力内容、权力边界及受到权力侵害的救济等，重点是对权利内容的确认。从大的权利类型看，产业结构调整权是设定权、执行权、监督权三权一体；从具体内容来看，包括：政府的特许、配额许可证、生产

---

① 产业结构调整中的权利根据主体可以分为调整主体享有的产业结构调整权和被调整主体享有的产业结构调整权利。

许可证发放、批准、同意，特许权分配，生产数量的限制，市场进入的设置、禁止、税收减免，优先贷款，优先签订国家采购合同，关闭，停产，转产等众多权利内容①。同时，基于权利义务对等原则，对政府产业结构调整的义务也应做出规定，尤其是不得滥用公益名义侵犯企业或个人合法权益。

（三）构建产业结构调整决策的风险评估机制

产业结构调整立法是一种事先进行的计划和设计，是对未来产业发展所做的系统预先安排，具有预测性的特征。而产业结构调整事关经济发展的整体，影响深远，一旦出现问题，就会造成不可估量的巨大损失。产业结构调整会产生调整决策错误的风险主要基于以下两点：首先从经济学角度看，作为事先的规划，产业结构调整的目的是对产业发展做出准确的预测，从而形成合理的产业结构，找到经济发展新的增长点，促进经济平稳快速发展。但是，理论上既不能确定普遍合理的产业结构，也很难对产业的发展做出准确的预测②。其次从政府管理能力和实际看，政府的产业结构调整决策并不能保证科学性和正确性。一是政府决策虽然拥有市场主体所不具备的诸多优势，但决策的科学性和正确性并不一定优于市场主体。事前决策是需要搜集各种相关信息并加以分析和判断之后做出的，政府在信息的搜集、分析和判断上也是由其工作人员完成的，而信息的不完全、不充分和不可靠问题同样会影响政府决策的准确程度。要期待政府今天就能预测尚不可知的明天无异于一种幻觉③。二是产业结构调整会产生巨大的经济利益，其中不可避免地会出现权力寻租的问题，此种政府失灵的后果就是使产业结构调整决策严重偏离正确的轨道。三是地方政府的发展冲动体现在产业结构调整上就是"以经济效益论英雄"，产业结构调整决策制定者有着强大的动力和动机忽视甚至排斥节能减排的"软约束"，产业结构调整决策带有明显的环境破坏性和不可持续性特征。以上因素决定了产业结构调整决策难以规避决策错误的风险，需要经由制度建设来降低风险。

实际上，中国现有产业结构调整立法都对风险评估的重要性认识不足，缺乏相应的制度安排。但中国《环境影响评价法》《规划环境影响评价条例》等环境立法已经明确了规划的环境影响评价制度，可以为产业结构调整决策的风险预防提供制度支持。因实践中产业结构调整决策多表现为规划形式，因此，《江苏省应对气候变化产业结构调整条例》有必要将《环境影响评价法》确定的规划范围做扩张解释，把产业结构调整决策纳入规划范畴，为适用规划环境影响评价制度

---

① 宾雪花. 2012. 产业政策立法问题研究//张守文. 经济法研究（第 10 卷）. 北京：北京大学出版社.
② 李晓华. 2010. 产业结构演变与产业政策的互动关系. 学习与探索，1.
③ Popprt K L. 2003. The Poverty of Historicism. London：Routledge&Kegan PAUL//曼弗里德·诺伊曼. 竞争政策：理论与实践. 谷爱军译. 北京：北京大学出版社.

提供法律依据，以该制度的风险评估与风险预防功能来规避产业结构调整决策风险可能对应对气候变化和经济发展带来的不利影响。决策的专家咨询、公众参与、与产业协会和企业的交流协商、信息公开等与环境影响评价一起构成完整的产业结构调整决策风险评估机制。此外，为使评估机制具有可操作性，还需对评价指标进行合理量化。从以往经验看，评价指标的量化可能是制度构建的重点和难点。

（四）完善地方政府产业决策的透明度制度

透明度制度是决策民主原则在制度中的具体落实。地方政府在经济发展中有其自身利益，它有时会与公共利益不一致。政绩评价体系和政治晋升机制进一步决定了地方官员在其任期内的核心任务就是发展经济，甚至是采取付出巨大的环境代价的经济发展模式。这就使得地方政府有强烈的动机降低决策透明度，将决策权力完全掌握在自己手中，对那些与公共利益不一致的经济发展决策进行暗箱操作，从而保证地方政府意志得以顺利实现。而事实上，这些经济权力就掌握在地方政府手里，并由法律承认和保障。产业政策是经济发展决策的重要内容，并且产业结构调整往往涉及巨大的经济利益，若地方政府对产业结构调整的过程中缺乏透明度，就极易产生各类产业"租用"权力的现象，滋生腐败。更关键的是，权钱交易形成的产业结构调整决策大多是违反节能减排要求且不符合经济规律的，其后果就是未来相当长一段时间当地经济发展潜力的丧失。中国大量地方支柱产业都是处于产业链末端的高污染、高能耗产业，产业结构调整的难度大，就足见这一问题的严重性。现代社会公认解决权力腐败的基本方式就是提高权力行使的透明度。而产业结构调整立法要体现经济法规范与保障国家经济调节权力的本质属性，就应当确立透明度制度。中国产业政策立法整体上对决策透明度的制度安排过于形式化，主要都是一些原则性规定，缺乏细致内容，实践操作困难。

江苏应对气候变化产业结构调整立法应着力解决这一问题，规定细致明确的地方政府产业决策透明度制度。该制度由两项具体制度构成：一是政府产业结构调整相关信息的充分公开，二是决策过程的公众广泛参与。前者需要着重注意信息的有效公开，除根据修订后《环境保护法》《政府信息公开条例》进行规定外，还可进一步对信息公开的内容、公开时间、公开方式、信息不公开的救济途径和救济方式等进行更为明确的规定。对产业结构调整的公众参与重点在于产业结构调整是否符合节能低碳的要求及是否符合经济规律，因而需要着重注意公众参与的广度和程度。结合新《环境保护法》第五章"信息公开和公众参与"及相关立法中公众参与的规定进行细化，包括公众参与的时间、参与方式、参与不能的救济、建议或意见不采纳的处理等。与之配套的，还应对产业结构调整决策评价、公益诉讼等内容进行规定。

（五）完善市场交易制度

市场交易制度是实现竞争性产业要求的重要组成部分。应对气候变化产业结构调整中的市场交易制度主要指的是碳排放交易制度。碳排放交易与最早出现的排污权交易一脉相承，起源于以政府管制解决环境负外部性的"庇古税"，而科斯则建议通过明晰产权和开展市场交易，将外部性内部化。戴尔斯首先将科斯的理论运用到水污染控制中。美国的《清洁空气法》最早将排污权交易确定为一项制度内容。随后，排污权交易就作为典型的防控污染市场化手段而备受推崇。"温室气体排放交易"最早被写入《京都议定书》，成为减少温室气体排放的三个机制之一[1]，并由欧盟首先在二氧化碳排放领域最早实现交易。欧盟的碳排放交易机制在控制温室气体排放方面，被认为是同类政策中最好的[2]。而在中国，2008 年已经开始试点碳排放交易。但至今，碳排放交易仍处于试点阶段，试点交易场所只为小规模的碳交易提供了平台，并没有详尽的国内碳交易的法律框架或政策，政府也并未对此做出明确的认可[3]。应当尽快建立碳排放交易制度。对排放交易而言，真正的挑战是能够走得更远，而不是仅停留在排放交易利用的可能性上[4]。因此，解决碳排放交易法律化的障碍，构建一个碳排放交易的制度框架是目前非常迫切的任务。江苏应对气候变化产业结构调整立法应尝试承担起这一重任。完整的碳排放交易机制包括两级市场，即初始市场和交易市场。初始市场应明确碳排放总量控制、碳排放许可等制度。碳排放总量确定还是一个技术难题，可以选择目标总量进行适用；而碳排放许可制度，应包括对政府权力的明确，规制权力可通过公众参与实现。交易市场应着力于构建可操作的以碳排放交易合同为核心的市场交易规则，主要包括交易主体、交易对象、交易条件、交易方式、交易各方的权利义务、法律责任、市场退出、权利承继、争议解决等内容。此外，在能源利用方面，应着重构建市场化的能源价格机制，实现能源价格合理化，建立透明合理的定价机制。

（六）规定奖惩制度

人们通过比较成本与收益作出决策，当成本或收益变动时，人们的行为也会随之发生改变，即人们会对激励作出反应[5]。根据这一经济学原理，从成本和效率角度延伸，相比较政府管制手段，经济激励的成本更低，效率更高。所以，在经

---

[1] 其余两个机制是联合履约（Joint Implementation，JI）和清洁发展机制（Clean Development Mechanism，CDM）.
[2] 王伟男. 2011. 应对气候变化：欧盟的经验. 北京：中国环境科学出版社.
[3] 张建伟，蒋小翼，何娟. 2010. 气候变化应对法律问题研究. 北京：中国环境科学出版社.
[4] 迈克尔·福尔，麦金·皮特斯. 2011. 气候变化与欧洲排放交易. 鞠美庭等译. 北京：化学工业出版社.
[5] 曼昆. 2013. 经济学原理（微观经济学分册）（第 6 版）. 梁小民，梁砾译. 北京：北京大学出版社.

济法领域就大量引入经济激励为代表的非强制手段来取代传统的政府管制手段，尤其是在宏观经济调控法中更是广为应用。作为宏观调控的重要手段，产业政策法也必然体现宏观调控的基本特点，即以引导、鼓励、扶持等非强制性手段为典型表现形式。激励和奖励措施就有必要在产业政策立法中作为一项基本制度确立下来。相对地，有激励措施就需要责任制度的配套，才符合权、责、利相统一的法律基本原则，也才能确保法的执行达到立法预期。因此，完善的产业结构调整立法应当是激励制度为主，激励制度和责任制度并举。具体到江苏应对气候变化产业结构调整立法中就是对企业节能减排的激励、扶持制度和法律责任制度的明确规定。但现实是，现有的产业政策立法在奖惩制度的规定上却多有漏洞，不仅存在激励不足的问题，也有法律责任制度存在空白的问题。虽然激励措施受到重视的程度越来越高，但因激励不足导致效果不彰。我们以往的税费制度缺乏在规定的减排标准之外进一步减排的激励，因而它在环境上也是无效率的[1]。在法律责任制度方面，由于着重于体现"促进法"特点，责任制度设计就多有忽视。以2002年出台的《中小企业促进法》为例，该法是中国产业政策法中为数不多的高层次立法，但却存在一个非常明显的漏洞，就是法律责任制度缺失。这样立法的后果就是激励与制裁的作用都无法实现。江苏应对气候变化产业结构调整立法应在落实激励功能的同时注重对违法行为的制裁。在激励制度中，有必要通过立法切实扶持企业特别是私营企业在应对气候变化和产业结构调整方面的风险规划和管理能力，规定地方政府应该注重在资金和技术上引导和帮助各类企业将气候变化的因素纳入企业的中长期规划，加强风险管理[2]；注重利用优惠和补贴引导投资流向，鼓励和指导企业生产技术优化升级和低碳转型。另外，还应注意激励手段的多元化，物质激励和精神激励都应包括进来，物质激励应综合运用税收减免、政策性金融支持、政府补贴、审批程序简化、物质奖励、项目资金扶持、政府采购、自愿协议等多种激励手段。而在法律责任制度中，应对产业结构调整关系中各类主体的违法行为应承担的法律责任做出全面而明确的规定，尤其是对调整主体违反节能减排要求、产业结构调整决策错误及贪污渎职等行为的法律责任应给予足够重视，加大对此类行为的惩处力度。

四、协调相关立法

涉及应对气候变化与作为宏观调控手段的产业结构调整两个层面的问题，且性质上又属于地方性立法，要想构建完善的、具有可操作性的、能够发挥实

---

① 陈诗一.2011.节能减排、结构调整与工业发展方式转变研究.北京：北京大学出版社.
② 施余兵.2012.澳大利亚和新西兰应对气候变化立法探析——以地方政府、企业与公民责任安排为视角.北京政法职业学院学报，1.

效的江苏应对气候变化产业结构调整立法，除了前述方面的理论支撑和制度构建外，还必须从横向和纵向两个维度建立其与相关立法的协调机制。

（一）纵向维度

纵向维度的协调主要是指江苏应对气候变化产业结构调整立法与上位法之间的协调。它既包括与上位环境法和经济法之间的协调，也包括与相关上位之间的协调。

1. 与环境法（尤其是《节约能源法》）的协调

气候变化是当代面临的严重环境问题之一，应对气候变化是环境法的当然内容。在应对气候变化的要求下进行产业结构的法律调整，虽从性质上属于经济法中的产业政策法范畴，但在事实上面临与环境法的协调问题。经济法与环境法虽然在本质上均为社会法，目的在于保障社会公共利益，但两个部门法之间仍有诸多差异。简言之，经济法追求社会公共的经济利益，而环境法则致力于实现社会公共的环境利益，当经济利益与环境公益出现冲突时，环境法是优先保护环境公益的。这一利益类型的区别体现在价值追求上，经济法在某些领域如产业政策领域是追求效率兼顾公平，而环境法则主要是追求公平兼顾效率。因此，在制度内容上，环境法试图解决环境保护与经济发展之间的深层次矛盾，而经济法则试图实现的是社会经济的稳定、健康发展。应对气候变化产业结构调整立法就需要在承认两个部门法区别的基础上寻求经济利益与环境利益协调的平衡点，并在具体规范中体现这种平衡。就我们看来，此种平衡主要是将符合应对气候变化要求的环境法理念和制度贯穿于产业结构调整过程，适当地限制地方政府发展经济的狂热冲动，这就需要实际解决两个部门法之间的利益冲突。

目前，中国环境立法体系相对完善，包括环境基本法和众多环境单行法在内，效力层次高的立法较多。而江苏应对气候变化产业结构调整立法作为地方性立法，已经决定了其处于低效力层次。在立法本身的利益平衡之外，从效力层次角度，江苏应对气候变化产业结构调整立法也应重视与上位环境法尤其是《节约能源法》之间协调机制的构建。根据《节约能源法》确立的节约与开发并举、节约优先的原则，江苏应对气候变化产业结构调整立法需要调整那些不利于节能减排的产业措施，概括而言，应通过综合决策机制、公众参与机制等遏制不计环境成本的产业结构调整决策，使产业结构调整的全过程置于环境监管之下，并有效利用环境目标责任制、环境问责制等影响和改变地方政府尤其是地方政府官员扭曲的经济政绩观念。其中的关键在于能够有效遏制违背节能减排和低碳发展要求的产业结构调整决策产生的法律机制，以及产业结构调整措施的执行过程中避免背离应对气候变化宗旨和目标的监管制度的设计。

2. 与产业政策法的协调

产业政策法与产业结构调整法之间是种属关系。江苏应对气候变化产业结构调整立法与产业政策法之间是典型的下位法与上位法的关系，其实质是江苏的地方性立法与全国性立法的协调关系。当然，根据《立法法》的规定，下位法不得违背上位法，江苏应对气候变化产业结构调整立法应与产业政策法的内容不相违背。因此，江苏应对气候变化产业结构调整立法就需要在与产业政策法保持一致的前提下，通过制度创新最大限度地扩张其自主空间，符合江苏省情，体现江苏特色。不过，由于产业政策法的法律化程度整体较低，现有产业政策法中少有的高效力层次法律有《中小企业促进法》，低于其效力层次还有的《促进产业结构调整暂行规定》《产业结构调整指导目录》等。江苏应对气候变化产业结构调整立法应在这些产业政策上位法所确立的基本原则和制度基础上，指导产业的节能减排和低碳转型。以与《中小企业促进法》的衔接为例，江苏拥有数量众多的中小企业，在保障这些中小企业发展利益和发展公平的基础上促进产业结构合理转型是符合江苏实际的。因此，江苏应对气候变化产业结构调整立法在坚持《中小企业促进法》所确立的保护和扶持中小企业这一基本产业"政策"的前提下，还应将节能减排和低碳经济的理念和制度渗透进来，充分利用经济激励手段鼓励和引导中小企业的产业转型和结构调整。

3. 与相关法的协调

1）与计划法的协调

产业结构调整立法是对产业结构调整的预先制度安排，是对产业发展规律的预先判断，从这种意义上看，产业结构调整立法就是一种规范形式的、具有法律效力的计划或者规划。事实上，中国现在出台的十一大产业政策都叫"产业振兴规划"。而中国计划法的调整范围非常广泛。受计划经济体制的深刻影响，到目前为止，计划在中国的经济生活中仍是极为常见的调控手段。因此，无论是从概念界定还是实际调整范围来看，计划法的调整范围都是可以涵盖产业结构调整的内容。这样，也就产生了产业结构调整立法与计划法之间的协调问题。江苏应对气候变化产业结构调整立法应遵循计划制定的基本原则、程序、监管等内容的基础上，根据应对气候变化的要求，结合江苏产业结构特点及产业发展导向来构建产业结构调整决策机制。

2）与反垄断法的协调

产业结构调整对不同产业通过资源的重新配置来体现政府的产业政策。产业结构调整在应对气候变化的要求下正当性得到进一步强化，作为宏观经济调控的手段，以权力保障某些重要产业的市场竞争力或市场地位是政府经济战略的组成部分，具有其合理性。但由于产业结构调整权力掌握在政府手中，如何调整、调整什么、调整程度都由政府说了算，资源配置的不同又导致不同产业之间产生竞争，受政府扶持的产业可以从政府那里获得更多的资源，从而在市场竞争中占据优势，极易产生垄断和限制竞争，尤其是对市场竞争秩序损害严重的行政性垄断。一旦基于产业倾斜、产业补贴或产业扶持政策使某些产业与政府权力结合形成行政性垄断，将彻底排斥机制规律和市场竞争机制的作用，政府权力不合理扩张，权力"租用"现象大量出现，市场不再有实质意义上的竞争，竞争公平沦为空谈，经济稳定快速发展的市场基础丧失。可见，产业政策在促进产业发展的同时，除导致不同产业发展机会不同外，也会带来产业内部的竞争问题，引起产业内部的发展不平衡。换句话说，产业政策本身并不能保证、避免相关企业不采取反竞争措施①。因此，产业结构调整法与反垄断法之间存在协调的必要性。美国、德国、韩国等国家对产业发展形成的垄断问题非常重视，通过立法间的协调保障产业结构调整的公平和市场竞争的效率。具体到地方产业结构调整立法，中国的分权模式决定了地方政府更倾向于通过重复建设、市场分割等限制竞争的方式而非地方政府间协作的方式来实现经济增长，也更加有必要在地方产业结构调整立法中构建与反垄断法的协调机制。另外，一些企业在产业转型和优化升级中研发出节能减排或低碳生产的新技术、新工艺或新方法，垄断相应的知识产权，不利于节能、低碳技术的普及、推广和应用，给产业转型和结构调整制造障碍，亟须在公共利益和个人利益之间进行平衡。可见，在应对气候变化的语境下，产业结构调整立法与反垄断法在产业扶持措施、知识产权等方面都存在沟通空间。

产业扶持和技术专利保护都应在合理的限度之内，需要基于公益本位在不同利益间进行平衡。对特定产业的扶持是为弥补市场失灵，但绝不能就此取缔市场竞争，市场存在有效竞争和产业结构合理调整都是经济健康发展的必备条件，都是公共利益，不能顾此失彼。如果产业扶持政策导致经济垄断甚至是行政性垄断，则应适用反垄断法加以规制，即产业扶持力度应不以限制竞争或产生垄断为限。而知识产权是私益，产业结构调整是公益，私益的保护以不损害公益为限。技术专利保护限度在于不对产业向节能低碳目标转型和优化造成障碍。在江苏应对气候变化产业结构调整的基础性立法中，应制定反垄断条款，对产业扶持与知识产权垄断问题根据前述原则进行规定，重点要对产生垄断或限制竞争后果的地方政府产业结构调整行为予以规制。

3）与城市规划法的协调

气候变化会对城市规划造成影响甚至使之受到破坏。因此，城市规划中必须

---

① 韩立余. 2008. 反垄断法对产业政策的拾遗补缺作用. 法学家, 1.

对气候变化问题进行规划，城市规划要针对气候变化采取相应措施[①]；而应对气候变化也需要合理的城市规划。在城市化的背景下，城市规划的重要性日益凸显。随着中国城市化进程的加快，能源消耗的速度和数量呈几何数量增长，应对气候变化的压力也越大。中国城市化呈现的突出特点是工业化尤其是重工业的快速发展。处于工业化阶段的国家一般具有较高的能源消费强度，其原因在于工业化时期的国民经济产业结构中，工业所占比例远高于发达国家，大量的基础设施和工业化基础建设需要大量的钢铁、水泥、机械等高耗能产品，高耗能行业的比例高且以较快速度发展；而且由于技术水平相对落后，其能源利用效率也低于发达国家。同时，工业化阶段一般都伴随着经济的高速发展，人民生活水平迅速提高，对能源的需求也快速增长。因此，工业化阶段大多伴随较高的碳排放强度[②]。城市化的过程是第二产业和第三产业在产业结构中比例不断增加的过程。而引起气候变化的主要温室气体二氧化碳的排放主要来自于工业和第三产业尤其是重工业对化石能源的利用。合理的城市规划可以对城市格局，尤其是产业布局进行符合节能和低碳要求的设计。通过预先的计划，一个城市可以综合其地理、地域、资源等多种因素，在节能减排和低碳发展的前提下，对城市的功能区分、产业分布、核心产业确定等做出恰当安排。可见，好的城市规划有利于产业合理布局，也可为产业结构的顺利调整奠定基础。

江苏作为城市化程度较高的省份，在应对气候变化产业结构调整中应充分利用城市规划这一手段，将产业结构调整计划措施融入城市规划，在城市规划中通盘考虑产业结构调整问题。从可操作的角度来看，两者在交通、土地开发、建筑工程、发电、电力输配和废弃物管理等方面有沟通与协调的空间。前述提及，产业结构调整立法本身也是一种计划，与城市规划法有机结合，互相协调，才能保证两种"计划"之间不产生矛盾和冲突，形成共同一致的问题指向，产生解决问题的合力。从地方立法的角度，江苏应对气候变化产业结构调整立法中应将城市规划范围做扩张解释，将产业布局与产业结构调整纳入城市规划的范畴，根据《城市规划法》的要求做出相应的规定。

4）与劳动法的协调

产业结构调整意味着有些产业将逐步淘汰，有些产业需要转型，有些产业则需要大力扶持。不同产业调整后有着戏剧化的不同命运。而具体到作为微观市场主体的企业，产业结构调整不仅意味着企业经营轨迹的变化，还牵涉到企业雇佣的劳动者切身利益的变化。劳动者的命运与企业的命运是紧密联系在一起的，企业兴，劳动者利益就更有保障；企业被淘汰，劳动者就会失去其基本生活来源。

---

① 张北艟. 2015. 应对气候变化中针对城市规划的响应. 民营科技, 1.
② 庄贵阳. 2007. 低碳经济：气候变化背景下中国的发展之路. 北京：气象出版社.

作为用工市场中的弱势群体，对劳动者的倾斜保护不仅有《宪法》依据，也有《劳动法》《劳动合同法》的具体落实。无论在产业结构调整之下企业有着何种命运，都需要在保障劳动者合法权益的基础上发生。尤其是那些面临淘汰的产业或行业中的企业，如何在产业结构调整中有效保护劳动者的权益是立法面临的一项现实任务。因此，江苏应对气候变化产业结构调整立法还必须与劳动法进行协调与沟通。具体说来，即需要在立法中对牵涉劳动法适用的内容进行具体化：主要集中在对淘汰产业中的职工安置、补偿、社会保障等方面的强制性规定；在其他行业中，则应对职工工作环境、职业病等方面做不违背相关劳动法的原则性规定。

（二）横向维度

横向维度的协调主要是指与江苏同位阶相关立法之间的协调。

1. 与江苏省地方环境立法的协调

受制于中国的经济快速发展和快速城市化进程，经济发展程度与能源过度消费程度和环境污染与破坏程度呈正相关关系。江苏作为经济发达地区，经济发展的成果同样是在对资源的破坏性开发和超越环境承载能力的利用基础上实现的，并为此付出了惨重的环境代价。在节能减排和环境保护日益受到关注的当前，江苏省也越来越重视环境治理问题。近年来，江苏出台了多部地方性环境法规和规章，规范环境保护行为，约束能源的不合理消费。这些地方性立法为江苏应对气候变化产业结构调整立法提供了相应的制度基础。应对气候变化，实现节能减排，发展低碳经济，需要将产业结构调整立法与现有的地方环境立法进行有机的衔接。从立法层级来看，《江苏省应对气候变化产业结构调整条例》与《江苏省环境保护条例》《江苏省节约能源条例》《江苏省机动车排气污染防治条例》等包含节能减排或者低碳建设等内容的众多地方环境法规处于同一效力层次，这些地方环境法规所确立的节能减排制度有必要在《江苏省应对气候变化产业结构调整条例》做出原则性宣示，意在强调实现节能减排是产业结构调整的内涵之一，具体调整措施不得与之相悖。行业调整规则是以地方政府规章的形式出现，在效力层次上低于前述地方性环境法规，具体的行业调整措施也不能违背相关江苏省地方性环境法规。从内容上看，产业结构调整在一定程度上是作为节能减排的手段，节能减排是目的，体现在产业结构调整的具体制度之中。不过，产业结构调整有其自身的规范特点，在立法中通过特定条文对节能减排内容做出原则性的规定即可。

2. 与江苏省地方经济立法的协调

在"唯 GDP 论"的影响下，地方政府对发展经济有着超乎寻常的热情。但是，当经济发展到一定程度后，地方政府在对经济行为的规范和约束方面也会给予更多的关注。作为经济发达地区，江苏省在利用法律手段规范经济活动方面已做了颇多努力。在产业政策立法方面，江苏已经出台了《江苏省软件产业促进条例》《江苏省中小企业促进条例》《江苏省发展民营科技企业条例》《江苏省应对气候变化领域对外合作管理暂行办法》《江苏省固定资产投资项目节能评估和审查实施办法（试行）》《江苏省高技术产业基地发展指导意见》《江苏省农业产业化省级龙头企业认定和监测管理办法》《江苏省鼓励投资产业指导目录》《江苏省产业技术研究与开发资金管理办法（试行）》等；此外，还有《江苏省安全生产条例》《江苏省发展新型墙体材料条例》《江苏省农业专业合作社条例》等其他经济法规。这些数量众多的地方性法规之间也有必要进行协调，尤其是在对特定产业经营发展活动的规制方面，应对气候变化产业结构调整立法作为时间在后的立法，应该注意产业基本发展战略和制度的连贯性；而已有的江苏省地方经济法规所规定的制度内容与应对气候变化要求相悖的，也应及时予以修改。

第四章　提高江苏第一产业气候变化
适应能力的法律体系

第一节　江苏第一产业竞争力与气候变化适应能力

一、气候变化对江苏第一产业的影响

近 50 年江苏气候变化主要表现为气候变暖、降水增多、日照时数下降、极端天气频繁爆发，干旱灾害日趋严重[①]，特别是暴雨洪涝爆发次数屡破历史极值记录[②]。

农业是受气候变化影响最直接最脆弱的部门，气候变化造成的粮食短缺可能会比海平面上升等产生的影响来得更快，也更早[③]。全球气候变暖引起的江苏湿度和温度的改变，可能会给新作物的种植或者其他农业生产活动带来机会，但气候变化影响降水分配，导致极端天气事件的发生频率和强度增加，进而对农业的生产产生极大的不利影响。农业是江苏的基础产业，在江苏国民经济发展中具有举足轻重的地位，农业方面应对气候变化的行动是江苏实施可持续发展战略的一个重要组成部分。

（一）气候变化对江苏农业产生的影响

气候变化主要通过温度、降水和 CO_2 浓度等影响农业生产环境，使农作物种植地区的气候、水源、土壤、地形等农业生产环境的各要素发生变化，从而使农业生产的布局、结构、生产力等受到影响。农业的不稳定性加剧，农作物产量及品质波动。温度升高还会对昆虫的生长发育、生存繁殖及迁移扩散等产生影响，从而使作物虫害的分布区域发生变化，影响农作物生长。此外，气候变化还常常导致土壤肥力下降，农药、化肥施用量增加，粮食生产成本上升等问题。受温度升高的影响，土壤有机质分解加快，化肥释放周期缩短，若要达到原有肥效，化

---

① 刘春玲，徐有鹏，张强. 2005. 长江三角洲地区气候变化趋势及突变分析. 曲阜师范大学学报：自然科学版，31（1）；孙燕，张秀丽，韩桂荣，等. 2009. 江苏南京极端天气事件及其与区域气候变暖的关系研究. 安徽农业科学，37（1）.

② 姜彤，苏布达，王艳君，等. 2005. 四十年来长江流域气温、降水与径流变化趋势. 气候变化研究进展，1（2）.

③ 丁一汇，任国玉，赵宗慈，等. 2007. 中国气候变化的检测及预估. 沙漠与绿洲气象，1（1）.

肥使用量需要进一步增加，从而阻碍农村节能减排①。

　　气候变化增加了农业生产的不稳定性，由于受温、光、水、气及其变化的影响，农作物的产量和品质呈不稳定变化趋势，气候变暖将导致病虫害大暴发，极端天气气候事件还可能会给农业基础设施造成重大破坏。同时，会对生态系统造成影响。资料显示，太湖流域平均气温每升高 1℃，农作物生育期缩短 10～15 天，导致产量降低。以水稻为例，双季稻区早稻平均减产为 16%～17%，晚稻减产平均 14%～15%②。

　　气候变化，极端天气和气候事件增加，农作物生长环境恶化，干旱、洪涝、高温、暴雨、寒潮、台风等气象灾害及农业病虫灾害频发，水资源短缺进一步加剧，土壤沙化、盐碱化速度加快等一系列问题，导致农业可持续发展的自然风险增加，农作物产量波动增大，并且短时期内难以消除③。

（二）气候变化对江苏森林草原生态系统的影响

　　气候变化对森林、草原生态系统产生了诸多复杂的影响，不利影响主要表现为气候变暖，干旱持久导致森林、草原生物多样性减少，生态系统的服务功能降低，火灾频繁爆发，病虫害增多，部分植被生产力及生物量降低；而正效应则主要表现为降水增多，部分森林、草原植被的生长增强，有利于实现生态系统的自我更新与演替。④

　　气候变暖导致森林物种结构及生物多样性发生变化。江苏位于东部沿海，地处暖温带与亚热带交界处，植物资源丰富，湿地类型多样，气候变暖，降水增多等气候变化，导致植物物种衰减，一些植物物种甚至濒临灭绝，同时外来有害生物的入侵不断增加。气候变暖加剧森林火灾的发生，导致森林病虫害增加。光照不足抑制森林生物量及生产力的提高。

　　高温干旱及其导致的虫害增加在一定程度上阻碍草地植被的正常生长发育，从而影响畜牧业的发展。

二、发展低碳农业，提高江苏第一产业气候适应能力

　　低碳农业是在农业生产、经营中排放最少的温室气体，同时获得最大收益的农

　　① 熊伟，林而达，蒋金荷，等.2010.中国粮食生产的综合影响因素分析.地理学报，65（4）.
　　② 付慧.2010.低碳经济研究综述，安徽农业科学，38（34）.
　　③ Falloon P，Smith P，Betts R，et al. 2009. Climate Change and Crops. Verlag Berlin Heidelberg：Springer；Kang Y，Khan S，Ma X. 2009. Climate change impacts on crop yield，crop water productivity and food security：a review. Progress in Natural Science，19（12）.
　　④ 国务院新闻办. 2008. 中国应对气候变化的政策与行动. http：//www.gov.cn/zwgk/2008-10/29/Content-1134378.htm.[2016-08-20].

业发展方式，以减缓温室气体排放为目标，以减少碳排放、增加碳汇和适应气候变化技术为手段，通过加强基础设施建设、产业结构调整、提高土壤有机质含量、做好病虫害防治、发展农村可再生能源等农业生产和农民生活方式转变，实现低耗能、低污染、低排放、高碳汇、高效率的农业[1]。低碳农业就是要通过维护农业生态系统的生物多样性和碳循环的速率平衡，采用高新低碳农业技术，保持农业生态系统的动态平衡与促进农业生产的稳定性和可持续发展，最终形成一种有利于环境保护、有利于农产品数量与质量安全、有利于可持续发展的现代农业发展形态与模式[2]。

江苏地少人多，农业生产水平相对较高，这决定了江苏发展低碳农业要在资源节约型农业上下工夫[3]，坚持开发与节约并重、节约优先，大力推进节地、节水、节肥、节药、节能，发展低投入、低消耗、低排放和高效率的低碳农业模式。因此，结合江苏的经济发展水平和农业生产特点，江苏在本省原有的循环农业、生态农业和现代农业发展模式的基础上，因地制宜，不断探索实践低碳养殖和低碳种植的低碳农业，促进农业转型升级、积极应对气候变化、减少温室气体排放，不断提高江苏第一产业气候变化适应能力。

（一）江苏发展低碳农业的有利条件

1. 有利的地理条件

江苏以地形地势低平、河湖众多为特点，平原、水面所占比例，在全国居首位，成为江苏一大地理优势。江苏水产资源丰富，有广阔的海涂、浅海，东部沿海渔场面积达 15.4 万平方千米，其中包括著名的吕泗、海州湾等四大渔场，盛产黄鱼、带鱼、昌鱼、虾类、蟹类及贝藻类等。江苏也是全国河蟹、鳗鱼苗的主要产地。其内陆水面 2600 多万亩，养殖面积 858 万亩，有淡水鱼类 140 余种，已利用的有 40 多种。省内平原广阔、土地肥沃，农业资源丰富，水土资源和农业耕作的自然条件很好，种植业和水产业较为发达，农业发展历史悠久，素有"鱼米之乡"之美誉。江苏农耕文化丰厚，生态类型多异，形成了丰富的休闲观光农业资源，既有赏花、观叶、采果、品茶的观光园艺、观光林业，又有参与饲养、狩猎的观光牧业，还有集垂钓、餐饮于一体的休闲渔业[4]。

2. 有利的农业生产条件

江苏是一个多水的省份，养殖条件得天独厚，如果能够有效地控制水的污染，渔业发展有很大的潜力。不宜耕种粮食的 25 度以上坡地，逐步退耕还林、还牧。

---

① 管明. 2012. 低碳经济视角的江苏太湖流域农业发展调查分析与政策建议. 农业环境与发展，3.
② 严立冬，邓远建，屈志光. 2010. 论生态视角下的低碳农业发展. 中国人口·资源与环境，20（12）.
③ 李新德. 2010. 探索江苏低碳农业新模式. 群众，3.
④ 杜华章. 2011. 江苏低碳农业发展现状与对策.农学学报 10.

山区和丘陵地区，因地制宜发展水果和林产品生产，为发展低碳农业提供了一定的生产条件。

3. 农村经济发达

江苏是农业大省，粮食持续增产，2012 年全省粮食产量达到 3372.48 万吨，比上年增加 64.7 万吨，增长 2%，实现新中国成立以来首次"九连增"。畜牧业生产稳定发展，全年生猪累计出栏 3043.1 万头，增长 5.7%。全年家禽出栏 8.9 亿只，增长 5.3%。全省设施农业面积达 960 万亩，占耕地面积比例达 13.9%；高标准农田面积 3202 万亩，占耕地面积比例达 46.5%；适度规模经营比例将超过 50%。高效农业整体发展水平位居全国前列。2012 年农民人均纯收入 12202 元，增长 12.9%。

（二）江苏发展低碳农业的不利因素

1. 农业自然资源日趋紧缺

江苏是全国人口最密集的省份之一，人均耕地面积 0.91 亩，远低于全国平均水平。江苏耕地质量处于不断的退化中，江苏局部地区主要是丘陵山区和沿江高沙土等，这些地区仍存在较为严重的水土流失现象。全省年平均过境水量 9490 亿 m^3，是本地水资源量的 30 倍，人均占有本地水资源量 $432m^3$，仅为全国平均水平的 1/5。人均林地面积仅 $0.01hm^2$，是全国平均水平的 9%，森林覆盖率仅为世界平均水平的 6%[1]。随着城市化进程的加快，不可避免地继续占用部分农业用地，使得原本偏紧的农业土地资源更显稀缺，农业耕地资源总量逐年减少的趋势可能还将持续，将在一定程度上制约江苏低碳农业的发展。

2. 农业生态环境日趋恶化

江苏地区肆意焚烧大面积秸秆导致区域性农业生态环境日趋恶化。日益增加的化肥与农药使用在大幅提高产量的同时也暴露出温室气体排放激增。农业面源污染加剧，畜禽粪便无害化处理率不足 5%，利用率不到 60%。太湖流域来自农村面源污染的化学需氧量（Chemical oxygen demand，COD）、氨态氮、总氮、总磷分别占 45.2%、43.4%、51.3%、67.5%，成为太湖流域的重要污染源[2]。

3. 低碳农业技术创新能力不足

发展低碳农业，核心是技术创新[3]。虽然近年来江苏在发展农业方面进行了一

---

① 徐琪. 2008. 江苏省农业循环经济发展的实践与创新. 现代农业科技，（20）.
② 郑建初，刘华周，周建涛，等. 2009. 江苏省现代高效农业发展目标与模式研究. 江苏农业学报，25（1）.
③ 李志萌. 2010. 我国低碳农业发展探讨. 福建农林大学学报：哲学社会科学版，13（4）.

系列的技术创新和推广，也取得了一定的成效，但目前江苏在推广应用的生态农业模式技术上还不够成熟。

（三）江苏发展低碳农业，增强对气候变化的适应能力的对策

农业领域有效应对气候变化的长效机制，关键是要推广和普及农业可持续发展模式，发展低碳农业。面对气候变化给江苏农业发展带来的新挑战，应该科学地推进江苏的低碳农业进程，实现农业的可持续发展，让气候的变化成为更好地发展农业、更好地推进低碳的一种动力。

在低碳经济发展过程中，农业不仅可以承担为工业提供原料，为部分工业品提供市场，为国家提供税收等任务[①]，还可以在减少碳排放、增加碳汇从而遏制碳排放方面大有作为[②]。因此，应创新农业发展产业结构，转变农业发展方式，推广循环农业模式和低碳农业技术。同时，发挥农业系统的碳汇功能，包括林地、草原、渔业等，增强农业系统的固碳能力。

加强本省农田基本建设，改善农业基础设施，推进农业结构和种植制度调整，选育抗逆品种，加强农业技术研发力度；在植树造林及人工育草过程中进行种源选择，加强混交林建设，提高物种在气候变化过程中的竞争能力。加强林区防火基础设施建设，森林防火区的预测预报和林火管理；对病虫害进行生态防治和生物防治。

1. 加强技术创新，推广低碳农业技术

低碳农业是以节能降耗、节约资源技术为基础的"三低一高"现代农业，它是以创新减排、降耗技术为核心的农业经济体系[③]。科技创新是低碳农业发展的源源不竭的动力，也是江苏低碳农业得以不断发展创新的原动力，因此需要鼓励低碳农业关键技术的研究与创新。农药、化肥、农膜的过度使用导致农业面源污染，部分农机高能耗、高排放，焚烧秸秆导致污染大气等问题。江苏在发展低碳农业过程中，要推广保护性耕作、节水灌溉技术，改造落后的机电排灌设施，提高水资源和能源利用率；要加快农机节能减排新产品和节能减排技术的研发和推广应用，优化农机装备结构，不断提高农机作业服务组织管理水平；要提高农业废弃物、农产品加工废弃物循环利用比例；要建立相对完善的推动低碳农业发展的技术创新体系，为发展低碳农业提供技术保障。

科技进步和科技创新是减缓温室气体排放、提高气候变化适应能力的有效途

---

① 吕铁，周叔莲. 1999. 中国的产业结构升级与经济增长方式转变. 管理世界，（1）.

② 刘允芬. 1998. 中国农业系统碳汇功能. 农业环境保护，17（5）；谢淑娟，匡耀求，黄宁生. 2010. 中国发展碳汇农业的主要路径与政策建议. 中国人口·资源与环境，20（12）.

③ 何钢. 2010. 苏州低碳农业经济发展浅析. 全国商情：经济理论研究，（17）.

径。要加强科学研究，充分发挥科技进步在减缓和适应气候变化中的先导性和基础性作用。大力发展新能源、可再生能源技术和节能新技术，推进碳吸收技术和各种适应性技术的发展，加快科技创新和技术引进步伐，为应对气候变化、增强可持续发展能力提供强有力的科技支撑。

2. 完善低碳农业发展的法律机制

当前，有必要加快研究和建立适合江苏低碳农业发展的法律保障机制，从法律保障上规范和引导江苏低碳农业的发展。根据本区域的实际情况，加快制定与低碳农业发展要求相适应的地方政策法规，健全相应的法律保障体系。尤其是完善促进低碳农业发展的市场碳汇机制、设立低碳农业建设财政专项扶持资金和财政贴息资金等，确保低碳农业经济健康持续快速发展。

3. 改善第一产业内部结构

在第一产业内部，迫切需要由粗放型农业向集约型农业转变，积极发展低碳农业。科学调整农业种植制度，发展多熟制，提高土地复种指数，充分利用气候变暖、二氧化碳浓度增高对作物生产增效作用的有利因素，增加农业碳汇。此外，规模养殖虽然稳步推进，但比例仍然偏低，还需调整农业种植和养殖结构，培育抗逆品种，加强农业生产抗逆技术研究，推广节水农业和清洁生产发展模式。把发展农业的眼光从有限的耕地转向广阔的湖海，注重发展水产业，在全省"水田养鱼、棉花套瓜、坡地种稻"的原有种植经验基础上，实现以种植业为主体的单一结构向农林牧渔业全面发展的农业结构转变，从而提高本省农业适应气候变化的能力。

4. 提高农业对气候变化的应变能力和抗灾减灾水平

江苏应充分利用气候变暖可能带来的机遇，调整农业结构和种植制度，优化作物品种布局，适应温度、降水模式等的变化。采用节水灌溉和加强农田水利工程建设等措施，加强对水资源的规划和管理，以提高水资源利用效率，缓解气候变化造成的水资源供需矛盾。加强耐寒耐热抗干旱抗病虫害等综合抗性突出和适应性强的抗逆作物优良品种的选育，以减少气候变化和极端天气气候事件造成的产量损失。开发并应用适应性农艺措施，改变农药和化学药物的使用，防治害虫。

5. 发展生态农业，改善农业气候生态环境

生态农业作为一种综合的、系统的、具有地方特点的农业生产方式，能够更好地应对气候变化。许多生态农业的模式和技术具有减缓和适应气候变化的效果。与现有的过度依赖化肥和农药的农业生产模式相比，发展生态农业不仅可以有效

地减少温室气体的排放，而且由于其本身的特点，在气候变化带来的温度升高、水资源短缺、极端天气事件频发、海平面上升和病虫害频发等情况下，能够更好地适应农业生产，发展生态农业，提高能源效率，节约能源，发展可再生能源，加强生态保护和建设。大力开展植树造林等措施，从而达到控制温室气体排放的目的。

通过改进水田管理、改良草食畜种及饲养技术、控制化学氮肥使用及反硝化过程等途径有效抑制农业生产中释放出的温室气体，从而改善农业气候生态环境。

通过合理利用生物资源、土地资源、水资源和能源，发展生态农业；利用丰富的生物物种或品种去适应气候变化的影响；通过土壤改良、施肥、灌溉、防治病虫害等综合措施，使农业环境适应农业生物；通过农业结构、种植结构调整和品种改良使农业生物适应农业环境；运用现代科学技术和方法，创造新的农作物品种，提高生物能的利用率和废物的循环转化率，避免高毒农药的使用，防止农业生态环境污染。

加强生态农业工程建设和农业生产安全管理，强制推行有机农业标准，减少化肥和农药的施用量，加大秸秆还田技术研究，依法治理秸秆焚烧现象，推广农业废弃物综合利用水平，降低农业生产污染和温室气体排放量。

此外，还应加大对农业基础设施、湿地资源的保护。合理开发水资源，提高对极端气候事件预警与响应能力等建设方面的投入。要加大改善农业基础设施的投入，使农业设施的抗灾能力明显增强。加强森林和湿地资源保护工程建设，充分发挥湿地对保护环境、减少温室气体排放的作用。合理开发和利用水资源，减少污水排放量。加强对灾害性天气的监测和预警能力，提高对极端气候事件的预警与响应能力。

6. 发展林业，增加碳汇

森林对于降低大气中温室气体浓度、调节气候、维护生态平衡起着十分重要的作用。科学研究表明，每平方米林木平均吸收 1.83 吨 CO_2，释放 1.62 吨 O_2[1]。在减缓气候变化方面，林业活动在碳汇吸收、碳储存、碳替代方面具有不可替代的地位。关于碳汇方面的林业活动主要包括减少毁林、改进采伐作业措施、提高木材利用效率、更有效地控制森林灾害（林火、病虫害）、采伐剩余物的回收利用、再造林、恢复退化生态系统、建立农林复合系统、加强森林可持续管理等。省政府应该积极鼓励转变农耕方式，提高森林覆盖率，进而保存并增加碳汇。

森林不仅具有涵养水源、防风固沙等功能，还是陆地生态系统主要的碳吸收汇。在全球气候变暖、极端天气气候事件频发的背景下，江苏应进一步实施植树

---

[1] 陈泮勤，王效科，王礼茂. 2008. 中国陆地生态系统碳收支与增汇对策. 北京：科学出版社.

造林种草、退耕还林还草、天然林资源保护、农田基本建设等重点工程，确保植树造林的质量，保障生物减排政策的落实，有效控制温室气体的排放，增强碳汇潜能[①]，加快提高林业适应气候变化的能力。调整林业生态保护和建设工程规划，根据全省地形、地域和林业建设的特点，宜林则林，构建生态防护林带，通过加强天然林资源保护和自然保护区的监管，强化生态规划与管理，继续开展生态保护重点工程建设，建立重要生态功能区，促进自然生态的逐步恢复，进一步增强林业作为温室气体吸收汇的能力[②]；加大林木良种选育和应用力度，提高物种在气候变化中的竞争能力，提高人工林良种使用率，提高造林质量，构建适应性好、抗逆性强的人工林生态系统；创新造林抚育技术，提高造林成活率与优势树种的气候适应性。有关江苏森林结构优化的研究[③]指出，江苏森林资源少，树种、树龄结构不合理，在植树造林方面，一定要加强混交林的研究和建设，这对于江苏调整和优化森林结构，增加林木资源，实现森林可持续利用意义重大。江苏应加大投资促进森林、草地、人工绿地等碳汇项目建设，同时扩大森林草地面积，增强生态系统的固碳能力以增加碳储存；对已有的森林加大林地保护管理和森林经营力度，提高现有林地质量，巩固现有森林的碳储存。此外，尝试建立"绿色碳基金"，吸引企业和个人参与造林绿化，获取碳信用，在提高国民环保意识、减排意识的同时，拓展森林草地建设的筹资渠道。

7. 加强畜牧养殖业

江苏急须重构规模较大的饲料种植生产布局、统一畜舍调控标准、严控水产养殖水质标准、推行节地、节水、节能、节粮健康养殖模式等；切实落实高致病性禽流感等重大动物疫病免疫、消毒、净化基础性建设；建立健全监测防控应急管理与后期问责机制；拓宽畜牧兽医与卫生管理部门信息交流媒介，从而提高重大动物疫情应急能力。

8. 加大农业生产中温室气体减排力度

水稻田甲烷排放是江苏甲烷排放的重要来源，对于水稻田甲烷减排一方面可以采取烤田、研发水稻新品种、使用甲烷抑制剂等方法；另一方面，可以采用有机肥与化肥混施的方法来减少水稻田甲烷排放。家畜粪尿中的有机物含量非常高，规模化养殖场的粪便主要采取堆放、厌氧池或氧化塘处理，其中的有机物在厌氧环境中降解，导致甲烷的排放量很大。应大力推广沼气工程，利用厌氧发酵系统，在可控的环境下产生甲烷，之后将甲烷作为能源使用。

---

① 刘加文. 2010. 应对全球气候变化决不能忽视草原的重大作用. 草地学报，18（1）.
② 吴峰. 2009. 《应对气候变化林业行动计划》发布. 中国林业，（11B）.
③ 洪必恭，赵儒林，高兆杉. 1989. 江苏森林自然保护区植被基本特征及其生态学意义. 生态学杂志，8（5）.

第二节　构筑新型法律制度的必要性与可行性

一、必要性分析

（一）调整江苏的农业生产方式，有必要构筑新型法律制度

受全球气候变化的影响，江苏农业生产始终处于不稳定状态，农业经济不发达、适应能力非常有限。如何在气候变化的情况下，合理调整农业生产布局和结构，改善农业生产条件，确保江苏农业生产持续稳定发展，提高江苏农业领域气候变化应对能力和抵御气候灾害能力，需要构筑新型法律制度。

气候变化对江苏农业生产的影响主要表现为消极影响。气候变化加重土壤有机物和氮的流失，激化土壤侵蚀程度，破坏农业生态系统自行抵御自然灾害的动态平衡。同时，气候变暖直接或间接导致生物入侵，加剧病虫害的流行和杂草的蔓延，使农药的施用量增大，控制难度提高。气候变暖深度转变现行作物种植制度。全球气温升高重构水分和热量时空分布严重影响农业布局、种植结构、作物品种和质量。因此，有必要在全球气候变暖的趋势下，构筑新型法律制度，调整江苏的农业生产方式，以实现农业的可持续发展。

（二）有效推进农业适应措施需要法律支撑

农业适应不仅涵盖农业育种和选种、灌溉与节水、新型肥料与农作物病虫害防治等多方技术，也包含农业区和农作物类型调整、水土流失控制、农业基础设施改造、气候变化和气象灾害监测预警系统等多元管理方针。如是举措与我国农业法、环境保护法、气象法等法律息息相关，推进江苏农业适应气候变化生产活动法治进程，引领农业适应地方性立法，完备农业气候影响与评估制度、农业适应规划制度、农业适应知识管理制度、农业适应技术开发与共享制度、适应技术行政指导制度等地方性制度体系，最大限度地发挥各项举措的整体效能，提高农业适应能力，寻求农业适应生产的绿色发展。

（三）科学完备的适应管理体系需要法律支撑

农业适应工作的良性运转需要科学的适应管理体制支撑。具有综合性、交叉性和层次性的农业适应气候管理工作需要兼顾农业生产的横向可持续性与纵向区域性特点。横向可持续性主要表现为农业适应工作应由农业行政主管部门进行统筹安排，统一组织与管理，基于农业适应工作的复杂性，涉及水利建设、水土保持、气象灾害监测、技术开发等多样性工作，亟待完善立法明确分工职能，理顺农业部门与相关部门间的关系，推动水利、林业、气象、科技等相关部门深层密

切合作。纵向区域性主要表现为农业适应工作需要地方政府依据本地区实际状况因地制宜地构建地方性制度与政策体系。总之，把控横纵两个方向维度，协调可持续性和区域性，建立科学完备的农业适应管理体制是农业适应生产活动的应有之义。

（四）国际间气候合作需要法律支撑

气候变化适应进程中，技术、资金及制度建设危机四伏，阴霾重重，江苏亟须加强农业适应立法建设，完备农业适应管理体制及农业适应法律制度体系，支持、鼓励与引导农村社区、农户与地方机构加强国际间交流与合作，借鉴国外先进经验的同时积极争取全球环境基金（Global Environment Facility，GEF）、气候变化特别基金（Special Climate Change Fund，SCCF）等国际基金和发达国家技术与资金援助，加快气候变化适应进程。

（五）现有的相关立法内容过于原则化

我国有《农业法》《土地管理法》《草原法》《森林法》《水法》《水土保持法》《防洪法》《海洋环境保护法》等众多立法，在一定程度上能够起到促进农业、森林生态系统、水资源、海岸带等对气候变化的适应作用，但这些立法并没有从应对气候变化的角度对相关内容加以规定，专门针对应对气候变化的法律制度还远远不足，而且这些相关立法内容过于原则化。例如，《农业法》等法律法规在完备生态农业、农业结构调整、农业投资、农业保险、农业补贴、税收信贷优惠等农业支持条款有效应对气候变化发挥积极效用的同时也暴露出条款自身原则抽象，法律执行机制与配套措施缺失，农作物区域布局失衡，耐高温干旱、抗病虫害、抗冷冻害的抗逆农作物新品种推广力度不足等诸多气候变化适应弊端。再如，《森林法》限制肆意砍伐，推行植树造林增加森林覆盖率有效抑制气候灾害，积极应对气候变化的同时并未充分发挥碳汇造林、林业生物质能源、森林碳汇交易等多项林业应对气候变化的特殊效能。所以，优化相关法律制度，细化具体实施规则才能够实现江苏第一产业的健康发展。

二、可行性分析

（一）农业领域应对气候变化的政策基础

一直以来，我国十分重视应对气候变化的工作，先后出台了《中国应对气候变化国家方案》《国民经济和社会发展第十二个五年规划纲要》等有关应对气候变化的政策性文件，这些政策性文件为江苏进一步增强农业领域应对气候变化的能力提供了政策保障，同时也为江苏农业领域应对气候变化的法制保障打下了坚实的政策基础。

《中国应对气候变化国家方案》中关于加强农业领域应对气候变化的相关规定主要体现在[①]：继续推广低排放的高产水稻品种和半旱式栽培技术，采用科学灌溉技术，加强对动物粪便、废水和固体废弃物的管理，加大沼气利用力度等措施，努力控制甲烷排放增长速度；通过继续实施植树造林、退耕还林还草、天然林资源保护、农田基本建设等政策措施和重点工程建设，不断增加碳汇数量；加强农田基本建设、调整种植制度、选育抗逆品种、开发生物技术等适应性措施；合理开发和优化配置水资源、完善农田水利基本建设新机制、强化节水和加强水文监测等措施，力争减少水资源系统对气候变化的脆弱性，基本建成大江大河综合防洪除涝减灾体系，全面提高农田抗旱标准。

（二）农业领域应对气候变化的法律基础

在农业领域应对气候变化方面，我国目前还没有制定专门性的法律文件，但是有一系列与应对气候变化相关的法律、行政法规、部委规章和地方性法规等。其中，与应对气候变化相关的法律法规主要包括：

农业综合管理立法，我国制定并实施《农业法》《草原法》《渔业法》《土地管埋法》《基本农田保护条例》《突发重大动物疫情应急条例》《草原防火条例》等法律法规，为气候变化农业适应性生产体系政策化、规范化、法律化建设提供了坚实的基础。

林业立法，我国通过制定并实施《森林法》《野生动物保护法》《水土保持法》《防沙治沙法》和《退耕还林条例》《森林防火条例》《森林病虫害防治条例》等法律法规维系森林和其他自然生态系统的动态平衡与永续发展。

水资源立法，我国制定并实施《水法》《水污染防治法》《防洪法》《河道管理条例》等法律法规，全面整合重要江河流域防洪水利规划，引领适合国情的水利政策法规体系和水利规划体系、大江大河流域防洪减灾体系、水资源合理配置体系和水资源保护体系全面覆盖水资源立法范畴，合理配置水资源。

农业科技立法，我国制定并实施了《农业机械化促进法》《农业技术推广法》《科学技术进步法》等法律法规，指引契合农业生产需求的科研成果和实用技术革新升级与深度融合，在不断提高农业生产应对气候变化能力的同时达到农业现代化。

海岸带及沿海地区：《海洋环境保护法》和《海域使用管理法》。全球气候变化，气温升高导致海平面上升的既定事实已对我国漫长海岸线沿线地区造成了严重的影响。《海洋环境保护法》提议建构"海洋自然保护区""海洋特别保护

---

① 中国国家发展和改革委员会. 2010. 中国应对气候变化国家方案. http://www.ccchina.gov.cn/WebSite/CCChina/UpFile/File189.pdf. [2010-01-19].

区"全面维护红树林、珊瑚礁、滨海湿地、海岛、海湾、入海河口、重要渔业水域等代表性海洋生态系统安全，并拓展沿海防护林、沿海城镇园林和绿地建设全面优化海岸防护设施，同时加强海岸侵蚀和海水入侵综合治理管理从而有效提升海岸带及沿海地区气候变化适应能力。《海域使用管理法》明确规定"国家严格管理填海、围海等改变海域自然属性的用海活动"，也对海岸带及沿海地区气候变化适应能力的提升大有裨益。

这些法律文件与我国农业适应气候变化关系密切，都直接或间接地增强了我国农业领域应对气候变化的综合能力，并为我国农业适应气候变化行动的开展提供了一定的法律基础，也为构筑新型法律制度打下了坚实的法律基础。

（三）农业领域应对气候变化的自然科学基础

农业适应自然科学研究是其法律制度体系构建的自然科学基础与先导。农业生产不容小觑，深谙其重要性的学者基于农学、地理学、气象学、环境科学、管理学等全面分析研究我国农业及我国区域农业包括江苏农业适应气候生产应对措施和体系，并厘清问题取得了系列研究成果。研究内容多元复杂，涵盖我国农业生产脆弱性与敏感性，江苏农业生产适应气候变化转变，农业生产技术政策应对气候变化效用，农业适应生产举措，地区和作物特殊性差异化应对策略，政府推进农业适应生产革新绩效等。国外关于农业适应的研究更深入、更广泛，包括降低粮食安全风险、农业脆弱性识别、确定农业技术研究优先方向、加强对基因资源与智力成果的保护、调整商品与贸易政策、决策机制与资源分配、人权与气候适应、贫困地区适应气候变化的困难、知识管理、能力建设和技术转移在农业适应气候变化中的作用等[①]。江苏亟须全面借鉴国内外相关自然科学研究成效，合理构建制度化、规范化农业适应法律制度体系达到农业适应革新在江苏合法、有序、高效地推行的目的。

（四）农业领域应对气候变化的实践基础

国内外应对气候变化农业适应实践活动持续发酵推动了江苏农业适应立法进程并提供了宝贵经验。为积极应对气候变化风险革新传统农业生产方式提高农业适应能力，在全球环境基金和一些发达国家的支持引领下，我国许多地区广泛开辟了地方性农业适应气候变化实践活动，积累了一定的经验。例如，2008 年，黄淮海流域 5 省及宁夏回族自治区利用气候变化特别基金提供的 500 万美元赠款，开展适应气候变化的农业开发示范和试点项目，采取了开发替代型水源，使用节

---

① See FAO. 2007. Adaptation to Climate Change in Agriculture，Forestry and Fisheries：Perspective，framework and priorities. Interde-partmental Working Group Climate Change FAO，1.

水农业技术，促进适应型灌溉排水的设计和管理等适应措施，积累了一定的农业适应经验[1]。2009 年，中国与英国、瑞士等国的"中国适应气候变化合作项目"，针对气候变化对中国农业、水资源、草地畜牧、极端天气事件及灾害、人体健康等具体领域影响，开展了详细的风险评估，并将评估结果纳入地区发展和适应目标。例如，南通市通州区依托稻-渔生态种养结合低碳循环农业模式，减少了农药化肥用量，降低环境污染的同时也节约了生产成本，增加了无公害农产品输出。又如，江苏制订的两熟制农田综合减量化技术集成示范操作规程，其关键技术为秸秆还田—旋耕—机条播（小麦）或机插（水稻）—化肥、农药减量—机收。示范结果表明：稻麦周年产量略有增产（3.83%），秸秆还田率达 100%，化肥减少20%以上，化学农药减少 33%～50%，农田生态环境明显改善[2]。

国外许多发达国家和发展中国家也深谙农业适应工作的重要性，纷纷拓展实践活动有效应对气候变化和农业风险。例如，印度农业部门推进农业适应工作多元优化，基于加强立法、完善规划、提升技术、加大研究等方面有效预防和管理气候变化风险。成立了风险管理小组，制定政策法规，对最脆弱的行业和人群进行风险指导，制定重要目标，特别是将计划与减少贫困结合起来实施，减少气候变化带来的风险[3]。加拿大农业部门在政府和制度政策计划选择、土地地形变化、不同粮食种类的选择、新技术研究、使用人工系统提高水资源利用、防止土壤侵蚀等方面总结了 96 种不同的农业适应方法[4]。全球农业应对气候变化适应工作的实践积累为江苏农业适应立法体系的构建提供了坚实基础。

气候变化问题在全球范围内持续发酵，备受瞩目，成为人类社会亟须解决的问题。"适应气候变化是应对气候变化措施不可分割的组成部分。对于广大发展中国家来说，减缓全球气候变化是一项长期、艰巨的挑战，而适应气候变化则是一项现实、紧迫的任务"[5]。我国政府积极应对气候变化，将气候变化适应上升为政策层面，增设国家气候变化对策协调机构，谱写《中国应对气候变化国家方案》新篇章指引系列政策措施适应气候变化。各省也积极响应中央号召，全面落实适应气候变化各项政策，完备地方性气候变化应对实施方案。"广受关注的洪水、暴风雨等极端气候事件，也使社会和普通民众在沉重的代价中，提升了关注气候

① 国家发展和改革委员会. 2009. 中国应对气候变化的政策与行动——2009 年度报告. http://www.ccchina.gov.cn/WebSite/CCChina/UpFile/File572.pdf.[2010-2-18].

② 高旺盛，陈源泉，董文. 2010. 发展循环农业是低碳经济的重要途径. K 中国生态农业学报，18（5）.

③ Anand Patwardhan. 2008. 适应气候变化的战略与政策. 北京：2008 年气候变化与科技创新国际论坛论文.

④ See FAO. 2007. Adaptation to Climate Change in Agriculture，Forestry and Fisheries：Perspective，framework and priorities. Interde-partmental Working Group Climate Change FAO，1.

⑤ 中国国家发展和改革委员会组织. 2007. 中国应对气候变化国家方案. http://www.ccchina.gov.cn/WebSite/CCChina/UpFile/File189.pdf. [2010-3-17].

问题的意识"①。政府与社会应对气候变化观念适应式革新已夯实江苏农业适应立法社会基础。

第三节　主要法律规范

近年来，江苏迈开了向现代农业前进的脚步，为解决中国粮食问题做出了重要贡献。但是，随之而来的一个不可忽视的问题是环境污染。现代农业是建立在化石能源基础上的，化肥和农药是现代农业发展的支柱，化肥和农药的大量使用会使土壤酸化、土地板结并直接影响农业生产成本和农作物的产量和质量。为应对全球气候变暖新形势推进高效率、低能耗、低排放、高碳汇的现代绿色农业在江苏省全方位铺开，亟待明确减缓温室气体排放和高效固碳发展愿景，革新节能减排技术，加强气候适应生产基础设施建设优化农业结构，改善种植和经营管理模式，提升农田土地资源有机质，完备病虫害田间防治体系，拓宽农村可再生能源使用路径等。因此，江苏地区应通过立法完善，改进江苏地区第一产业生产条件、设施标准、技术规范等，加强本省农田基本建设，改善农业基础设施，增强本省农业防灾减灾能力，建设生态农业，减少环境污染，提高农业产量。

我国《农业法》全面阐述农业生产、粮食安全、农业投入与支持保护、农业科技与农业教育、农业资源与农业环境保护、农民权益保护、农村经济发展、执法监督等内容并明确规定。农业适应的规划制度、技术制度、行政指导制度、教育培训制度及农业环境保护的各项制度等框架体系均可于《农业法》中寻觅契合点。《水土保持法》《气象法》《环境保护法》《基本农田保护条例》等其他法律法规也对农业适应进行了有效规制。例如，我国《水土保持法》对我国水土保持规划、管理体制、水土流失预防、治理、监督检查等方面作了全面的制度阐述。《气象法》对气象预报与灾害天气预警、气象灾害防御等做了细致说明。水土保持、气象灾害预警等都属于农业适应性生产范畴。

应对气候变化务须创新推动国家及地方法律分层升级，合理规制目标、战略、规划、机制、制度和规范等方面的法律对策体系，高效落实法律措施增强社会适应气候变化的能力。为有效应对气候变化对江苏农业发展带来的不利影响，江苏应根据本地区的实际情况，通过地方性立法，对农业法及其他相关法律进行补充完善，逐步建立健全以《农业法》《水土保持法》《土地管理法》《环境保护法》《气象法》等若干法律为基础的、各种行政法规相配合的保障农业生态系统的法律法规体系，明晰"提高适应（或应对）气候变化能力"立法目的性，兼顾立法科学性和内部协调性，协同相关法律制度适应性修改，合理规避冗余立法及潜在的

---

① 张梓太，张乾红. 2008. 论中国对气候变化之适应性立法. 环球法律评论，（5）.

立法冲突，完善我国农业领域应对气候变化的法律保障体系。

一、农业土地立法

增强土地使用科学性是合理规避气候变化风险的必要条件，在《农业法》《水土保持法》《土地管理法》等土地基本法的基础上，拓宽气候变化应对内容，加大耕地保护和农田基础建设力度，合理架构土地开发使用格局，提高土地利用率和湿地荒地开垦计划的合理性，实施退耕还湿、退耕还林、退耕还草，农林结合，发展立体农林复合型生态农业，建立和恢复良好的农业生态环境。保护和发展防护林、水源涵养林，植树造林、封山育林、营造绿色水库，解决水土流失、植被覆盖率低的问题。平整土地、改良土壤，维护良好的生态环境和生物多样性。

二、农业气候影响评估立法

农业气候影响识别与评估是农业适应行动的先决条件。气候变化这把双刃剑对于江苏农业生产弊大于利。负面影响包括"农业生产的不稳定性增加，产量波动大、农业生产布局和结构出现变动、农业成本和投资增加"等[①]。而降水增多、气温升高则对植物生长大有裨益。理应设立专属机构，明确适用范围，统一成果发布途径和形式，完备信息高效及时获取的农业气候影响与评估制度，指引政府部门及农民适时采取应对策略降低风险减少损失并实现潜在效益。

三、农业科技立法

种植业和养殖业等农业生产活动作为排放源消耗大量物质加剧环境中 CO_2、N_2O、CH_4 等温室气体含量的同时也通过土壤固碳、多年生植物光合作用固定大气中的 CO_2。改进土地利用，合理规划土地，充分利用闲置土地，扩大绿色植被的覆盖面积，增加碳汇。应用固碳技术进行土壤固碳，如硝化抑制剂能够降低秸秆还田后的 N_2O 排放水平[②]；增施有机肥（稻草、猪粪）能促进土壤碳库年土壤变化量朝"汇"的方向发展[③]；多熟种植制度有利于固碳技术固碳潜力的发挥[④]。

节能减排是提升农业应对气候变化适应能力的重要举措。粮食作物高效生产综合节水技术和立体农业防止水土流失技术在增加土地承载能力的同时也能提高

① 林而达，杨修. 2003. 气候变化对农业的影响评价及适应对策. 2003 年气候变化与生态环境研讨会会议论文.

② 邹晓霞，李玉娥，高清竹，等. 2011. 中国农业领域温室气体主要减排措施研究分析. 生态环境学报，20（8/9）.

③ 唐海明，汤文光，肖小平，等. 2010. 中国农田固碳减排发展现状及其战略对策. 生态环境学报，19（7）.

④ Sainju U M，Senwo Z N，Nyakatawa E Z. 2008. Tillage, cropping systems, and nitrogen fertilizer source effects on soil carbon sequestration and fractions. Journal of Environmental Quality, 37; 徐尚起，黄光辉，李永，等. 2011. 农业措施对农田土壤碳影响研究进展. 中国农学通报，27（8）.

耕地资源利用率和单位粮食产量；秸秆回收循环利用和快速腐解技术及重大病虫害监测预警生物防治技术能够有效降低污染，维系农业生态环境稳定。

调整农业种植和养殖结构，加强适应气候变化品种改良，选育了一批抗旱、抗涝、抗高温等抗逆农作物新品种，提高品种的多样性，加强农业生产抗逆技术研究，推广节水农业和清洁生产发展模式，增强了农业适应极端天气气候事件的能力，提高本省农业应对气候变化的能力。气候变化不确定性加剧农业生产变数，导致病虫草害激增，务须提升气候变化预测能力架构农林重大病虫害和气象灾害监测预警技术体系，革新现行耕作栽培制度和管理体系，趋利避害，防灾减灾，促进地膜和大棚温室栽培新型农业的高效发展。

因时制宜地转变农业种植制度，积极应对全球气候变暖，抓住 CO_2 浓度增高推进作物生产增效契机，增加农业碳汇，提高土地复种指数，实施科学合理的多熟制农业耕种制度。

充分依靠科学技术手段改进江苏地区第一产业生产条件提高适应能力，并建立有效的适应技术推广机制，同时还应加强适应气候变化的应用技术开发与转让，坚持依靠科技进步应对气候变化是江苏地区第一产业解决适应与应对气候变化问题的关键性措施。

在发展现代农业、生态农业方面，农业从生产规划、资源投入及利用到产后加工全程，都应充分估计气候变化可能带来的各种不利影响，提高适应气候变化的能力。在相关法律法规规范下的农业生产，不仅能确保农业产业科学，实现可持续发展，更重要的，这也是应对气候变化适应能力建设的重要保障。

四、农业基建立法

在适应能力建设方面，基础设施建设对于提高防洪、抗旱、供水能力及应变能力是必不可少的重要措施之一。为了应对气候变化导致的高温、干旱、洪涝及其他气象灾害频发，调整农业结构、改进农业设施，如水利灌溉工程、大棚、温室等生产设施。加强水利设施建设，提高防洪、抗旱、供水能力及应变能力。如融入节制闸等技术变革传统排水沟排水单一职能提升其集蓄雨水、灌溉回归水效能，增益其干旱时节灌溉水存储，回补地下水职能。江苏省新沂市通过防渗渠道和低压管道两种灌溉设施升级节水灌溉工程达致农田灌溉用水量和输水过程水资源耗损的有效降低。将气候变化对水资源承载能力的影响作为约束条件考虑，并使这一要求具体地落实到建设项目中。另外还可以通过工程措施，在加快退耕还林草的基础上，大力开展中低产田改造，有效治理水土流失，建设基本农田，发展高效生态农业。除此之外，有条件的地区还必须高度重视大型水利工程和农田基本水利工程的建设，通过引水调水工程，增强各地抗旱、排涝与防渍的能力，确保农业的可持续发展。

五、农业水资源利用立法

在论述立法是保障农业水资源优化配置、合理利用和安全供给重要助力的基础上，构筑科学合理的《水法》和《水污染防治法》法治体系，统一协调的水资源配置管理机制，完备细化的水利基础设施和洪灾风险防治基准，增强水资源开发保护应对气候自适应能力并约束河流生态系统过度破坏行为等，寻求水资源的开发利用与可持续发展的动态平衡。

六、农业气象服务体系立法

立足多类型灾害性天气监测预警与应急服务的农业气候生态体系，构筑了农业生产气候保障系统和农村气候监测网，通过对农业灾害性天气中长期监测预报，有效提升信息整合能力达致精准数据分析与可信实时预测的气象综合监测预警最优平台的建设。

完善农业气象灾害救济法治体系是提高农业生产气候变化应对能力有效规避农业巨额减损的迫切需求。基于自然环境和农业自然灾害规律完备农业防灾减灾预警系统，构筑适宜的防灾减灾规划和应急预案是未来提升农业生产应对气候变化竞争力的应有之义。因地制宜地推进各省气候变化灾害预警及紧急响应机制的建设能够全面提升我国农业生产应对气候变化和突发天气状况的能力。加强部门协作与配合，建立完善的灾害处理应急指挥系统和减灾救灾综合协调机制，提高紧急救援能力，减少灾害造成的人员伤亡和经济损失[①]；积极推动人工影响天气实践活动指引契合农业生产需要的人工影响天气和应急反应能力的不断提升，使得人工降雨作业方案和技术方法优化革新更好地为农业生产效劳。

七、农民收入保障立法

人们为了消除农业生产过程中的自然风险殚精竭虑，纵然使出浑身解数依然举步维艰。农业生产周期冗长，增加自身不确定性的同时暴露出应对气候变化的敏感性。亟须构建科学完善的转移机制应对自然风险的不确定性和不可消除性，以分担气候灾害带来的各式积弊，降低农业生产灾害，保障农民收入。依托于农业保险制度的构筑，农业综合开发体系在适应气候变化应对极端天气和突发灾害时，既能够有的放矢迅速恢复生产能力，保障农民收入，也能减轻大灾之年政府赈灾的财政负担。

农业保险缺乏法律支撑和佐证，我国现行《保险法》《渔业法》《林业法》

---

① 国家气候变化对策协调小组办公室与中国21世纪议程管理中心. 2004. 全球气候变化——人类面临的挑战. 北京：商务印书馆.

等相关法律对于农业保险均语焉不详。农业风险分散机制缺乏、市场经营环境稚嫩与我国农业保障、有效应对气候变化的迫切需要背离。作为农业保险制度可持续基本保障的巨灾风险机制的缺失使我国农业保险发展阴霾重重、岌岌可危，各式积弊林林总总。例如，保险公司不得不承担过重的超赔责任，或不得不向农民收取高额保费；农民对农业保险认知度和认同感不高，购买力有限；中国农业散列加剧保险公司核保定损、产品推广运行成本；保险公司农险运营经验、专业人才和团队网络等资源匮乏导致农险市场基准紊乱。保险公司亟待审时度势，改革积弊，扩大经营范围，创新推动满足多元需求。

八、农业生态环保立法

推动生态环境可持续发展有利于改善农业生产条件，推进农业生产气候变化，免疫提高达农业生产的绿色增长。为了实现在气候变化背景下农业环境的保护和农业资源的可持续利用，国家层面应研究制定农业资源与环境保护立法，该法应对农村环境保护的基本问题加以规定，制定和完善有关农村化肥、农兽药、农膜污染防治、规模化养殖污染防治、固体废弃物处理，以及小城镇开发环境保护等专项法规，并制定符合农村实际情况的地方环境标准[①]。江苏基于地方立法权限，从实际出发，针对本省农业生态环境的具体情况，就上述问题进行地方性立法。全面兼顾预防、管制、整治和救济职能，有效整合农村环境污染防治和农村生态资源保育，引领农业环境保护法逐渐覆盖农村环境污染控制与治理，提高气候变化应对能力，最大限度地实现农业生态化。

九、农业资金投入立法

通过完善立法，建立对农民节水的有效激励机制和配套政策与约束政策。囿于收入水平低及碍于作物产量和价格的多变性，回报为正的平均投资返利周期较长的项目很难被农民接受。要切实维护农民利益，加大财政投入和农业补贴力度推进适应措施的实施。例如，滴灌、喷灌等技术的前期投资较高，投资回报期通常超过三年，农民不太愿意冒险投资购买节水灌溉设备。而且，为这种投资提供有效财务支持的金融机构较少。因此，实施喷灌、滴灌设施农业补偿机制和构建高效农村金融信贷体系在减轻农民初始投资负担的同时，也将推进节水灌溉措施普及。

第一，基于当前农业发展需求，以法律标准统一财政支农口径和范围，明晰财政支农类别和统计方法，健全农业主体投入问责机制，构建完备的农业投资规划、信息沟通和使用资金监管基准。

---

① 李长健. 2009. 我国农民权益保护与新农村社区发展基本法律问题研究. 纪念农村改革发展30周年论文集. 上海：上海财经大学出版社.

第二，把控财政支农的主要领域、方向和力度，兼顾农业综合项目开发和资金管控安全的基础上指引契合农业发展规划需要的支农财政中长期规划的有序发展，推进农业综合开发规范化、科学化、法制化转型升级，逐步提升农业综合开发生产能力，最大限度地发挥农业综合开发整体效益。

第三，拓展支农财政规模，转变财政补贴小额保底输出模式，贯彻落实财政支出，引领一般农户技术进步、农田改造、经营工厂化等大型项目遽变升级；重构财政支农结构体系，加大农业科技研发推广、农田标准化、土地流转、农业服务、基础设施、农业信息工程等政策领域财政投入，量化高端种植业、水产品、畜产品、特产品生产达致农业生产集约化、产业化。

十、农业适应资金立法

完备的农业适应资金筹集、管理、分配、使用监督和绩效评估制度是农业适应技术开发与共享、农业适应知识管理、农业适应培训与教育等制度的先决条件。构建农业适应资金管理体系合理分配适应资金亟须特别关注农业适应进程中的特殊困难，也需整合专项资金支持国内科研机构、经济实体的各项国际基金[如全球环境基金、气候变化特别基金、气候适应基金（Climate-Change Adaptation Funds，AF）]资助申请，积极融入多边国际合作，争取国际资金支持，开展项目沟通交流。

十一、森林草原管理立法

不断提高植被覆盖率，增加林业碳汇达通过光合作用减排 CO_2 缓解气候变暖的森林资源可持续健康发展，也是农业领域积极应对气候变化的重要举措。基于现行《森林法》《野生动物保护法》法律保护机制的完善和行政法规、地方规章、部门规章、政府规章、规范性文件的制定，将气候变化影响纳入森林草原环境管理范畴，构建完备的管理长效机制和生态补偿机制，推进森林草原的永续发展。例如，建立并贯彻实施《森林防火条例》《森林资源监督工作管理办法》《森林病虫害防治条例》《江苏省生态公益林条例》《江苏省实施森林法办法》《江苏省松材线虫病检疫防治暂行办法》《江苏省森林火险趋势分析制度》《江苏省森林火灾补救及处置办法》《草原保护法》《草蓄平衡管理办法》等，使林业等产业经营与畜牧业管理在法律框架下和谐发展[1]，推进当前森林防护力度管控肆意砍伐，增强林业自身气候变化适应能力，充分发挥其减缓温室气体的巨大效能；推动气候变化适应能力建设制度化、法制化，依法构建相关条例（如《自然保护区条例》《湿地保护条例》等）为提高森林和其他自然生态系统适应气候变化能力

---

① 李培祥，曹明德. 中国应对气候变化的法律对策研究. 重庆：西南政法大学硕士学位论文，2009.

提供法制依据。

十二、农业生产标准化立法

标准化农业生产是提高生产质量，应对气候灾害适应气候变化的重要举措。标准化农业包含农田标准化、农业生产技术标准化、农业生产管理标准化三个层面。

1. 农田标准化

农地质量随着农业生产过程中残留的农药、地膜等化学产品的聚集沉淀每况愈下。农田改造势在必行，但细致而全面的数量化标准细则务须制定落实。第一，在保障内容广度和项目细化的同时，也需完备数字支撑保障其约束力和科学性。第二，需兼顾其可操作性，既不能"一刀切"，也不能"毕其功于一役"，在因地制宜划分农田等级的基础上，实现渐进式的农田改造，基于数量适宜的标准，推动地方政府和农业生产者分段实施，循序渐进。

2. 农业生产技术标准化

农业生产技术标准化是当下标准化农业生产的重要组成部分。首先，完备作物种子、畜牧业动物品种等原材料等级质量标准化，明确农膜、灌溉等农业设施有害物质含量和种类，规定农业机械废气排放标准，从源头上有效减少甚至杜绝农业生产污染。其次，基于生产组合体有效推进灌溉设施应用，构筑农业用水、农药化肥施用、畜牧养殖过程规范体系，实现生产的低耗高效转型升级达资源节约环境友好型生态农业。再次，积极促进种植业的塑料大棚和大型温室生产应用助推农业生产工厂化。

3. 农业生产管理标准化

基于光照、温度和水资源分配及农业气象灾害趋势的多重因素分析探究未来气候变化对农业产生的影响，适时完善农作物品种布局，加强农业生产过程管理，推进农业生产标准化，大力推进集约化生产，提高农业科技含量，积极发展节省能源和资源、循环利用、环境友好的绿色农业。以家庭为组织单位采用包产到户种植的传统农业生产囿于生产管理的个人经验化，不具备科学完备的实时管理和指导，亟待加强农村信息化建设，架构快速便捷的现代化农业生产知识和技术传播互动平台，科学高效地指导田间作业和农业生产。

上述政策的实施离不开相关制度体系的支持。为此，应当实现主要农产品生产的标准化、制度化和法律化，构建公开公正的奖惩制度，并积极落实全社会对农产品质量合理的监督权。加快立法程序，为各项措施的顺利实施提供良好的法律环境。

十三、农业发展税收立法

加强对农业科技化的支持和对农业的扶持，强化税收对农业科技创新体系的政策激励机制，加强农业科技创新能力建设，为农村水利基础设施建设提供税收优惠政策，进一步改革和完善农产品加工业的增值税政策，促进江苏农业走向生态农业。

（一）改革资源税

积极推动资源税税制改革，使得资源税调节效能最大化达资源过度利用的有效遏制。首先，扩大资源税的征税范围。以公平税负，全面保护资源为导向，在对如水资源、植物资源、动物资源、海洋资源、森林资源、土地资源等所有不可再生资源及具有重大生态环境价值的可再生资源征收资源税的同时，也需将地热、矿泉水等资源产品纳入税收环节。其次，重构资源价格体系，合理提高资源税收标准。基于污染程度不同的资源实行税收的差异化，对非再生性、非替代性、稀缺性资源实行高额的税率标准以有效抑制过度开采与资源掠夺。再次，革新资源税计税依据和计征办法。当下单一化从量计税法并不能实现资源的合理配置与利用。亟待基于资源性质的差异性划分种类实行从量或从价计征。资源税需协调资源开发和利用者对资源的占有和使用量及税收收入与资源价格变动相适应这二重因素。所以，应当改变现行以销售量或自用数量为单一计税标准的从量计征方法，构建提高企业资源回采率，减少资源无序肆意开采导致积压和浪费的按资源量和资源产品销售收入为计税基础的从量计征和从价计征相结合的复式计征体系。同时辅以对非再生性、非替代性、稀缺性的资源以重税标准减缓环境污染和破坏。

（二）改革耕地占用税和城镇土地使用税

城镇土地使用税是为合理配置土地资源，江苏省政府决定从 2007 年 1 月 1 日起重构全省城镇土地使用税税额标准，将最高税额调整至 10 元/m²，最低税额调至原先两倍达 1 元/m²，并细化全省土地为四大类和若干小类，除宿迁以外的四大类具有一致的高限税额，而最低税额则具有一定的差异性（例如，苏南大城市市区为 3.5 元/m²，苏中为 3 元/m²，苏北为 2.5 元/m²。）

现行耕地占用税和城镇土地使用税并不能有效抑制耕地资源及绿地、森林等资源的肆意占用和破坏。征收耕地占用税的主要目的是限制耕地的占用，保障耕地面积[①]。当下明显低于全国平均水平的税额标准已经成为江苏耕地资源保护的主要问题，虽然自 2007 年 1 月 1 日起将最高税额调整至 10 元/m²，最低税额调至原

---

① 万解秋，刘亮. 2012. 后危机时期江苏产业结构的升级与优化. 江苏发展研究，3.

先两倍达 1 元/m^2，但土地使用税税额标准依然过低，严重制约了其调节土地级差收益和组织财政收入的效能。而且并未将湿地资源纳入税收范围，使得游离于湿地资源保护税之外的肆意开发行为愈演愈烈，逐渐上升为江苏耕地资源保护的难题。

第五章　调整江苏第二产业组织结构的规则框架

第一节　气候变化形势下江苏第二产业的挑战与机遇

从结构类型上看,江苏按 GDP 计算的三次产业结构的历史演变经历了"一三二"(1952—1957)、"摇摆型"(1958—1963)、"一二三"(1964—1971)、"二一三"(1972—1988)和"二三一"(1989—现在)五个发展阶段[①]。目前的"二三一"模式,第二产业占比超过了江苏总产值的一半,根据 2013 年的统计年鉴数据显示,2012 年江苏实现生产总值 54 058.22 亿元。其中,第一产业生产值为 3418.29 亿元,第二产业生产值为 27 121.95 亿元,第三产业生产值为 23 517.98 亿元,一、二、三产业所占比例分别为 6.32%、50.17%、43.51%。江苏是经济大省、工业大省,能源消费量位于全国前列。其中,第二产业能源消费量最大,2000 年以来,江苏规模以上工业企业主要能源消费量迅速增加,从 2000 年的 8243.97 万吨标准煤增加到 2012 年的 28 289.84 万吨标准煤。江苏的能源消费构成中,煤炭在能源消费总量中所占比例大,而二氧化碳排放较少的天然气所占比例较少。煤炭消费大,CO_2 排放强度就高,据计算,每燃烧 1 吨煤炭产生的 CO_2 气体,比每吨石油和天然气多 30% 和 70%,因此,高碳的能源结构,导致江苏在解决环境污染和应对气候变化方面的形势非常严峻[②]。

一、气候变化形势下江苏第二产业面临的挑战

(一)第二产业能源消耗大导致严重环境污染

根据统计年鉴的分类,第二产业可以分为工业和建筑业两大类,2012 年江苏工业产值为 23 908.47 亿元,占第二产业总产值的 88.15%,而工业生产中制造业产值为 22 393.82 亿元,占工业生产的 93.66%。可见,江苏的第二产业比例较大,经济增长过于依赖第二产业,工业特别是重化工业比例偏高,江苏工业总产值绝大部分来自制造业,而制造业大多是以劳动密集型为主且多为高碳产业,致使江苏经济增长仍主要依赖高排放的重工业的发展。大多数制造业发展方式粗放,过

---

① 贾晓峰. 2010. 专家视点:60 年来江苏产业结构变迁分析. 统计科学与实践, 2.
② 杜飞轮. 2009. 高碳能源如何发展低碳经济. 中国财经报, 2009-07-14(4).

于依赖物质资源投入，能源消耗结构比较单一，大量依赖煤炭，煤炭的二氧化碳排放强度非常高，致使资源能源消耗过多，环境污染严重，缺乏技术开发与技术创新能力。

（二）第二产业发展的结构和质量难题

工业集中程度较低，在城市、城乡之间，普遍缺乏专业的分工与协作，导致资源和技术浪费，经济发展质量偏低。劳动密集型产业比例远大于技术密集型产业，且集中于初级加工产品，深加工产品较少，产品附加值比较低，资源消耗高，产生环境污染问题，严重制约江苏第二产业的结构升级。

（三）区域产业结构发展不协调

基于地理位置、自然资源、气候条件等因素的差异，江苏南北地区经济发展水平存在较大差距，由南向北经济发展水平依次降低，江苏南部地区经济发展水平最高，其次是江苏中部地区，江苏北部地区经济发展水平最低。苏中和苏北地区主要是传统产业，其占比较大，而苏南地区的高新技术产业发展较快，已形成一定的规模。苏南地区的发展比苏中和苏北地区要快，这样的形势势必引发苏中和苏北产业结构失衡，江苏苏南、苏中、苏北巨大的经济发展水平差异，从某种程度上讲已经给江苏经济发展的扩大产生了局限作用[①]。

（四）矿产资源贫乏

由于江苏矿产资源贫乏，煤炭开采和洗选业、石油和天然气开采业、黑色金属矿采选业、有色金属矿采选业、非金属矿采选业、橡胶制品业等资源依赖型行业竞争力劣势明显。江苏省内冶金钢铁业资源控制力较弱，90%的矿石依靠进口和省外市场采购，进口矿石中"协议矿"不足30%，"权益矿"比例低于3%[②]。

二、气候变化形势下江苏第二产业的机遇

江苏第二产业能源消费结构处于高能耗阶段，煤炭消费仍旧占据江苏能源消费的主导地位，产业高碳特征突出。因此江苏应该紧紧抓住低碳经济发展所引致的新兴产业革命机遇，通过自主创新发展煤炭净化技术、清洁煤技术及加强相关基础设施建设，积极开发利用新能源和清洁可再生能源，逐步加大其他清洁能源对煤炭的替代作用，降低煤炭在能源消费中的比例，以此助推经济发展方式由高碳转化为低碳。

---

① 吴霖. 2006. 江苏就业结构调整与产业结构优化的实证研究. 南京：南京航空航天大学.
② 江苏省《钢铁产业调整和振兴规划纲要》.

（一）大力发展低碳技术

江苏能源消费主要是以煤炭为主，必然引发环境问题，因此需要开发和运用低碳技术。例如，运用碳中和技术对煤炭进行低碳化和无碳化处理，以减少燃烧过程中碳的排放；运用碳封存、碳捕获等密集使用技术；发展洁净煤技术。液化天然气被公认为地球上最干净的化石能源，江苏应采取优惠政策鼓励和支持企业及时推动天然气的快速发展。

（二）积极发展可再生能源

江苏东部沿海地区的太阳能资源丰富，开发利用太阳能的空间巨大。江苏具有 954 千米海岸线及约 4 万平方千米的领海区域，风能资源丰富。另外，江苏生物质种类繁多，近年来，全省年产秸秆量基本稳定在 4000 万吨左右，资源量位居全国第四。据测算，每 2 吨秸秆的热值相当于 1 吨标准煤的热值，其平均含硫量仅 0.38%，远低于煤的含硫量 1%，且秸秆焚烧后的灰烬含有丰富的钾、镁、磷和钙等成分，可用作高效肥料。通过对优质能源的有效利用，应对气候变化，确保江苏省经济的快速发展。

（三）加快工业内部产业结构优化升级

加快工业经济结构不断优化升级，尽量避免传统的高污染高能耗的生产方式，尤其是限制对大气环境影响较大的产业或企业的发展，坚持依靠科技进步来发展高附加值的高新技术产业，从而提高资源利用效率和环境承载能力，尽量减少废水、废气、固体废弃物的排放量，并加强对它们的吸收和循环再利用。江苏需要加快工业内部产业结构的优化升级，按照技术密集程度高、产品附加值高和能耗少、水耗少、排污少、占地少的原则，调整和优化产业结构，大力发展通信设备、计算机及其他电子设备制造业等技术密集型产业。

第二节　第二产业应对气候变化产业结构调整的法律方案

第二产业作为江苏省的支柱产业，目前仍以制造业、采矿业、电力等高碳型企业居多。提升工业的发展质量，减少碳排放对江苏应对气候变化至关重要。江苏气候温和，雨量适中，四季分明，季风显著，光热充沛，气候资源丰富，特别是风能和太阳能资源开发利用前景广阔，拥有核能、水能、地热能、生物质能、氢能、海洋能等无碳能源，为江苏应对气候变化，开发新能源，减少对环境污染大的化石能源的使用提供了非常有利的条件。因此，江苏需要通过立法保障对已有自然资源的充分利用，推动新能源开发，鼓励自主创新先进技术，发展高新技术产业。

应对气候变化对第二产业结构进行优化升级，江苏第二产业在发展过程中，有些产业发展质量低下，环境污染较严重，必须淘汰，从而为质量较高产业的发展腾出环境与市场资源，提供相应的碳排放指标，缓解江苏省治理环境污染压力，促进江苏经济的可持续发展。第二产业结构的优化升级，主要是相关产业在调整中实现升级换代，淘汰落后产业，加强传统产业的高新技术改造，扶持和引导高新技术产业，提高产业竞争力。

产业结构调整应当充分应用法律手段。充分利用法律手段推动产业结构调整，江苏应当重视和推行法治化的产业立法制度，通过立法形式，合理调节产业，促进产业增长，推动经济发展。利用产业法促进产业升级换代，用法律来保证产业的发展，使产业发展步入法制化轨道。除此之外，对需要扶持和调整的重点产业，应尽可能地以法律形式加以个别规定。例如，对先进技术及新兴产业的扶持措施、劣势企业的退出机制、衰退产业的调整援助方法、过剩生产能力及设备的压缩，都要注意应用法律手段。

一、关键环节改造

江苏应当利用法律手段，调整现有产业结构，对高耗能、低能源效率的产业发展进行严格限制，大力发展高新技术产业和新能源产业，加强重化工业的资源整合和优化，全面落实节能减排工作，对关键环节进行改造，加快淘汰落后产能，大力推动产业升级。

（一）加强技术改造与科技创新

技术改造是调整升级产业结构的关键。江苏应积极推进企业技术改造。从江苏产业的现实出发，在原有产业基础上，实现产业从生产劳动密集型低价值产品向更高价值的技术型产品的转换，从而最终实现产业结构的优化升级。要改变传统产业资源、能源消耗量大，环境污染形势严峻的现状，实现传统产业的低碳化升级，就必须进行技术创新，淘汰落后技术，利用高新技术和成熟技术促进产业结构的转型，提高其能源利用效率。

一方面，利用信息化手段改造企业的工艺设备，实现对能源的科学化、信息化管理；另一方面传统产业通过重组与再造，调整产业发展战略，重点引入技术型、资本型高新项目，从而实现传统产业向低排放、高技术、高产值型产业的升级转变。

积极推动改革创新，运用法律手段推进和保障第二产业技术革新，引导企业围绕关键技术进行突破，提高技术自主创新能力。围绕产业升级、生态环境保护等重点领域，实施重点技术改造。

技术创新是产业发展的关键，低碳技术成为发展低碳化产业的核心动力。低碳技术不仅涉及钢铁、化工等传统的部门，同时涉及节能减排、新型能源开发利用及碳捕获和封存等许多领域。发展低碳化产业，必须加快科学技术的发展，实现低碳技术质的突破。技术的进步能够节约能源、保护环境、加速产业的发展。针对不同的行业推行不同先进技术方案，从而降低该行业的碳排放水平，在碳排放量大的行业中推广先进的技术。例如，在黑色金属冶炼及压延加工业中推行高炉喷煤炼铁技术和焦炉干熄焦发电技术，减少粉尘和其他污染物的排放；在电力、热力的生产和供应业中推行整体煤气化蒸气联合循环发电技术、热电联产技术和可再生能源发电技术，减少 CO_2 的排放；在化学原料及化学制品制造业中推行大型离子膜工艺和合成氨技术，发展大型自然循环高电流密度电解槽和离子膜氧阴极电解技术；在纺织业中推行气流染色技术和自动调浆技术；等等[①]。重点开发并应用了以下技术。

1. 节约能源技术

节能能源技术是指高能耗、高排放领域的节能减排技术。工业、建筑业等行业是能耗比较高的行业，加强节能技术创新和有效实施，有利于提高能源利用的效率，减少碳排放。

2. 新能源技术

新能源技术也可以看作无碳技术，主要是指核能、太阳能、生物能及风能等可再生能源技术。相比一般的化石能源，可再生能源的能源利用率高，环境污染低，二氧化碳等温室气体的排放也较低，甚至可以实现碳的零排放。新能源的开发和应用，既能解决江苏能源供应的较大压力，又能够减轻碳排放带来的气候和环境压力，因此应进行新能源技术的开发及应用，积极发展太阳能、风能、水力、生物质能及地热能等可再生能源，提高可再生能源在能源消费结构中的比例，逐步实现可再生能源对目前的化石能源的替代。要减少未来江苏能源发展过程中对碳基能源的依赖性，必须大力发展新能源技术。

3. 碳捕获和埋存技术

碳捕获和埋存技术是去碳技术的关键和核心，碳捕获和埋存技术（carbon capture and storage，CCS）是指将化石燃料燃烧前后产生的二氧化碳收集起来，并将其封存在地下的地质构造、深海或者通过工业的流程将其凝固在无机碳酸盐

---

① 唐建荣. 2010. 挑战、机会与对策——江苏发展低碳经济的可能路径. 未来与发展，7.

的过程中。这种方法对减少二氧化碳的排放非常有效，在节能减排技术中拥有十分广阔的前景，是目前世界上新兴的低碳技术。

（二）提升先进制造水平，推动智能制造业的发展

加大高能耗、高污染生产的淘汰力度，充分运用信息技术、低碳环保技术，对传统制造产业进行改造，推进江苏智能制造，提升智能制造的整体水平。加强制造业和信息化的融合，建设信息化的制造业产业，推动江苏制造业加快向智能化迈进。江苏需要加大对支撑制造业智能化发展的关键装备和技术的研发力度，并给予税收、金融等方面的优惠支持，并通过完善法律予以保障。

（三）加强对重点耗能企业和重点排放企业的改造

改造黑色金属冶炼及压延加工业、非金属矿物制品业、化学原料及化学制品制造业、电力、热力的生产和供应业、纺织业等高能耗和高污染行业，提高高能耗行业的准入条件，加强对高能耗企业的节能环保评估审查，制定能耗控制及节能减排计划，设定减排目标，淘汰落后产能，有效遏制高能耗、高排放行业过快增长。

（四）加强支柱产业转型升级

加快支柱产业转型升级，促进低碳化产业发展，主要是通过改造传统产业和发展新型产业来实现。改造传统产业主要是利用低碳发展的理念，将传统产业中的高碳排放行业进行改造升级实现节能减排。推动第二产业的自主创新，把高度加工化、知识高度密集化、高附加值化及低碳化融合在一起。发展新型产业主要是通过高新技术的引进，推进产业低能耗、低污染和低排放，实现产业高技术含量和高附加值的统一。

（五）注重中间生产环节的改造

第二产业对于碳排放的影响主要表现在两个方面：一是工业生产对能源的直接消耗及其产生的直接碳排放；二是产品生产过程中通过大量中间投入品而间接消耗的能源及由此产生的间接碳排放[①]。因此，需要注意并区别第二产业发展过程中直接和间接的碳排放，不仅要通过改造淘汰落后生产，优化能源消费结构，发展环保产业等措施减少高耗能工业部门的直接碳排放，更要注重生产过程的中间环节的改造，减少第二产业的间接能耗和间接碳排放。

---

① 陈红敏. 2009. 包含工业生产过程碳排放的产业部门隐含碳研究. 中国人口·资源与环境，19（3）.

二、过剩产能化解

（一）江苏产能过剩现状

江苏工业各行业产能过剩情况普遍存在，在国家确定的产能过剩的钢铁、水泥、平板玻璃、船舶和电解铝 5 个行业中，除电解铝行业外，其他 4 个行业江苏均不同程度存在产能过剩问题，"2012 年，江苏钢铁行业生铁、粗钢产能利用率分别为 77% 和 76.3%，水泥行业水泥熟料产能利用率为 87%、水泥粉磨产能利用率为 68% 左右，平板玻璃行业产能利用率为 77% 左右，船舶行业造船产能利用率为 74%。上述 4 个行业除水泥熟料外，产能利用率均低于国际水平"[①]。以钢铁行业为例，江苏钢铁行业发展基础较好，在生产技术、装备水平、生产规模、管理水平等方面在国内均处于发展前列，但产能利用率偏低，生铁、粗钢产能利用率分别为 77% 和 76.3%；而且区域结构不够合理，沿江钢铁产能占比较大，2012年其占比为 70%，沿海及其他地区占比 30%；产品档次相对偏低，品种结构单一，高附加值、高性能的冷轧薄板、涂镀层板和硅钢等则需大量进口。此外，钢铁企业规模较小，全省炼钢产能超过 1000 万吨的仅有江苏沙钢集团有限公司和中天钢铁集团有限公司两家。

（二）产能过剩的原因

工业企业所面临的产能过剩问题产生的原因比较复杂，有体制、环境、资源等方面的影响，也有具体行业自身发展特点的影响，主要有以下几方面的原因。

（1）市场需求减少。受金融危机和国内外经济发展的影响，工业产品市场需求急剧减少，多数企业遭遇市场对工业产品需求不足，企业产能利用低的困境。

（2）政府优惠政策推动。在发展某些产业过程中，政府积极出台优惠政策鼓励、支持该产业的发展，钢铁、平板玻璃、水泥等行业重复投资现象严重，导致最终出现产能过剩。

（3）前期企业盲目投资。在加快推进城镇化的过程中，快速增长的市场需求使得产能过度扩张，最终导致目前产能利用不足。

（4）产业集中度低。重复建设严重，产业集中度低，无法形成强有力的企业竞争力。

（5）市场作用未能有效发挥。各种资源市场配置的决定性作用难以发挥，市场机制无法自动调节，最终导致产能过剩。

（6）信息不对称。政府和工业企业之间没能实现信息的充分共享，使得企业无法进行充分的生产规划决策。企业之间也存在着信息不对称，导致产能过剩。

---

① 引自江苏《省政府关于化解产能过剩矛盾的实施意见》。

（7）缺乏核心技术。江苏第二产业拥有自主知识产权的自主品牌还不多，缺乏自主品牌的龙头骨干企业，关键设备大多依赖进口，导致企业的竞争力不强。

（三）江苏化解过剩产能的"5年方案"[①]

在2013年12月江苏省政府发布的《省政府化解产能过剩矛盾的实施意见》中，规定了通过5年努力，在化解产能过剩的主要目标，具体而言，钢铁将压缩700万吨产能。提高行业前5位企业粗钢产能集中度到75%，通过兼并重组使布局结构更加合理，提高沿海地区产能，提高先进产品产值比例到50%，增强行业竞争力。水泥压缩1000万吨产能。减少100家以上水泥生产企业，行业前10家水泥企业集中度达到60%以上，培育1~2家完整产业链的大型企业。平板玻璃需压缩300万重量箱产能。调整产品结构，提高深加工玻璃和特种玻璃的比例。船舶业使全省船舶产能压缩1000万载重吨。优化产品结构，开发高技术产品，优化区域布局，进一步提升集中度。

（四）过剩产能化解的对策

过剩产能化解是产业结构调整的重点任务。过剩产能化解是将过剩行业的产能规模调整到合理水平，遏制盲目扩张。产能过剩化解具有复杂性，化解难度较大。通过地方性立法，降低政府的投资扩张冲动，提高并严格执行能耗、环保和安全等行业准入标准，坚决淘汰落后低端产能；有效推进产能过剩行业兼并重组，提高违法违规成本，对造成严重后果的依法追究责任。

1. 建立产能利用率评估和有效的监管制度

科学的产能利用率评估能够引导投资者进行合理的投资，减少重复投资，避免产能过剩。建立行业产能过剩评估体系，提高江苏工业部门产能统计监测，科学预测和管理水平，为企业和投资者及时准确地提供行业产能状况及相关信息，引导其理智地进行决策，控制投资规模，防止过度投资。综合考虑能源资源、环境保护及安全生产，强化对投资项目的监管，提高调控水平。完善企业治理结构，强化市场的监督，充分发挥市场竞争机制作用，发挥市场的资源配置作用，约束高耗能、高污染行业的盲目投资扩张行为。

2. 淘汰落后产能

在2013年12月江苏省政府发布的《省政府化解产能过剩矛盾的实施意见》中，

---

① 新华报业网. 2014. 江苏敲定化解过剩产能路线图. js.xhby.net/system/2014/01/11/019930108.shtml [2014-01-11].

化解产能过剩的主要目标是：五年内，钢铁将压缩 700 万吨产能。水泥压缩 1000 万吨产能。平板玻璃需压缩 300 万重量箱产能。船舶业，使全省船舶产能压缩 1000 万载重吨。要实现此目标，首先就要进行落后产能的淘汰。制定化解产能的政策措施及规章制度，建立严格的环境和技术等准入标准，迫使企业淘汰落后产能，更新技术设备，化解产能过剩，促进第二产业结构优化升级。具体而言，淘汰并拆除炼钢炼铁的高炉、电炉、转炉等；拆除水泥窑炉；拆除平板玻璃生产线。同时，根据江苏发展规划及环境污染治理等具体情况，对各类落后小企业进行关闭淘汰。

3. 兼并重组产能过剩企业

根据企业意愿和市场可行性，进行产能过剩企业的兼并重组，从而实现资源优化配置，提高产业集中度。近年来，江苏省政府已经出台《关于促进企业兼并重组的意见》《关于加快培育规模骨干工业企业的意见》等文件，引导和推进企业兼并重组。通过过剩产能企业的兼并重组，加快生产集中，节能降耗，将企业做大做强，提高企业的竞争力。

4. 创新技术

过剩产能消化的根本出路是技术创新，技术创新能够引领产业升级。第二产业核心技术自主研发水平、技术创新能力的提升，是优化第二产业结构，并引导第二产业调整和升级的关键。通过技术创新，进行第二产业技术改造，引导和促进产能过剩企业采用新技术、新工艺、新装备、新材料对现有生产设施和工艺条件进行改造提升，提高技术装备水平，提升企业竞争力和经营效益。

第三节　优化第二产业战略布局的节能法制建设

为了应对气候变化的影响，江苏需要对第二产业进行有效的产业结构调整和优化，而调整和优化产业结构需要强有力的法律保障措施，因此江苏应加强产业结构调整的立法，保障第二产业结构调整和优化的合理化和低碳化。

优化第二产业战略布局的重点是：淘汰落后产能、鼓励低能耗产业发展、推进能源结构调整。江苏的能源消费结构呈现典型的富煤、少油、缺气的特征。由于江苏能源消费结构处于高能耗阶段，因此需要加强优化第二产业的节能法制建设，根据国民经济和社会发展及环境保护的要求，制定大量的有关优化第二产业战略布局的节能法规，进行多层次、全方位的规定。明确加快淘汰落后的高耗能、高污染产业，积极开发利用新能源和清洁可再生能源，逐步降低煤炭在能源消费中的比例，构造节能减排型绿色产业体系，形成优化第二产业结构的节能、减排法律体系。且各产业部门的立法要注重运用财政、税收、信贷、利率、工资等经济手段，要注意与相关法律制度的协调与配合①。

完善的节能法律制度是保障江苏地区优化第二产业的基础。江苏要构建优化第二产业节能法律制度体系，制定有利于发展循环经济的地方性法规。江苏虽然已经具备了较完善的环境污染防治法律法规体系和环境保护管理体系，但对节能减排的相关规定及执行中还存在空白。因此，需在现有法律法规基础上逐步修改和制定节能法规，为第二产业的优化及循环经济的建设和实施提供完备的法律依据。

一、能源阶梯价格法律制度

能源阶梯价格法律制度的建立和完善，目的是引导企业和个人节约能源，促进资源合理配置和节约使用，转变发展方式，实现经济健康可持续发展。

我国能源价格长期实行政府成本加成定价，此方法以全部成本作为定价基础，忽视市场供求和竞争因素的影响，缺乏适应市场变化的灵活性，不能合理体现资源稀缺和环境效益，无法正确引导资源配置，不利于企业提高效率，严重制约经济的发展。近几十年来，江苏资源供应紧缺、资源定价不合理、进口能源大幅增长，使得价格矛盾逐步凸显。理顺价格机制是提高资源利用效率的重要保障，国务院和国家发改委分别在2005年和2010年提出推进递增阶梯电价和水价的改革要求和实施意见。江苏根据这些框架性的要求和意见，积极推进本省资源定价方式的改革，实施阶梯价格机制。

阶梯价格机制，通过区分消费群体，力图保障公平和效率，以拉姆齐定价策略为其理论基础，拉姆齐定价策略的核心思想是使垄断企业在收支平衡约束下实现社会福利的最大化。拉姆齐定价法是使用"与弹性成反比"规则，即根据不同产品的价格需求弹性，进行差别定价，对那些需求价格弹性较低用户采用收取较高的价格，使他们承担更多的补偿固定成本责任，而对于需求价格弹性较高的用户采用收取较低的价格，使得他们承担较少的补偿固定成本责任。

水、电、气在江苏乃至全国都属于紧缺的能源资源产品，资源产品价格偏低，是造成资源浪费的重要原因之一，对资源产品进行价格改革，建立由市场供求关系决定价格的价格机制。实施阶梯价格制度，目的是反映资源的稀缺程度、节约资源，实现资源利用效率最大化。通过价格杠杆，促使第二产业形成节约意识，实现节能减排。

江苏省委贯彻落实《中共中央关于全面深化改革若干重大问题的决定》的意见中明确提出要积极推进水、天然气、电力、交通、电信等领域的价格改革，放开竞争性环节价格。推进城乡供水价格成本公开制度，建立水资源费差别征收体

---

① 张士元. 2010. 完善产业政策法律制度应注意的几个问题. 法学，9.

系。建立以用户和用电负荷特性为主分类，结构清晰、比价合理的电价分类结构体系。理顺天然气与可替代能源的比价关系，逐步实现天然气价格市场化。可见江苏省政府已经意识到改革资源定价方式、实施阶梯定价的必要性。相对于单一的价格制度而言，阶梯价格区分不同需求区别定价，是价格制度的进步。在供需持续偏紧的格局下，实行能源阶梯价格制度，进行差别定价，可以满足公平原则，有利于调节资源供需、鼓励节约能源、减少能源浪费。由于江苏各种能源阶梯定价运行时间并不是很久，甚至许多还处于探讨和试运行阶段，为了更好地发挥这种机制的积极作用，需要从具体措施上进行法律保障，对能源阶梯价格制度中的分档、价格、计价周期等关键要素进行详细的立法规定，通过强有力的法律保障，避免阶梯价格改革成为变相涨价，促进能源节约。

二、健全节能财税法律制度

完善的财税法律制度是改造传统产业，扶持重点新兴产业的重要保证。节能财税法律制度能够通过改变需求结构影响供给，最终改变产业结构。具体而言，节能财税法律制度通过确定差别化的税制结构，包括税种、税目的设置，税率的选择，通过减免税、加速折旧、投资抵免等税收优惠措施和倾斜性的财政支出手段等，优化投入产出行为，调整消费需求与投资需求的比例关系，达到优化第二产业内部结构均衡的目标。

税种的设置、课税范围设定、计税依据、税率的选择、税收优惠等税收手段具有很强的利益导向性。运用这些财政税收手段对第二产业经济实体进行利益调节，加强对传统产业的技术改造，推动产业优化与升级，努力提高第二产业的整体素质和竞争力，积极发展高新技术产业和新兴产业，形成新的比较优势，实现第二产业结构调整。

在健全节能财税法律制度方面，主要是开辟新税种和完善现有税制。随着第二产业的优化升级及节能减排的需求，现有税制暴露出操作性不强、调控效果不明显的缺陷，需要进行完善。江苏应该通过地方性立法制定节能税收优惠政策。引导企业节能，进行资源综合利用，实行鼓励第二产业实施节能环保项目的税收优惠政策。改进资源税的计征方式，制定新减免企业所得税及节能环保专用设备投资抵免企业所得税政策等。具体而言有以下几方面。

1. 促进对节能技术的税收支持

增值税转型为更新设备提供了条件，进一步完善增值税转型的配套措施，加强对如通信设备、计算机及其他电子设备制造业和通用、专用设备制造业等工业企业的增值税转型的培训和宣传，鼓励企业技术换代，加快工业企业内部技术革新，促进江苏工业内部结构的升级。

　　节能技术的研究开发属于基础性研究,初始投资大,具有即期经济效益不确定性和社会效益的长期性的特点,因此投资节能技术的研究开发存在一定的风险性,这将降低市场主体对节能技术研究开发的投资积极性。只有建立完善的节能财税法律制度,对有利于江苏经济发展、效益较为明显的技术开发项目予以扶持,提供必要的、适当的财税优惠与支持,才能更好地促进节能技术的改进和普及推广,加快第二产业的优化升级。

2. 加强对高新技术产业的税收优惠

　　应对气候变化进行节能减排,促进江苏经济发展,需要大力发展高新技术产业。为了促进高新技术产业的发展,江苏应当考虑高新技术产业的特点及特殊情况,在税法及相关法律、法规规定的税收优惠的基础上,设置专门针对高新技术的税收优惠措施。加强高新技术产业税收优惠的地方法规的规范性、透明性和整体性,系统地规定税收优惠政策的具体内容,增强可操作性。完善现行增值税政策和企业所得税政策,促进企业自主创新能力和水平的提高,鼓励中小高新技术企业的发展。

3. 开征环境税

　　环境税作为一种以污染者付费为原则的有效的环境经济手段,基于日益突出的环境问题,世界各国开始征收环境税。环境税的征收将会更有力地阻止企业污染环境、刺激绿色产业投资。环境税法律制度作为协调经济发展与环境保护关系的重要制度,在世界很多国家得到蓬勃发展,例如,欧盟征收废气、废水及固定废物税等;意大利征收废物垃圾处置税、噪声税等;美国已形成了一套包括对损害臭氧的化学品征收的消费税、汽油税、固体废弃物处理税等的相对完善的环境税收制度。发达国家典型的环境税主要有大气污染税、水污染税、噪声税、固体废物税和垃圾税。

　　环境税基于"谁污染谁纳税"与"完全纳税"的原则,使环境污染者付出的代价与其对环境污染的程度和治理污染所需的费用大体相当,并保证所征税款全部用于环保,以达到税收的"横向公平"与"纵向公平"。

　　开征环境税是发达国家保护环境的通用做法,也是"污染者付费"原则的具体体现。目前我国实行的是环保排污收费制度,但该制度存在征收标准偏低、范围过窄等不足。财政部财科所副所长苏明说:"未来环境税的主要实施路径是将排污费等改为环境税,而且肯定会提高税率,不然以现在的排污费标准,直接改环境税就没有意义了"[①]。2007 年 6 月,国务院印发的《节能减排综合性工作方

---

① 国际金融报. 2013. 千亿环境税呼之欲出. http://finance.qq.com/a/20131203/000713.htm.[2016-08-20].

案》中，第一次提到将研究开征环境税。2008 年年初，我国相关部委即开始联手研究环境税开征工作。2010 年 7 月，环境税征收方案初稿已经出炉，2013 年开征的时间表也已经初步确定①。江苏应当抓住开征环境税的重要时机，实施"费改税"的改革措施，使环境税的征收节更加合理、透明和有效。目前江苏的产业结构中，第二产业存在着发展质量低、能耗高、收益低、污染严重、工业比例较大等问题。征收环境税会促进生产企业引入能够减少污染物排放的新技术、新设备，引导生产企业适用清洁能源，减少环境污染，从而促进第二产业转型、优化升级，提高第二产业发展质量。

三、建立绿色采购法律制度

绿色采购是指企业在采购活动中，推广绿色低碳理念，充分考虑环境保护、资源节约、安全健康、循环低碳和回收促进，优先采购和使用节能、节水、节材等有利于环境保护的原材料、产品和服务的行为②。企业通过实施绿色采购可以有效防止环境污染和资源浪费，从整体上降低企业成本，同时可增强员工环境保护的社会责任感。江苏应通过建立健全绿色采购法律制度，积极地引导和调控第二产业在采购中进行节能和绿色采购。绿色采购既要注重经济效益，同时也要兼顾环境效益。企业在绿色采购过程中，要充分考虑环境效益，优先采购环境友好、节能低耗和易于资源综合利用的原材料、产品和服务。

（一）绿色采购的制约因素

1. 企业管理者缺乏环境保护意识

企业的管理者的环境保护意识对于企业的绿色发展有着非常重要的推动作用。Henriques 和 Sadorsky 认为积极的环境管理第一特征，就是高层管理者的支持与参与环境保护事务③。企业是一种经济组织或团体，其根本目的是追求经济利益最大化。由于企业绿色采购需要一定的资金投入，管理者往往基于对利益的追求，而缺乏环境保护意识，忽略对环境的保护，也就不可能有效实施绿色采购。

2. 实施绿色采购所增加的成本的顾虑

对于实施绿色采购，企业往往会顾虑成本的增加，尤其是中小企业。一般实施绿色采购会带来评估、选择和更换供应商、技术和设备升级及培训相关人员等

---

① 引自"百度百科"。
② 引自《企业绿色采购指南（试行）》第二条。
③ Henriques I, Sadorsky P. 1999. The relationship between environmental commitment and managerial perceptions of stakeholder importance. Academy of Management Journal，42（1）.

方面的成本增加，这些成本的增加需要企业投入足够的资金，且短期内无法收回，而一些中小企业没有足够的资金，即使大企业有足够的资金，但从"成本-收益"的角度考虑，往往也不愿投入资金实施绿色采购。

3. 企业绿色采购相关法律法规缺失

我国关于绿色采购的立法主要集中于政府绿色采购，有 2003 年颁布的《政府采购法》及 2010 年颁布的其实施条例等，但对于企业绿色采购却没有单独立法。《循环经济促进法》《清洁生产促进法》《固体废物污染环境防治法》《节约能源法》《环境保护法》等部分法律，虽然没有明确规定企业绿色采购，但含有着国家鼓励和支持企业实施绿色采购的意图，是对企业实施绿色采购的引导，推动企业绿色生产，促进企业逐步形成绿色采购链。企业绿色采购法律法规的缺失导致企业采购行为没有法律进行规范，自然基于对利益的追求而不会考虑进行绿色采购。

4. 缺乏绿色采购的激励机制

国家及地方政府的激励机制是企业进行绿色供应的外部动力。目前我国无论是国家还是地方政府都没有建立起完善的企业绿色采购激励机制，因此对于企业进行绿色采购缺乏强有力的外部激励，这将大大挫伤企业进行绿色采购的积极性。

5. 缺少企业绿色采购的相关标准

企业绿色采购机制的建立，需要对供应商的环保进行评估和选择，也需要对绿色采购机制进行环境成本核算和绩效评价等，但这些方面目前并没有制定统一的标准。企业绿色采购相关标准的缺少，导致企业在实际操作过程中找不到参考标准，严重影响了企业绿色采购的实施。

（二）企业绿色采购法律制度的构建

企业绿色采购的实施能够有效减少环境问题的产生，为了有效地实施绿色采购，必须建立和完善企业绿色采购法律制度。应当从以下几方面进行法律制度的构建。

1. 国家立法层面

2014 年 12 月 22 日，由商务部、环境保护部和工业与信息化部联合发布了《企业绿色采购指南（试行）》，引导和促进企业积极履行环境保护责任，指导企业实施绿色采购，建立绿色供应链，实现绿色、低碳和循环发展，以推进资源节约型和环境友好型社会的建设。但该指南只是政策层面上的一份指导性文件，因此需要国家制定《企业绿色采购法》，在确定企业绿色采购以经济效益与环境效益兼顾、打造绿色供应链、企业主导与政府引导相结合的基本原则的基础上，对其适用范围，以及企业绿色采购的主体、采购方式、程序、监管、法律责任和法律救济进行规定。之后，制定《企业绿色采购实施条例》，规定与《企业绿色采购法》相适应的具体实施措施来指导企业具体的绿色采购活动。通过国家层面的立法活动，运用法律的形式来规范和引导企业绿色采购活动，促使企业绿色采购活动更加顺利有序的进行，为企业实施绿色采购提供强有力的法律保障。

2. 江苏省政府立法层面

在国家立法的基础上，江苏省政府结合江苏企业发展的具体情况及应对气候变化的要求制定地方性法规，以及企业绿色采购相关配套制度，引导、鼓励和推进企业绿色采购。

（1）建立企业绿色采购标准体系。企业实施绿色采购，必须要有一定的标准作为确定是否为绿色采购依据。建立规范性的企业绿色采购标准体系能够在企业进行绿色采购活动时，依据该标准对所采购产品的环保性一目了然，从而促进企业绿色采购效率的提高。因此省政府需要经过科学分析和论证，制定出一套可操作性强的绿色采购标准，有效地帮助企业实施绿色采购。

（2）制定激励措施。激励机制是企业进行绿色供应的外部动力。江苏省政府通过制定地方法规，运用财政补贴手段鼓励企业实施绿色采购，降低绿色产品的成本，可以采用税收减免、贷款优惠等激励措施，激励企业从事绿色购买。

四、完善绿色信贷法律制度

绿色信贷，是通过金融杠杆来调控环保，主要是商业银行和政策性银行等金融机构，对进行环保研发、生产及开发、利用新能源，从事循环经济生产、绿色制造等企业或机构提供贷款扶持并实施优惠性的低利率，而对污染生产的企业的贷款进行贷款额度限制并实施惩罚性高利率。绿色信贷的目标之一是帮助和促使企业降低能耗，节约资源，将生态环境要素纳入金融业的核算和决策之中，扭转企业污染环境、浪费资源的粗放经营模式，使企业将污染成本内部化，从而达到事前治理，避免陷入先污染后治理、再污染再治理的恶性循环。因此，绿色信贷，把符合环境检测标准、污染治理效果和生态保护作为信贷审批的重要前提。

绿色信贷对于环境保护和节能减排，实现可持续发展具有重要的意义。为了增强银行的环境风险控制能力，引导企业积极进行产业结构调整，有必要建立和完善绿色信贷法律制度。国家有关部门已经颁布了多项指导帮助绿色信贷开展和实施的文件和意见。例如，2007 年 7 月，原国家环保总局、人民银行、银监会联合发布的《关于落实环保政策法规防范信贷风险的意见》等，对绿色信贷的开展起到了积极的推动作用，但却缺乏保障绿色信贷实施的法律规定，因此，江苏有必要通过制定有关绿色信贷的地方性法规，积极推动和引导金融机构加大对第二产业节能减排的绿色信贷支持，促进第二产业产业结构的调整，实现产业结构的优化和升级。具体包括以下两方面内容。

（一）建立信贷环保标准审批机制

"赤道原则倡导金融机构对于项目融资中的环境和社会问题应尽到审慎性核查义务，只有在融资申请方能够证明项目执行对社会和环境负责的前提下，金融机构才提供融资。"借鉴赤道原则的要求，江苏根据本省产业结构调整的现实情况，制定具体的绿色信贷指导目录和环境风险评级标准。

（二）建立完善信息沟通机制

为了增强银行的环境风险控制能力，规避信贷风险，提供绿色信贷的银行需要全面掌握企业的环保信息，环保部门也需要掌握企业的环保信息进行环境监督管理，而企业需要掌握信贷银行的金融信息。因此，环保部门有必要建立并完善环保信息库，从而与金融部门、企业之间形成良好的信息沟通机制。2013 年 12 月，省环保厅联合省银监局、省信用办出台了《关于共同建立我省环境保护信用信息共享机制的通知》，建立了环保信用信息共享机制。2014 年全省共有连云港、宿迁、盐城、苏州等八个省辖市环保局和银监分局及相关部门建立了环保信用信息共享机制，深入推进绿色信贷工作[①]。需要进一步完善绿色信息沟通共享机制。

建立和完善绿色信贷法律制度，还需要进一步明确绿色信贷法律关系的主体及责任、绿色信贷评估审查法律制度、绿色信贷环境影响评价法律制度、绿色信贷激励奖惩法律制度、绿色信贷监管法律制度等内容。通过建立绿色信贷法律制度，充分发挥江苏绿色信贷制度的整体功能，引导银行贷款流入促进环保事业的企业中，并从污染环境的企业中适当退出，促使江苏尽快完成产业结构的调整，以保护自然环境资源和防治环境污染。

五、构筑节能量交易法律制度

节能已经成为世界各国应对环境问题的重要举措之一，节能降耗不仅能够有效缓解能源危机，也被证明是改善环境问题的有效措施之一[②]。节能降耗一直是优化产业结构的重要途径，但由于节能降耗缺乏市场机制的参与，企业也缺乏参与

---

① http：//www.jshb.gov.cn/jshbw/xwdt/slyw.

② Edward V，Jan H. 2008. Energy savings certificates：a marketbased tool for reducing greenhouse gas emissions. Energy Policy，36（1）.

积极性。因此亟须建立并完善节能量交易制度，作为节能降耗的市场化手段，从而推动企业自发进行节能减排，实现节能降耗的可持续发展。

节能量交易是指各类用能单位（或政府）在其具体节能目标下，根据目标完成情况而采取的买入或卖出节能量（或能源消费权）的市场交易行为[①]节能量交易主要分为两种类型：基于能源消费权（能源消费指标）的交易和基于项目的交易。

节能量交易法律制度的建立和完善能够促进能源利用效率提升、温室气体排放量减少。节能量交易的依法开展，不仅使企业可以完成国家下达的节能指标任务，还可以通过节能量的交易获得节能收益，这极大地激发了企业进行节能减排的积极性，有利于增强其节能的内生动力。

2012年国家发改委印发《万家企业节能目标责任考核实施方案》，对用能单位节能目标完成情况和节能措施落实情况进行考核。2013年2月1日，首次节能量交易在北京实现。2015年4月1日，江苏省政府办公厅印发《江苏省项目节能量交易管理办法（试行）》，在全国率先对工商业项目节能量交易开闸。为确保节能量交易具有可操作性，江苏省制订的方案中，把节能量及其交易均落实到具体项目上，如节能改造和淘汰生产装置。根据安排，先行在苏南地区开展交易试点，钢铁、建材、有色金属是重点行业，并根据试点情况，逐步扩大到苏中、苏北地区。虽然该管理办法已经开始实施，但还需要进一步完善。江苏省政府需要根据试点交易的实践情况，总结经验，探索建设符合江苏发展现状的节能量交易法律制度的途径，完善该管理办法，并制定其实施细则，最终形成一个相对完备的节能量交易法律体系。

六、健全行政奖励性质的节能法律制度

行政奖励是指"行政主体为了表彰先进，激励后进，充分调动和激发人们的积极性和创造性，依照法定条件和程序，对为国家和社会做出突出贡献或模范地遵纪守法的行政相对人，给予物质或精神的奖励的具体行政行为"[②]。环境行政奖励是环境行政主体依照法定条件和程序，对在环境保护工作中做出显著成绩和重大贡献的单位和个人，给予物质或精神鼓励的具体行政行为，它对于提高全社会的环境意识，加强环境法制教育，激励人们积极主动地参与环境保护活动，树立保护和改善环境的良好社会风气有着十分重要的作用[③]。

《环境保护法》第11条规定："对保护和改善环境有显著成绩的单位和个人，由人民政府给予奖励"。《水法》第11条规定："在开发、利用、节约、保护、

① 唐方方，李金兵，姜超，等.2010.中国的节能量交易机制设计.节能与环保，12.
② 姜明安.1999.行政法与行政诉讼法.北京：高等教育出版社.
③ 张梓太，吴卫星.2003.环境保护法概论.北京：中国环境科学出版社.

管理水资源和防治水害等方面成绩显著的单位和个人，由人民政府给予奖励。"《森林法》第 12 条规定："在植树造林、保护森林、森林管理以及林业科学研究等方面成绩显著的单位或者个人，由各级人民政府给予奖励。"《环境噪声污染防治法》第 9 条规定："对在防治环境噪声污染方面成绩显著的单位和个人，由人民政府给予奖励。"另外，《草原法》《渔业法》《水土保持法》《矿产资源法》《海洋环境保护法》《野生动物保护法》《固体废物污染环境防治法》《清洁生产促进法》等环境资源法律在环境行政奖励方面都有类似的规定。

综上所述，在我国的环境资源保护法律规范中，几乎都有关于行政奖励的规定，但这些规定大多是原则性的，缺乏对实质内容的具体规定，既没有执行力，也没有可行性，并没能使行政奖励制度发挥其应有的作用。而在这些法律中，对环境造成巨大破坏的企业往往以行政处罚为主要遏制手段，不能有效调动企业节能的积极性。并且由于行政手段单一，处罚力度不大，很多拥有巨大财力物力的企业甚至不顾处罚，以污染环境、破坏生态为代价达到获取利益的目的。缺少具体的具有可实施性的环境行政奖励法律法规，环境行政奖励制度在实践中执行起来必定大打折扣。因此需要健全行政奖励性质的节能法律制度，通过对企业节能减排行为进行奖励的手段激励企业积极进行节能减排。江苏应通过地方性立法，制定具体的具有可实施性的节能行政奖励制度，明确规定行政奖励实施主体、行政奖励实施对象、行政奖励实施条件、行政奖励实施程序等内容，从而使行政奖励能够落到实处，发挥其激励企业进行节能减排的积极作用。

第六章　健全江苏第三产业占比的法律保障机制

第一节　第三产业概述

第三产业,指的是不直接生产物质产品的产业,其出现的时间通常晚于直接生产衣食住行有形产品的第一产业农业和第二产业工业,第三产业是 1935 年英国经济学家、新西兰奥塔哥大学教授费希尔在《安全与进步的冲突》一书中首先提出来的。第三产业是指除第一产业、第二产业以外的其他行业。目前在中国,第三产业具有范围广、种类多、劳动就业人员多、发展迅速的特点,根据《国民经济行业分类》,第三产业分类最多,涉及的部门达到 15 个门类,即表 6-1 中 F~T 类。

表 6-1　国民经济行业分类表（F~T）

类别	类别、名称及代码		
	门类	大类	类别、名称
第三产业	F		交通运输、仓储和邮政业
		51	铁路运输业
		52	道路运输业
		53	城市公共交通业
		54	水上运输业
		55	航空运输业
		56	管道运输业
		57	装卸搬运和其他运输服务业
		58	仓储业
		59	邮政业
	G		信息传输、计算机服务和软件业
		60	电信和其他信息传输服务业
		61	计算机服务业
		62	软件业

续表

类别	类别、名称及代码		
	门类	大类	类别、名称
第三产业	H		批发和零售业
		63	批发业
		65	零售业
	I		住宿和餐饮业
		66	住宿业
		67	餐饮业
	J		金融业
		68	银行业
		69	证券业
		70	保险业
		71	其他金融活动
	K		房地产业
		72	房地产业
	L		租赁和商务服务业
		73	租赁业
		74	商务服务业
	M		科学研究、技术服务和地质勘查业
		75	研究与试验发展
		76	专业技术服务业
		77	科技交流和推广服务业
		78	地质勘查业
	N		水利、环境和公共设施管理业
		79	水利管理业
		80	环境管理业
		81	公共设施管理业

类别	类别、名称及代码		
	门类	大类	类别、名称
第三产业	O		居民服务和其他服务业
		82	居民服务业
		83	其他服务业
	P		教育
		84	教育
	Q		卫生、社会保障和社会福利业
		85	卫生
		86	社会保障业
		87	社会福利业
	R		文化、体育和娱乐业
		88	新闻出版业
		89	广播、电视、电影和音像业
		90	文化艺术业
		91	体育
		92	娱乐业
	S		公共管理和社会组织
		93	中国共产党机关
		94	国家机构
		95	人民政协和民主党派
		96	群众团体、社会团体和宗教组织
		97	基层群众自治组织
	T		国际组织
		98	国际组织

第三产业大多以提供服务为特征，这种服务从最初的商品流通服务到现在的

交通、咨询、科学教育文化卫生及金融保险服务等诸多领域，渗透到生活的各个层次和方位。而第三产业的发展在经济发展中的份额和作用也日益凸显。可以说，在产业结构域经济发展的联动变动关系中，产业结构不断由低级形态向高级形态演变发展，最明显的特征是，伴随着经济的繁荣发展、人均国民收入的日益提升，第一产业的比例日益下降，且在国民经济中的影响日益降低，最终可能形成基础产业的微比例显示，而第二产业和第三产业在整体经济中的比例越来越大，形成并驾齐驱的强大势力，最后可能会在发展中后来居上，形成第三产业雄踞第一的鳌头趋势，前人研究的成果和世界各国的实践数据表明，当人均国民生产总值达到300～1000美元时，一般国家的第三产业占国内生产总值的40%左右，当经济越发达时，第三产业占据的比例越高，在20世纪80年代初至90年代中期，全世界国内生产总值中第三产业由43.2%提升到60.7%。改革开放以来，特别是十四大建立市场经济以来，中国的第三产业迅猛发展，不仅第三产业增加值占整个国民经济总产值的比例不断上升，而且第三产业内部结构不断提升、领域不断扩大，就业人数也大幅度增长，成为拉动经济增长，提高人民生活水平，以及改善就业并促进可持续发展的重要产业。在第三产业内部，商品流通繁荣兴旺，金融保险市场充满活力，科技第三产业成果丰硕，邮电通讯业发展迅速，旅游业兴旺发达，房地产业更是异军突起。

但是，与国际比较，中国的第三产业发展，仍显示出较大的问题，目前中国第三产业的比例在国民经济中不足50%，依然远低于欧美的平均水平（70%），而美国这一比例达到了80%，即便是与经济发展同样处于第三世界的印度相比，中国也低了十个百分点左右①。因此，中国在国民经济中重视并促进第三产业的发展，是经济良性发展的重要方向。

一、第三产业发展理论

（一）理论基础

配第-克拉克定律。根据英国经济学家威廉配第的观点和其在《政治算术》中的表述，随着经济的增长，劳动力将会出现转移，其基本趋势是：产业由最初的农业走向工业，最后走向服务业。在这个过程中，经济利润逐步上升，即第二产业利润大于第一产业利润，而最后出现的第三产业则由于其先进性加强，拥有三大产业中最丰厚的经济利润。因此，现代经济学之父配第发现了经济发展的三次产业规律的趋势，并发现了劳动力随之转移的产业发展定律。而克拉克只是对于第三产业可能包含的域围进行了深入的分析，总结出第三产业广泛的涉及范围，

---

① 杨飞龙.2013.中国产业结构低碳化研究.福州：福建师范大学博士学位论文.

同时验证了配第的劳动力转移学说，故称之为配第-克拉克定律。

库兹涅茨理论，在配第-克拉克定律的基础上，将第三产业国民收入比例纳入考量因素，同时发现了三次产业与国民收入和劳动力的比例关系，其主要结论是：第一产业的国民收入和劳动力的比例趋于减小；第二产业国民收入相对比例上升，但劳动力比例大体不变；第三产业的劳动力相对比例差不多在所有国家中均呈上升趋势，但是国民收入相对比例未必与劳动力相对比例的上升呈同步趋势，基本上是处于大体不变或略有上升的状态①，进一步验证了三大产业中，第三产业的吸纳劳动力能力最强。

富克斯的服务经济学。第二次世界大战后，欧美国家第三产业的蓬勃兴起，成为最富有生命力、发展最强大的产业。而关于第三产业的理论并未随着实践的发展有所提升，这种严重滞后的理论状况随着富克斯的服务经济学的出现而发生了重大里程碑转折。第三产业的需求随着社会的发展增长较快，而且最显著的是在 1967 年，美国就业总人口中，第三产业的人数达到了总就业人数的 55%，成为有史以来第一个实现服务业就业人数超过全国总就业人数的一半的国家。富克斯经采用同级分析和对比研究发现，服务业就业呈现以下几个特点：第一，服务业就业人数迅猛增长，但国民收入并不同步迅猛增长；第二，随着第三产业的门类增多，专业化加强，从事服务业的社会组织和企业相应增多；第三，第三产业对个人体力要求不高，能吸纳多种人员，包含妇女、退休的第二产业人员；第四，服务人员的受教育程度一般较高，比工业部门更多地聘用高学历人群；第五，人均收入可能少于第二产业，因为服务业不像工业部门具有自动化或是机械化的高度发达生产率，更多的是直接人力劳动，生产率的提高不同于工业部门，即所谓的机器排挤工人，因此效率的难以提高也使得人均收入可能低于第二产业；第六，由于服务业的规模性要求较低，个体经营者在服务部门的就业人数是工业部门的两倍。

社会代谢理论。代谢原本是指化学领域的细胞有机体系统中为生存和发展的物质交换和能量转化的专门术语，但 20 世纪 40 年代以来，该词被用到了社会学的研究之中，马克思在三个层次上用了此概念：第一，纯粹自然界的新陈代谢；第二，社会与自然关系中的新陈代谢；第三，资本主义生态批判中的新陈代谢。在马克思主义中批判了资本主义工业生产过程对于资源环境的破坏和对于生态系统平衡的打破，并将生产过程的异化总结为自然的异化、人的异化、社会的异化和全球性的生态殖民，最后总结得出结论，即新陈代谢的断裂②。因此，在经济和社会发展过程中，应当维护经济有机体和社会有机体的平衡和稳健发展，这就需要不断地防范损害、减少损害、修复损害，而第三产业从其根

① 王述英.2003.西方第三产业理论演变述评.湖南社会科学，5.
② 王喜满.2008.新陈代谢及其断裂理论——福斯特解读马克思生态学思想的最新视角.社会主义研究，3.

本功能而言，就是服务，其内容也就包含为第一产业、第二产业损害进行防范、减少或修复，同时也为人类这个社会组成有机体提供有益的补充能量和交换能量服务，因此，第三产业的这种为第一产业和第二产业提供能量和物质促进其增长与发展，同时为社会的主体——人类，提供全方位、多领域的服务，使人得到增长和再生的能源与力量，从这个角度而言是一种典型的社会代谢产业。

（二）第三产业发展影响因素

第三产业的发展占国民经济的至高地位是世界发展经济现状或趋势，第三产业已成为或终将成为经济发展的领头羊。但是并非所有的国家第三产业的发展都能一帆风顺，各国的经济制度、经济体制、人员素质、总体国情等都可能成为制约第三产业发展的原因。总结诸多因素，影响第三产业发展的因素主要有如下几点。

1. 工业化

工业化对于第三产业的发展，既具有一定的促进作用，同时又具有一定的阻碍性。首先，一国的工业化成长到一定阶段，受特定要素制约，会具备一定的增长极限，同时在工业化过程中可能需要相应的辅助促进要素，如市场的信息变化、产品的标准认定等。因此，工业化的高级阶段油然催生第三产业的出现，第三产业可以成为工业化进一步发展的催化剂和辅助力量，就这个方面而言，工业化成为第三产业诞生的坚实基础，工业发展中形成了对第三产业的需要和推进。但是，工业化又成为第三产业兴起的制约因素。在以国家调控为经济运行方式的情形下，国家所拥有的财政是有限的，特别是在工业化未发达时，受普遍观点制约，认为先有工业化才有第三产业兴旺，因此，在投入方面可能会更偏重于工业化，而忽略第三产业的相对补充和独立性，使得工业化主导地位在长久的时间内被人为控制，进而使第三产业的发展缓慢而滞后。

2. 城市化

城市化的典型特征就是第一产业比例的弱比例化和第二产业、第三产业的强比例化，特别是第三产业的占有比例大幅度提升。城市化是经济发展到一定程度，人口从农村迁移到都市，同时劳动力也从第一产业大量转移到第二产业和第三产业。一般而言，城市化程度越高，第三产业就业人口比例也会越高，同时第三产业形成的国内生产总值在国民经济中的贡献和比例也会相应提高。这是因为，随着生产力的发展，人类对于农产品的需求及第一产业所能容纳的劳动力将呈现下降趋势，而工业中的机械应用广泛，机器排挤工人也是经济发展的固有趋势。因此，城市化必然带来第三产业的蓬勃发展。人口集聚到城市所形成的个人服务需求、公共服务及公共设施服务需求将会进一步加大，这都会成为第三产业发展的基本动力。同时，城市化带来的各种压力必然要求服务业予以化解，科学技术、教育文化的发展，满足集聚化人口需求的交通通讯都将成为城市化的基本主导力量，另外，城市化中出现的资源短缺、环境恶劣、能源不足、城市阻塞、公共产品匮乏也会激发新型战略产业的兴起。反之，第三产业发展较有优势的话，城市化的进程也会随之进一步加快。

3. 消费水平

从产业结构的产生和发展过程来看，三类产业的萌芽和发展均与消费水平紧密相连。当消费水平比较低下，人们只能将温饱作为考虑因素时，第一产业的发展是主导产业，随着经济的发展，消费标准和水平逐步提高，人民对于物质的需求在温饱范围外呈现多样化，工业生产随之产生并繁荣发展，而在人类对物质的基本需要毫不费力得到满足并能获得多物质享有时，对人类发展的全方位追求被纳入了生产生活中，对健康、文化、文明的追求产生了第三产业，这类消费需求越提高，第三产业的发展领域就越广泛、越全面并日臻完善。从全国发展状况来看也是如此，上海、广东的国民收入高，第三产业的发展也较好，沿海消费水平高于内地，第三产业的发展水平也强于内地。就江苏而言，苏南地区消费水平较高，第三产业的发展也是苏州、无锡等地高于苏北地区，而江苏经济最发达的苏州市同时也是江苏第三产业发展水平最高的地级城市。

4. 低碳化

第三产业是主导未来发展的产业，其主要功能是促进人类的科学发展和延续性发展，即通常所讲的可持续发展。这就需要第三产业在发展过程中考虑到产业的现有生命性及未来成长性。人类作为一个自然主体，既具有资源性又具有能源性。从这个角度而言，地球上的资源物质是地球成长和发展的依托，而地球资源是有限的，就像太空船一样，为保证其未来的持续性和最小化的损害，人类就必须自我抑制。而对于过往已产生的损害，更需要对第三产业的发展进行修复。因此，第三产业承载着为人类未来发展提供延续服务的使命。如果不将低碳化作为考虑因素，则第三产业具有一定的短时性和短视性，从而缺乏发展的内发动力。

二、第三产业种类及特点

（一）种类

第三产业，由于该产业履行着对企业的服务和对公民个人生活需要的服务，常常又被简单地称之为服务业。从宏观层面分，可以分为生产服务业、生活服务业和社会公共事务服务业，从微观层面分，可以划分为交通运输业、批发零售业、邮政仓储业、餐饮旅游业和其他等五类。在常规分析中，大多根据国家发改委及各类统计年鉴的分类方法，从微观的五个层面进行分析。大体说来，中国的服务业可分为两大部门四个层次，两大部门即流通部门和服务部门，四大层次则如下：一是流通部门：交通运输业、邮电通讯业、商业饮食业、物资供销和仓储业；二是为生产和生活服务的部门：金融业、保险业、地质普查业、房地产管理业、公用事业、居民服务业、旅游业、信息咨询服务业和各类技术服务业；三是为提高科学文化水平和居民素质服务的部门：教育、文化、广播、电视、科学研究、卫生、体育和社会福利事业；四是国家机关、政党机关、社会团体、警察、军队等。

根据中国的《国民经济行业分类》，第三产业分为 15 门类，48 大类，具体见表 6-1。

（二）第三产业基本特点

第三产业以人作为其生力军，以提供服务作为核心内容，与第一产业和第二产业相比，有着自身独有的特征。

首先，产品无形。第三产业的产品是服务，与第一产业和第二产业最显著地区别就是产品无具体形态。例如，批发零售业售卖的产品要么来自第一产业，要么来自第二产业，第三产业只是提供了流通途径，加速了其运动过程，房地产业的载体房屋来自于第二产业建筑的产品，而科技领域的一些创新也只是以知识产权形态出现，而邮电是帮助信息的流通，金融是促进货币及相关权利的增值和保护，卫生则是以促进和保障人类健康而存在，旅游为扩展人类视野充实精神愉悦身心而服务。因此，第三产业产品的无形性是其基本特征。也正是这种无形性导致中国在二十世纪的七八十年代对该产业的极度不重视，从而一度制约了该产业的良性发展。总之，无形不代表社会中的无价值，在促进人类经济发展和文明进步及人的全方位发展方面，第三产业具有举足轻重的意义。

生产率低，容纳人力资源多。第一产业和第二产业在发展过程中，由于都经历了机械化过程，生产效率有了数倍的提高。因此，农业领域大大减少了务农的人员数量，在播种、管理和收获领域实现了数字化和机械化操作。而在第二产业，机器的大量应用，使得生产领域的劳动能力大大提高，所需工人的数量大幅度缩水，当然这同时减少了工人遭遇高速运转的机器伤害的风险产生，随着这种机械化的加强，即所谓的产业有机构成的提高，生产效率日臻提高，所需工人日渐减少，机器排挤了大量工人。所以从第一产业、第二产业被排挤的工人走向了机械化程度较低，同时在特定领域甚至无法实现机械化、对于人工劳动量要求较多又难以被排挤掉的第三产业。由于第三产业领域广，从最基本的人力到特别复杂的高科技研究都是由人力所构成，因此，该领域所能容纳的人力资源最多，同时范围也最广。

生产消费销售的一体。无论第一产业还是第二产业，都必须经过生产、交换、分配、消费等四个环节。但是第三产业的产品具有生产、分配消费的同时性和一体性。没有明显的生产和交换过程，在生产的同时就是分配和消费的过程。因此，不同于第一产业和第二产业对于产品可以进行修正的情况，第三产业的产品体现在过程中，过程一旦结束，产品的生产和消费也宣告完成。

集聚性依赖与相对独立性。在第三产业的发展中，独户往往难长久，更多的是"成群结队"。在现实中往往表现为：餐饮一条街、服装一片区、电脑一幢楼等，越是聚集的地区，特定领域的产业发展越是繁荣。第三产业在同业竞争中往往表现出优势或是各显特色，在聚集竞争中不断取长补短，完善自身，在聚集中彰显出各自的特色和独立性同时又在独立中依赖着产业聚集区。

三、第三产业的低碳表征

在应对气候变化方面，第三产业与其他两个产业相比，具有独特的优越性，这主要表现为在控制重要温室气体二氧化碳方面。无论是从《中国能源统计年鉴》所统计的三大产业碳排放或是学者从学术角度进行的分析，毫无疑问地证明了一个令人信服的观点，那就是第三产业的低碳特征不容置疑。第三产业能够实现低碳化目标，在当前既要经济发展，又要应对气候变化的大背景下，具有举足轻重的时代意义和令人瞩目的发展远景。第三产业的低碳化主要有以下原因。

首先，第三产业具有非能源性。通常认为，发展经济不可或缺的就是能源，对于发展中国家而言，发展经济首先就是发展工业，对于能源的消耗必不可少。而能源消耗则多表现为化石能源的大量利用，二氧化碳等温室气体的大量排放。如今的大气中四百以上 ppm（$1ppm=10^{-6}$）的二氧化碳浓度，从很大程度上说是由发达国家发展工业化过程中大量排放二氧化碳引起的。在整个社会意识到化石能源对人类气候的影响时，虽然发达国家进入了后工业时代，但是发展中国家对于能源的挥霍机会已不复存在。因此，审慎利用化石能源，同时又要发展经济与发达国家抗衡甚至并驾齐驱，发展低能源或是零排放行业已成为必然趋势。第三产业的发展对于能源的依赖相对较低，而经济未来发展的动力大多来源于第三产业，因此，其非能源性从而拥有的低碳特征成了重要的性能。

其次，第三产业具有显著的集聚低耗性。第三产业在发展过程中，大多以产业群的形态出现，如现在雨后春笋般出现的科技创新园区、服装电子电脑一条街及所谓的大学城等，毫无疑问是以产业聚集群的形式出现，也就是所谓的产业群。在这种聚集形式下，能耗也会大大降低，有以下几个原因：一是在聚集状态下，可以由同类产业共享资源，共同利用对方可能会废弃的物品，不仅能够实现节约资源能源，还能够在利用废弃物中减少能源资源浪费；第二，在聚集状态下，一旦有节约能源的技术，在同类产业中传播速度也较快，为了在竞争中能够生存发展，互相吸取优势是必然现象。最后，在竞争中为了显示自己的独特优势，产业集聚的各个主体会尽量在保证同等质量的前提下减少成本，因此，低碳往往不是一种外在压力，而更多地表现为众多群体中形成独家优势的内在动力。

再次，第三产业具有广域性。第三产业既为工业提供服务，也为农业提供服务；既面向社会，也面向个人；既涉足生产，也服务于生活。第三产业是三大产业中涉及领域最广、范围最宽的领域，因此，对于这个层面而言，第三产业的低碳化实现途径相当广泛，具有多元化的特征。例如，在餐饮业，可以通过分类餐厨垃圾进行堆肥，减少碳排放，通过提倡光盘限量点餐减少浪费以节能减排。在交通运输领域，可以通过改善燃料以实现碳排放的降低，也可以通过鼓励公共交通政策来实现个人出行与交往中能耗成本的减少。在旅游业，可以通过禁止使用一次性产品降低能耗，也可以通过集中性策略将游客集中化来实现低碳。而在科技创新领域实现低碳化的途径更是不胜枚举。可以说，在第三产业，大量的低碳化路径可供选择，同时也有更多的节能减排和效率化策略促进了第三产业的低碳化。

最后，第三产业具有高端性。第三产业只有在经济发展到一定的繁荣程度才会蓬勃发展，该产业的发展以第一产业和第二产业为基础，因此是经济发展到高级时期的产物。既然该产业具有明显的高端性，毫无疑问，其经济效益或者是投入与产出比必然具有较强的优势，在符合时代特征的新能源开发与应用，科技的创新与发展方面，第三产业更是独占鳌头，与基础性行业相比，第三产业的高效节能特征更为明显。因此，第三产业的高端性包含一定程度的低碳和节能性，其高端性也隐含着较强的节能减排和低碳潜力。

总之，第三产业既是未来经济发展的主要领域，也是低碳经济发展的核心方向。人类的发展必然依赖于经济的发展。在经济发展中，碳排放不可避免，而人类只能以减少碳排放来应对由于二氧化碳浓度日渐升高而变暖的现状。在应对全球变暖的行动中，减缓和适应是两大基本应对途经。第三产业的低碳表征进一步论证了人类以重视第三产业发展来减少排放的潜力。在既要考虑 GDP，又要考虑温室效应气体（green house gas，GHG）以控制增温潜势（global warming potential）的形势下，有学者对产业产值增长与碳排放之间的关系进行了核算，得出结论：第一产业产值每增加 1%，就会导致碳排放增加 0.8742%；第二产业产值每增加1%，就会导致碳排放增加 1.226%，而第三产业产值每增加 1%，就会导致碳排放增加 0.5796%[①]。这组数据再一次从具体层面论证了第三产业的低碳性，从而论证了产业结构向第三产业优化转型的正确性。第三产业中的物流、交通、科技和文化等产业将是低碳经济中的重要发展产业。

---

① 郑长德. 2011. 产业结构与碳排放—基于中国省际面板数据研究实证分析. 开发研究，2.

四、第三产业的功能

（一）在经济发展繁荣时成为主动力

第三产业作为经济发展中的主导产业，经济的繁荣往往倚重于该产业。根据中国有关学者的研究，第三产业对经济的繁荣作用主要体现为两个方面：一是第三产业具有协同性，表现为加速国民经济增长周期的长期趋势；二是第三产业具有对称性，能够增强国民经济增长周期波动的平稳性[①]。第三产业的这种发动机功能，在欧美国家表现得尤为突出。从前面的数据来看，欧洲主要发达国家英国和法国，其经济发展过程中，三大产业的贡献率比较，说明第三产业是其发展的中心和重心力量，德国、日本、澳大利亚也是表现出第三产业的贡献率最高。典型的是法国和英国的第二产业均呈现负的贡献率，这说明第二产业一定程度上制约了经济的发展，而这两国目前依然保持经济繁荣。在第二产业出现负增长的前提下，英法两国的经济毫无疑问是由第三产业作为主动拉升力量的。中国学者程大中通过使用省级面板数据分析得出第三产业与经济增长之间相互促进的"良性循环"关系[②]，说明了第三产业对经济增长的促进作用。

（二）经济缓慢时拉动经济

在经济发展过程中，当出现制约或阻碍因素及生产力发达程度不够时，经济的发展就会出现速度下降趋势，呈现出缓慢态势。第三产业往往在此时成为经济增长的主要拉动力量。例如，在新中国成立初期，由于工业发展的基础薄弱，产业残缺不全，经济发展相当缓慢，而这时带动经济增长的第三产业起到了举足轻重的作用，促进了消费的增长，以扩大另类内需的方式成为经济发展中的重要力量。以南京为例，1952 年，全市国内生产总值 39 313 万元，其中，第一产业 15 948 万元，占国内生产总值的 40.57%，第二产业 9206 万元，在国内生产总值中占比 23.42%，第三产业为 14 159 万元，占比 36.02%。这组数据的实质是中国当时经济状况的一个缩影，由此可以看出，新中国成立初期，国民经济处于极度不发达时期，发展较为缓慢，而这时第三产业相对占据一定的比例，对经济的发展贡献具有不可忽视的拉动与提升作用。

（三）经济萧条时抑制经济下滑

在经济发展过程中，由于特定的原因，而且经济的发展总是具备一定的周期性，经济危机不可避免，由此导致的经济萧条也是经济发展中不得不面对的特殊

① 罗光强，曾福生，曾伟，等. 2008. 服务业发展对中国经济增长周期的影响. 财贸经济，5.
② 程大中. 2004. 中国服务业增长的特点、原因及影响——鲍莫尔-富克斯假说及其经验研究. 中国社会科学，2.

态势。中国学者石柱鲜等在研究中得出结论：在经济萧条时期，第三产业可以抑制经济的衰退，能够起到平稳经济波动的重要作用[①]。而第一产业在经济繁荣时期，则抑制了整个经济的更加繁荣，在经济萧条时期，则加剧了经济的进一步恶化；第二产业在经济繁荣时期，促进了经济的更加繁荣，而在经济收缩阶段加剧了经济的进一步衰退。只有第三产业具有不可比拟的优势，无论是经济繁荣还是经济萧条时期，都对经济的发展一如既往地起到积极作用。自改革开放以来的几轮经济周期中，经济繁荣时期的 GDP 平均增长速度是 12.82%，第三产业的平均增长速度是 14.26%，而经济萧条时期的 GDP 平均增长速度是 6.35%，第三产业的平均增长速度是 7.15%。这些数据证明，第三产业在经济发展中的遏制萧条作用相当显著。经济萧条通常伴随第二产业生产的萎缩，而第二产业的萎缩必然导致经济的下滑，第三产业的平稳与抑制作用则通过提供无形产品呈现了出来。

（四）大幅度实现低碳化经济

前面已经阐述，三大产业中，第一产业产值每增加 1%，就会导致碳排放增加 0.8742%；第二产业产值每增加 1%，就会导致碳排放增加 1.226%，而第三产业产值每增加 1%，就会导致碳排放增加 0.5796%。因此，在未来的经济发展中，无论是从城市化进程，还是从人均消费能力，抑或是从经济发展长期趋势中的第三产业增量化趋势分析，第三产业的份额比例将会不断增加，其低碳化作用将日益明显，第三产业在经济增长中比例越大，低碳变现会越明显，其对经济的贡献越大，对控制全球变暖的低碳效用也会越强。据预测，在未来的经济发展中，第二产业、第三产业的碳排放强度均有明显下降，但第三产业的碳排放强度将有最明显的优势，具体见表 6-2[②]。

表 6-2　三大产业碳排放强度　　　　　　　　　　　单位：%

年份	第一产业碳排强度	第二产业碳排强度	第三产业碳排强度
2015 年	0.4218	1.8903	0.087
2020 年	0.4825	1.3422	0.0421
2050 年	0.8609	0.4627	0.0264

五、江苏第三产业发展概况

江苏作为以工业发展为主导的大省，在发展过程中经历了"二一三"到"二

[①] 石柱鲜，吴泰岳，邓创，等. 2009. 关于中国产业结构调整与经济周期波动的实证研究. 数理统计与管理，3.
[②] 张庆民，葛世龙，吴春梅. 2012. 三次产业结构演化与碳排放机制研究. 科技与经济，2.

三一"的产业结构变化。而以工业为主导的产业经济结构必然会持续表现出能耗领域的高消耗和碳排放领域的高排放，在全国的碳排放排名中，江苏的能源消耗或是碳排放均排在了前 15 位，在应对气候变化的国际趋势发展中及在产业结构的优化形势下均显得不容乐观，而在三大产业中，最具备发展前景的，最符合未来发展趋势的，同时也是最具备减排潜力的，则必然是第三产业的优化发展。第三产业又通常被称为服务业，据初步统计，从能耗方面看，服务业单位能耗的增加值仅为工业部门单位能耗增加值的七分之一，而在碳密度方面，服务业的碳密度只有能源行业的十分之一左右[①]。因此可以说，服务业，即第三产业，在全球变暖的国际气候情形下，是产业结构调整的优势产业。

从碳排放强度而言，第一产业碳排放最低，但其国民总收入增加值也较低，在国民经济中的比例更是最低化的。随着国民经济的增长，第二产业发展在江苏比例最高，但是工业产值增加速率远远高于碳排放增加速率，而第三产业的碳排放增加速率则低于其产值增加速率。因此，优先发展第三产业，对于气候变化而言，更符合发展要求与规律。同时第三产业的发展，也符合世界城市化发展的趋势，也更能进一步提升城市内在生活质量和资源利用率，从其可以容纳的生产力和人力资源能力而言，第三产业的优先发展可以提高就业率，促进经济的生态化发展。江苏低碳经济的发展效果，应对气候变化能力的提升，在很大程度上将取决于第三产业的发展取向。

但是，第三产业在江苏的发展受到较大的制约。首先，江苏目前依然是以工业化为主要特征和方向，第三产业的比例仍然偏低。据相关数据，产业结构方面，江苏近三十年的第三产业份额虽然在不同阶段组成要素差别较大，但是第三产业的占有比例一直徘徊在 45% 左右，几乎很难形成较大的突破性发展。主要根源在于江苏的经济结构一直是以生产工业产品为主要目的的第二产业稳稳占据了主导地位。虽然第一产业比例不断下降，但是第二产业依然在蓬勃发展中，物质产品的传统生产状况和理念很难逾越。其次，江苏第三产业的发展不平衡。在研究时为方便同时能反映地域问题，常常将江苏地区分为苏南、苏中、苏北，经过分类再进行分析，就可以轻而易举地发现，由于地区经济的差异，第三产业在不同地区的经济地位、作用和占有比例具有较大差别。其中，以苏州为首的苏南地区，包括无锡、常州、镇江和南京地区，第三产业发展相对先进；苏中地区，即扬州、泰州、南通次之；而苏北的盐城、淮安、连云港、宿迁和徐州则显得相对薄弱，即产值占比相对低，组成结构比较传统。再次，江苏第三产业的发展更多地考虑经济水平和就业影响，低碳化考虑不足。最后，江苏第三产业的发展软硬件准备明显不足。

---

① 李卓霖，董锋. 2013. 江苏低碳经济现状及现代碳产业体系的构建. 科技与经济，2.

六、江苏第三产业发展价值目标

江苏作为经济相对发达的大省，相对全国而言，第三产业的发展也具有较快速度和较发达的水准。但由于江苏也存在着地区差异，因此，发展地区第三产业走向更高端方向，同时平衡好各个地区第三产业发展的协调性。2009 年 9 月 11 日，《江苏省沿海地区发展规划》获得国务院批准[①]，江苏的沿海发展战略成为国家战略，突破了以前的地区战略的局限性，江苏的沿海生态优势、资源优势等将成为江苏经济发展的重大优势，同时江苏自给能源不足，发展第三产业，从而发挥第三产业的低能耗性，正好可以弥补能源不足，而江苏"十二五"发展规划中也多次提出优化产业结构，以发展服务业为经济发展主体。

高端。江苏第三产业发展基础较好，传统服务业已经相当成熟。因此，在传统第三产业基础夯实的基础上发展现代服务业则简便易行。相对于传统服务业，目前江苏发展势头较为旺盛的是房地产业、金融业等。因此，在现有基础上，江苏未来第三产业的发展应向科技创新领域、文化领域、生态旅游领域进一步发展，这类领域符合未来发展方向，有较强的生命力，且能耗低，有利于减排。

协调。江苏作为经济发展大省，其区域的第三产业发展极度不平衡，经济最强的苏州第三产业最为繁荣，而不发达的宿迁、淮安等地区第三产业发展相对缓慢，因此加强不同区域、不同产业之间的协调性，既要促进各地区第三产业共同发展，同时又要防范不发达地区成为发达地区的附庸，从而制约不发达地区的发展。

低碳。江苏自 2010 年以来，一直致力于打造全国沿海低碳经济示范区，应对气候变化是人类的责任，在既不阻碍经济发展又能促进环境保护的严格前提下，只有第三产业而且是高端第三产业才能够实现低碳发展。江苏的碳排放将会随着国际要求我国减排的呼声日渐高涨，令我国成为主要减排国家的情形下，要真正承担大额减排任务，对于第三产业的发展，应在国际情景之下未雨绸缪，以免未来在发达大国压力下显得无所适从而措手不及。

第二节　发展第三产业与江苏应对气候变化的交互关系

一、概述

江苏在整个经济发展过程中，较为注重第二产业和第三产业的发展，并且在

---

① 马涛. 2009. 江苏沿海地区发展规划获批 升格为国家战略. http：//news.sohu.com/20090911/n266636833.shtml.[2016-08-20].

第二产业发展过程中取得了令人可喜的成绩。但是，江苏在发展过程中也是能耗大省，这是由其能源状况和经济发展整体状况决定的。作为长三角地区的重要经济主体（江浙沪），长期以来经济发展的良好机遇与氛围使江苏的经济得以发展。在"十二五"规划中提出了服务经济为主体、先进制造业为支撑、现代农业为基础产业结构模式，提出了以发展现代服务业为主体的经济发展方式，以此实现江苏由经济大省转向经济强省的目标，在该规划中，9 次提出了"生态"目标，实际上更潜在的目标是低碳和可持续发展。在服务业的发展方面，提出了以现代物流、研发设计、金融服务、科技服务、商务服务、信息服务等生产性服务业重点方向，同时对于生活性服务业及新兴服务业提出适当的发展要求。

江苏服务业在发展过程中，可以说是一路突飞猛进。从改革开放初期的占总产值的 19.8%到 2012 年的总产值占比达到 43.5%，从统计数据分析，改革开放以来，江苏第三产业的发展经历了三个阶段和三个重大转折点，从发展速度划分，江苏第三产业的发展经历了四个阶段，分别是 1978～1983 年的基础阶段，在该阶段，第三产业的发展处于起步状态，产值以亿元为单位呈现一位数的慢节奏增长速度；在 1984～1991 年的成长阶段，第三产业发展速度明显加快，产值增长呈现出以亿元为单位的数十亿元的年增长速度；而在 1992～2006 年则形成加速成长阶段，产值增长更是达到了年增速数百亿元，2007 至今则可以称之为腾飞阶段，产值以每年数千亿元的速度迅猛增长。从产值总额划分，江苏第三产业发展经历了三个重大转折年份，分别是 1985 年、1994 年和 2008 年。1985 年全省第三产业产值首次突破百亿元大关，实现产值 116.60 亿元，而历经 9 年后的 1994 年，再次突破千亿元，首次实现 1186.64 亿元，此后江苏第三产业的发展速度直线上升，于 2008 年再次实现历史性飞跃，实现产值 11 888.53 亿元，实现了以万亿元为单位的增长速度。在以制造业乃至整个第二产业为主体的经济发展背景下，仅在工业产值 2005 年实现 10 524.96 亿元的前提下，4 年后在服务业首次突破万亿元。

但是，从低碳角度分析，江苏的发展在全国则不容乐观。虽然与英国 2003 年首次提出低碳经济已相距 10 余年，但是，从宏观角度即从中国是发展中国家的角度、中国人均碳排放水平整体较低等角度着眼，各地也是根据能源资源和环境情势进行着 GDP 为主导任务的发展。在 IPCC 去年发出新报告的形势下，全球变暖和碳浓度的急剧提高不得不使低碳经济提上具体的实践日程。从低碳水平看，江苏的低碳特征并不明显，从某种程度上甚至出现了高碳高排放的征兆。一般对于低碳水平的考核，涉及平均碳排放系数、碳排放总量、人均碳排放量、碳排放强度几个要素，而这几个要素中，江苏地区除了碳排放系数略低于全国平均水平，即江苏为 0.74，而全国碳排放系数平均值为 0.8，其他的参数均高于全国水平，碳排放总量年增长率高于全国 1.1 个百分点，人均碳排放量年增长率高于全国 1.5

个百分点，碳排放降幅落后于全国 0.24 个百分点[1]，从这些角度分析，江苏低碳经济的发展历程任重道远。但是，在能源利用角度，江苏的能源利用效率却显示出良好的势头。在自 1995 年以来的数据统计中，江苏的能源利用效率一直远远高于全国平均水平。国家平均能源效率是 0.38%，江苏平均能源效率则是 0.5%，高出了 32%，从分行业看能源效率，江苏的分行业能源效率也远远高于全国分行业能源效率。江苏第一产业能源效率 2.26%，国家数据是 1.33%，江苏第二产业能源效率 0.33%，国家数据是 0.25%，江苏第三产业能耗效率是 2.02%，国家数据是 0.64%[2]。在三大产业能源效率比较中发现，江苏的三大产业能源效率均高于国家平均水平，而第三产业能源利用效率具有明显优势，是国家第三产业平均能源效率的 3 倍多，因此，利用优势、扬长避短应该成为江苏低碳经济发展的重要战略。

二、第三产业低碳潜势

对于第三产业低碳能力和低碳潜势的评估，主要是根据第三产业的生产总值、生产过程中消耗的能源（在统计年鉴中全部转化为标准煤）、生产总值占比和能耗占比及能耗强度来进行分析，同时进行了第二产业和第三产业同类数据的对比，以求在对比中精确发现两大产业的碳能力，对于第一产业，由于其数据相对较小，同时也有其他章节进行叙述，对于经济发展，主导力量也主要是二三产业，因此对第一产业的相应数据未进行采集和分析对比。

根据表 6-3 数据统计，从 2000 至 2012 年，江苏第三产业总产出从 3069.46 亿元增长到 23 517.98 亿元，而与之对应的能源消耗则从 737.84 万吨标准煤增长到 3139.57 万吨标准煤，能耗强度从 0.24 万吨标准煤/亿元下降到 0.13 万吨标准煤/亿元。对比第二产业，该时段的第二产业产出从 4435.89 亿元增长到 27 121.95 亿元，而能源消耗从 6785.29 万吨标准煤增长到 22 992.16 万吨标准煤，能耗强度从 1.53 万吨标准煤/亿元下降到 0.848 万吨标准煤/亿元。从这些数据来看，目前，纵向角度分析，第二产业的能耗强度虽然有大幅度下降，但是从横向视野剖析，第二产业的能耗或者说碳排放依然远高于第三产业，并达到第三产业碳排放的 6～7 倍。因此，无论从气候角度，还是从经济角度，以及从低碳经济发展的实质视角和长远角度，第三产业应成为未来低碳经济的主导方向，作为低碳经济发展的领头羊。

---

① 李平. 2011. 江苏低碳经济发展的现状与对策研究. 生态经济, 1.
② 刘志彪, 郑江淮. 2012. 价值链上的中国: 长三角选择性开放新战略. 北京: 中国人民大学出版社.

表 6-3　江苏三产能耗表（数值）

年份	二产产值/亿元	三产产值/亿元	二产能强/（万吨标准煤/亿元）	三产能强/（万吨标准煤/亿元）	二产能耗/万吨标准煤	三产能耗/万吨标准煤
2000 年	4 435.89	3 069.46	1.529 63	0.240 381	6 785.3	737.8
2002 年	5 604.49	3 891.92	1.271 91	0.255 339	7 128.4	993.8
2003 年	6 787.11	4 493.31	1.292 11	0.248 002	8 769.7	1 114.4
2004 年	8 437.99	5 198.03	1.319 55	0.255 027	11 134.4	1 325.6
2005 年	10 524.96	6 612.22	1.351 55	0.230 252	14 225.0	1 522.5
2006 年	12 282.89	7 914.11	1.271 64	0.206 398	15 619.4	1 633.5
2007 年	14 471.26	9 730.91	1.211 71	0.187 929	17 535.0	1 828.7
2008 年	16 993.34	11 888.53	1.080 8	0.175 079	18 366.4	2 081.4
2009 年	18 566.37	13 629.07	1.050 79	0.165 018	19 509.3	2 249.0
2010 年	21 753.93	17 131.45	0.959 78	0.152 769	20 879.0	2 617.2
2011 年	25 203.28	20 842.21	0.886 46	0.137 207	22 341.7	2 859.7
2012 年	27 121.95	23 517.98	0.847 73	0.133 497	22 992.2	3 139.6

注：能强表示能源强度，数据来源于《江苏统计年鉴》（2005—2013），能源强度由能耗/产值得出

（一）江苏第二产业碳能力

对于第三产业碳能力的分析，主要从现实能源消耗数据和理论两个角度分析，即从实证角度和理论角度展开。

1. 实证角度

根据《江苏统计年鉴》记载，关于三大产业的各自能耗数据分类始于 2000 年。其中，2001 年的数据处于缺失状态。因此，本章节中有关数据均缺乏 2001 年的同类状态数据。对于第三产业的碳能力，可以从以下几个因素进行分析：第三产业的生产总值和在整个国民生产总值中的比例，第三产业的能源消耗和在整体经济中的能耗占比，具体数据见表 6-4。

表 6-4　江苏三产能耗表（比值）

年份	三产产值/亿元	三产构成比/%	三产排放值/亿元	三产能耗比/%
2000 年	3 069.46	35.9	737.8	8.6
2002 年	3 891.92	36.7	993.8	10.3
2003 年	4 493.31	36.1	1 114.4	10.1
2004 年	5 198.03	34.6	1 325.6	9.7
2005 年	6 612.22	35.6	1 522.5	8.9
2006 年	7 914.11	36.4	1 633.5	8.7

续表

年份	三产产值/亿元	三产构成比/%	三产排放值/亿元	三产能耗比/%
2007 年	9 730.91	37.4	1 828.7	8.7
2008 年	11 888.53	38.4	2 081.4	9.4
2009 年	13 629.07	39.6	2 249.0	9.5
2010 年	17 131.45	41.4	2 617.2	10.2
2011 年	20 842.21	42.4	2 859.7	10.4
2012 年	23 517.98	43.5	3 139.6	10.9

从表 6-4 中可以看出，第三产业在国民生产总值中的比例一直在 35%以上，区间大致为 35%～45%，从 2000 年至今，一直处于上升通道，但其中分为两个区间，即 2000～2004 年，上升和下降状态交错，而从 2004 年至今，基本处于稳步增长阶段，增长最快的是 2010～2011 年，增长了 1.8 个百分点，而在 2003～2004 年，则是典型的负增长，增幅为负 1.5 个百分点。而对应的能耗水平，一直维持在 8.6%～10.9%，与同期第三产业的国民生产总值占比相比较要小得多。"三产构成比"与"三产能耗比"之间的比值大约为 4∶1，即大概生产总值占比为 40%时，第三产业能耗占比为 10%，这说明第三产业的生产过程能耗较低。

另外，该表也反映出第三产业能耗总体较低，即能源利用率较高，但同时显示出一定的不稳定性。2000～2002 年，产值增加了 0.8%，能耗却上升了 1.7%；能耗增加比远远大于产值增加比。2002～2003 年，产值降低了 0.6%，而能耗同期下降了 0.2%；2003～2004 年，第三产业产值下降了 1.5%，同期能耗下降了 0.4%；2004～2005 年，第三产业产值上升了 1 个百分点，能耗占比却不升反降，这说明该年度的第三产业低碳水平较高；同样的产值比例上升而能耗比例下降的情形继续出现在 2005～2006 年；而在 2006～2007 年，产值比例上升了一个百分点，能耗比例丝毫未出现上升；2007～2012 年 5 年间，第三产业产值由 37.4%上升到 43.5%，共上升 6.1 个百分点，同期能耗占比从 8.7%上升到 10.9%，上升了 2.2 个百分点。可以看出，第三产业能耗在过去的 12 年间，在 2004～2009 年，节能效率显得较为出色。而在 2010～2012 年的 3 年间，第三产业产值从 41.4%上升到 43.5%，能耗占比从 10.2%上升到 10.9%，上升了 0.7 个百分点。

以上是对于江苏第三产业产值与能耗比例数量关系的纵向数据分析，总体得出的结论是：第三产业能耗占比远远小于产值占比，由此大致可以推测出第三产业在整体经济中的节能能力、低碳水平相对较高。另外，从横向分析比较，以 2012 年为例，江苏第三产业的产值为 23 517.98 亿元，能耗为 3139.57 万吨标准煤，能源强度为 0.1335 万吨标准煤/亿元，根据中国统计年鉴，全国 2012 年第三产业产值为 231 406.5 亿元，能源消耗为 51 520 万吨标准煤，能源强度则为 0.2226 万吨标准煤/亿元。由此看出，全国第三产业的能源强度远远高于江苏达 66.7 个百分点。江苏的第三产业能耗的低碳水平远远高于国家平均水平。

2. 理论角度

从理论角度讲，第三产业也具有一定的低碳能力和潜力。根据库茨涅兹曲线理论，在经济发展过程中，起初阶段是随着经济的发展，能耗量会呈线性增加，但是，经济发展到一定程度，则会出现拐点，随着经济的发展，能耗量或碳排放会降低。而根据经济发展的产业规律而言，无论是前述的配第-克拉克定律，或者是现实中的各国实践特别是发达国家经过的发展历程均表明，第三产业是发达国家经济发展的重要主导产业，甚至是无论怎么强调都不为过，在库茨涅兹曲线拐点的后半部分，不可否认的是国家经济发展的后工业时代，也就是第三产业成为经济行业领头军的服务经济时代。因此，第三产业的低碳性在此将不言而喻。理论上，第三产业是低碳产业也可以从以下几个理论得到论证。

首先，脱钩理论。在经济发展中，经济发展离不开能源消耗，所以，对于任何一国经济发展而言，要想经济发展，就无法摆脱能源消耗和碳排放随着经济发展不断增量的魔咒。但是，在经济发展与环境、碳排放关系之间，经过国际国内多名专家学者及相关理论的研究论证，存在一定的数量曲线关系，该曲线就是通常所说的库茨涅兹曲线，又称为倒 U 形曲线，在经济发展与环境污染关系中，形成了环境库兹涅茨曲线或周期理论，最初由 Grossman 和 Krueger[1]、Panayotou[2]、Selden 和 Song[3]提出，用来阐释经济发展与环境污染之间的关系，指的是在经济发展过程中，最初环境污染呈正线性关系增长，经济发展越快环境污染就越严重，但是随着经济的进一步发展，越过所谓的拐点后，环境污染就与经济的发展形成反比关系，随着经济的发展环境污染有所缓和，这就是所谓的环境库兹涅茨曲线（environmental Kuznets curve，EKC）。在全球变暖的条件下，对于温室气体的主体二氧化碳从污染角度而言，很多学者认为也应符合库兹涅茨周期理论，从而形成碳排放库兹涅茨曲线（carbon dioxide Kuznets curve，CKC），支持该理论的学者主要有 Galeotti[4]、Jalil 和 Mahmud[5]等，越过拐点之后，国家的碳排放随着经济

---

[1] Grossman G M，Krueger A B. 1995. Economic growth and the environment. Quarterly Journal of Economics，2.

[2] Panayotou T. 1993. Empirical tests and policy analysis of environmental degradation at different stages of economic development. Technology and Employment Program，（R）.

[3] Selden T M，Song D. 1994. Environmental quality and development：is there a Kuznets curve for air pollution. Journal of Environmental Economics and Management，27.

[4] Galeotti M，Lanza A，Pauli F. 2006. Reassessing the environmental Kuznets curve for CO_2 emissions：a robustness exercise. Ecological Economics，57.

[5] Jalil D，Mahmud S. 2009. Environment Kuznets curve for CO_2 emissions：a cointegration analysis for China. Energy Policy，37.

发展进一步降低，最终实现经济发展与碳排放的脱钩关系。但是也有人认为该理论只适用于发达国家，并不能适用于发展中国家。中国有学者采用 OECD 脱钩指数 TAPIO 脱钩指数进行了分析，进行了建模和估算，回归结果表明：对于人均 CO_2 排放量，大部分地区存在 CKC，但基本上都未达到拐点，也就是还处于上升阶段；对于 CO_2 排放强度，大部分地区存在 U 形曲线[1]。最后的结论是：CKC 在中国的适用性有待于进一步的观察。但是，目前中国的大多地区的三大产业与碳排放之间呈现出一定的弱脱钩关系，如果从西方发达国家的发展结果分析，当第三产业发展到一定程度，经济发展与碳排放必然呈现强脱钩关系。针对第三产业的脱钩可能性，中国也有学者进行了细化研究，分别对第三产业的流通部门、交通部门、批零餐住部门的脱钩关系进行了详细分析，得出结论：交通部门的脱钩能力较弱，而其他部门的碳脱钩能力较强，实现脱钩的可能性较大[2]。因此，总体说来，在三大产业发展中，第三产业的减排甚至是零排放的可能性最大。

其次，总部经济理论。该理论在中国的兴起主要是源于国外商务园区的大量出现。它因为某一单一产业价值的吸引力，而出现众多资源大规模聚合，形成有特定职能的经济区域，在此区域高端集合，如同军队里发号施令的司令部，司令部辐射周围区域，成为一种特殊的经济模式，在中国称为总部经济，该区域也相应地被称为总部基地。究其概念，其重要的创始人张鹏教授认为：总部经济是在单一产业价值观念中的现代人类高端智能的大规模极化与聚合[3]。总部经济是企业内部价值链基于区域比较优势在不同区域进行空间布局优化的一种经济表现形态。总部经济伴随着世界经济全球化而来的，实现了经济全球化所要求的最经济原则，即实现成本最小化、利益最大化。在总部经济的大理念下，实现生产基地与企业的品牌开发、技术创新研发、销售、经营管理等高端生产性服务业相分离，从而形成生产成本最低化、服务效率最优化的最佳配置状态。总部经济从实质而言是为制造业服务。制造业，根据不同学者的阐释，总部经济更多地涵盖了为生产服务的生产性服务业。2014 年 6 月 17 日的成都日报这样记载："总部经济作为对经济社会发展具有强力带动和辐射作用的高端服务业经济形态，是城市经济发展的重要支撑力量，在城市发展方式转型中具有突出的战略地位"[4]。如果这是外行媒体的定位，在学界也存在着更为精确的定性，如有学者这样阐述总部经济的性质与作用："总部经济作为一种现代服务型经济，信息和知识相对密集，其各项高端商务活动的高效运营，能够对现代服务业产生强大的市场需求，促进高

---

① 王佳，杨俊. 2013. 地区二氧化碳排放与经济发展——基于脱钩理论和 CKC 的实证分析. 山西财经大学学报，1.

② 杨浩哲. 2012. 低碳流通：基于脱钩理论的实证研究. 财贸经济，7.

③ 张鹏. 2007. 总部经济时代. 北京：华夏出版社，42.

④ 尹婷婷. 2014-6-17. 总部经济：建服务业核心城市的重要抓手. 成都日报.

附加值、高层次、知识型的生产服务业和生活服务业发展，主要包括金融、信息咨询、电子商务等行业，形成低污染、低排放、高产出的经济活动，有效节约城市资源能源型要素[①]。学者毛翔宇等则得出以下总结："总部经济作为服务业中较为高端的一个环节和业态，其集聚动力机制既有自身特性，也包含许多服务业集聚动力机制的共性。""总部经济的类型也可以分为本身就以服务业为主业的总部经济和生产性服务业的总部经济两种。""从上海来看，上海的生产性服务业总部，多位于上海的各个开发区内；而上海的高端服务业总部，则主要位于上海的各个中央商务区（central business district，CBD）之中"[②]。王征博士认为："强大的总部经济能为知识型服务业提供广阔的市场和发展空间"[③]。因此，总部经济对服务业的发展及其所具有的辐射效应、聚集效应、增值效应等[④]，实际上均折射出其与生俱来所有独有的低碳效应。

最后，产业价值附加值理论。众所周知，第三产业的附加值要高于第一产业和第二产业，以《华尔街日报》报道的罗技公司的鼠标为例，Wanda 无线鼠标在中国组装完成，售价大约 40 美元，利益分配的构成是：罗技公司 8 美元，分销和零售商 15 美元，其他零部件供应商 14 美元，而中国制造商仅拿到 3 美元[⑤]。这就是"made in China"的制造业大国的产业链上的命运。而在制造过程中，消耗了大量的能源资源，最终导致高排放低产出的高能耗结局。而这一案例中的品牌所有者、核心技术的研发设计主体、流通销售主体却获得了相对较高的利益，无论是处在产品价值生产上游的品牌设计研发商，还是处在产品价值实现下游的营销者，都是产品附加值的高端服务方，是现代高端新型服务业的组成部分，这部分主体拥有非物质性生产资料，拥有的是知识性隐形财富。总体说来，第三产业是在社会分工不断深化的过程中在第一产业和第二产业基础上中出现并得到大发展的产业。第三产业的精细化、知识化、技术化、创造性等特征决定了第三产业的高附加值。第三产业附加值的产生与实现的基础依然是制造业，通常所说的"皮之不存毛将焉附"在二三产业的关系上显得更为贴切。就目前状况而言，在服务业附加值贸易中，美国、德国和英国处于核心地位，而中国在这一领域由于发展的落后，其国际地位相对无足轻重[⑥]，这是中国在经济发展中的致命弱势。就江苏而言，根据江苏统计年鉴，人均 GDP 在 2010 年就已经超越了 7700 美元，从制造大省走向制造强省的条件已经具备，而制造强省意味着在研发、品牌设计、核心

---

① 丁一文. 2011. 总部经济推动城市绿色发展. 改革与开放，3.
② 毛翔宇，高展，王振. 2013. 基于总部经济的服务业集聚动力机制探讨. 上海经济研究，8.
③ 王征. 2013. 总部经济：中国产业转型的战略途径. 环渤海经济瞭望，6.
④ 邱仰林. 总部经济是"人"的经济. 中国建设报，2013-5-8.
⑤ 刘志彪. 2012. 价值链上的中国：长三角选择性开放新战略. 北京：中国人民大学出版社.
⑥ 廖泽芳. 2014. 全球贸易附加值之图. 世界经济研究，5.

技术方面有较大的附加值产生能力，即高端生产性服务业有大幅度的提升。如果继续定位在低端制造，产品附加值会依然停留在极低水平而效益与价值被国外的主体拥有，如家乐福、沃尔玛等国外零售商等吸收产品高价值收益。而从碳排放总量和碳强度及能源强度而言，高端附加值的生产服务业，也就是现代服务业的低碳性特点则自然彰显。因此，在江苏经济发展过程中，调整产业结构，进一步以高端服务业提升基础制造业，使得制造业大省变为制造业强省和服务业新型省最终实现低碳大省的战略，应该成为江苏低碳经济发展的重要战略。

（二）江苏第二产业、第三产业碳能力比较

由于第一产业领域的碳排放从统计数据分析，一直处于相对较低的水平，而且就关联性而言，第二产业与第三产业的发展关系较为紧密。在整个产业结构的发展框架中，如果发展的倾向性重点投入在第二产业上，毫无疑问会影响第三产业的发展，而第三产业的构成分为两大服务业：生产性服务业和消费性服务业，生产性服务业在服务业中占据相当核心的地位，生产性服务业发展的优劣关乎第二产业的发展潜力和现状，同时生产性服务业及其影响下的第二产业在经济发展中处于决定性地位，又会影响消费性服务业。因此，对于各产业碳能力的比较，本书只选取了第二产业和第三产业（表 6-5），从各产业产值占国民总值比例、碳排放总量及碳排放占三大产业比例，碳排放强度等参数方面比较第二产业和第三产业的碳能力，从而清晰地得出产业发展的未来发展应该的方向和路径，有利于在严峻的国际形势面前，在低碳经济的国际呼声压力下，能使江苏的低碳经济相对有一定优势。

表 6-5　江苏二三产业产值构成

年份	二产产值/亿元	三产产值/亿元	二产构成比/%	三产构成比/%	二三产比重差/%
2000 年	4 435.89	3 069.46	51.9	35.9	16.0
2002 年	5 604.49	3 891.92	52.8	36.7	16.1
2003 年	6 787.11	4 493.31	54.6	36.1	18.5
2004 年	8 437.99	5 198.03	56.3	34.6	21.7
2005 年	10 524.96	6 612.22	56.6	35.6	21.0
2006 年	12 282.89	7 914.11	56.5	36.4	20.1
2007 年	14 471.26	9 730.91	55.6	37.4	18.2
2008 年	16 993.34	11 888.53	54.8	38.4	16.4
2009 年	18 566.37	13 629.07	53.9	39.6	14.3
2010 年	21 753.93	17 131.45	52.5	41.4	11.1
2011 年	25 203.28	20 842.21	51.3	42.4	8.9
2012 年	27 121.95	23 517.98	50.2	43.5	6.7

　　从表 6-6 的数据中可以发现,江苏第二产业一直以来都是经济发展的重心,在国民生产总值中的比例一直占据 50%以上,在 2004～2006 年,一度达到了 56%以上,但是这个阶段以后,其在国民经济中的比例一直在逐年下降。从碳能力上看,第二产业的碳排放总量从 2000 年的 6 785.3 万吨标准煤增长到 2012 年的22 992.2 万吨标准煤,其碳排放在三大产业总排放中占据比例逐年数据分别是78.8%、74.2%、79.3%、81.6%、82.9%、83.3%、83.7%、82.6%、82.3%、81.0%、81.0%、79.7%,该组数据远远超出了第二产业在国民经济总产值中的比例,由此可以得出结论,第二产业在发展过程中的碳排放相对较高,可以说是处在一种高增长下的高能耗、高排放状态。

表 6-6　江苏二三产业能耗构成

年份	二产排放值/亿元	三产排放值/亿元	二产碳比/%	三产碳比/%	二三产碳比差/%	二产碳强/(万吨标准煤/万元)	三产碳强/(万吨标准煤/万元)
2000 年	6 785.3	737.8	78.8	8.6	70.2	1.529 63	0.240 381
2002 年	7 128.4	993.8	74.2	10.3	53.9	1.271 91	0.255 339
2003 年	8 769.7	1 114.4	79.3	10.1	69.2	1.292 11	0.248 002
2004 年	11 134.4	1 325.6	81.6	9.7	71.9	1.319 55	0.255 027
2005 年	14 225.0	1 522.5	82.9	8.9	74.0	1.351 55	0.230 252
2006 年	15 619.4	1 633.5	83.3	8.7	74.6	1.271 64	0.206 398
2007 年	17 535.0	1 828.7	83.7	8.7	75.0	1.211 71	0.187 929
2008 年	18 366.4	2 081.4	82.6	9.4	73.2	1.080 8	0.175 079
2009 年	19 509.3	2 249.0	82.3	9.5	72.8	1.050 79	0.165 018
2010 年	20 879.0	2 617.2	81.0	10.2	70.8	0.959 78	0.152 769
2011 年	22 341.7	2 859.7	81.0	10.4	70.6	0.886 46	0.137 207
2012 年	22 992.2	3 139.6	79.7	10.9	68.8	0.847 73	0.133 497

　　从二三产业国民经济总产值比例对比和碳排放对比数据分析,第二产业的碳排放数据远远高于第三产业,第二产业国民生产总值比例一直高于第三产业,其百分比差最高为 21.7%,即高出 21.7 个百分点,最低为 6.7 个百分点。而从碳排放比例分析,第二产业的碳排放比例则数据显得较大,最高占比达到 83.7%,最低占比则达到了 74.2%,而同期的第三产业排放则明显占据较大优势,比例最低才到达 8.6%,而最高也不过 10.9%,可见第二产业碳排放最高比例达第三产业碳排放最低比例近 8 倍,第二产业最低碳排放比例达第三产业最高碳排放比例近 7倍,二者之间的碳排放关系均在数倍之间。由此发现,第二产业的产值比例一直稍高于三产业,但是第二产业的碳排放比例一直都达到第三产业排放值的数倍。从表6-6 可以看出,二三产业碳排放比例差 2000～2012 年分别达到了 70.2%、53.9%、

69.2%、71.9%、74.0%、74.6%、75.0%、73.2%、72.8%、70.8%、70.6%、68.8%，仅仅从两大产业碳排放比例差数据上看，就达到了第三产业碳排放的 6～7 倍。

再从二三产业的碳排放强度分析。以 2000 年为起点，该年的第二产业碳排放强度是 1.5296 万吨标准煤/万元，而第三产业的碳排放强度是 0.2404 万吨标准煤/万元，截至 2012 年，第二产业的碳排放强度是 0.8477 万吨标准煤/万元，而第三产业的碳排放强度是 0.1335 万吨标准煤/万元。从纵向角度分析，第二产业和第三产业在低碳方面都在进行不懈的减排努力，并且都取得了显著的成效。第二产业的碳排放强度从 1.5296 万吨标准煤/万元下降为 0.8477 万吨标准煤/万元，第三产业的碳排放强度从 0.2404 万吨标准煤/万元下降为 0.1335 万吨标准煤/万元，两大产业碳排放下降都达到了近一半，低碳成果明显卓著。从纵向分析，第二产业的碳排放强度一直远远高于第三产业的碳排放强度，而且一直稳稳高于其排放强度的 6～7 倍。

由表 6-5、表 6-6、图 6-1～图 6-3 及相应的数据分析可以得出结论，在经济发展过程中，第二产业的排放远远高于第三产业的排放，第二产业的低碳能力要远远低于第三产业。因此，在气候变化下的经济发展中，低碳潜势低碳能力应该成为经济发展中的重要考虑因素。在经济发展策略中，优先发展低碳能力较强、低碳潜势较高的第三产业应该成为低碳经济发展的重要策略。除考虑字面数据统计中的结论，如果把经济运行中的二三产业能源倾斜制度与相应机制考虑其中，如第二产业的工业用电价格为最低，而第三产业中的商业用电则价格远远高于工业用电等方面，可以进一步发现：从实质层面，第三产业的低碳能力在相同条件下，可能比目前数据的表现更为优秀，第三产业的低碳潜力还有待进一步挖掘。因此，在今后气候变化已成为国际考虑的重要问题，中国在强大的减排压力面前，低碳经济已成为不二选择，第三产业的优先发展应成为重要基本原则，这既有利于中国自身的经济结构优化和低碳，更有利于在国际经济发展中去除国外对中国的高碳诟病和提高中国国际经济地位与能力。

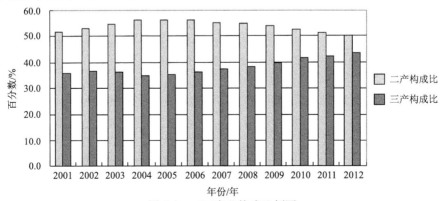

图 6-1　二三产业构成比例图

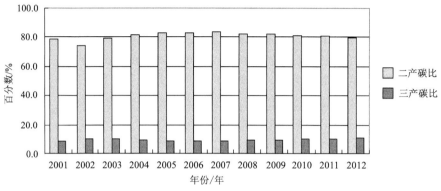

图 6-2　二三产业碳排放比例图

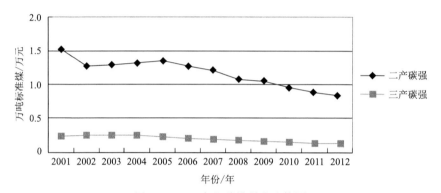

图 6-3　二三产业碳排强度比较图

三、气候变化下第三产业发展的总思路

通过上述对二三产业碳能力的分析与比较可以得出结论：大力发展江苏第三产业以促进低碳化将是江苏气候变化下实现低碳经济发展的主要方向。从目前江苏第三产业内部结构分析，可以发现江苏第三产业在总体上仍然停留在传统服务领域，总体显示为相对落后，即便是到 2012 年，江苏第三产业总值在国民经济中的比例仅为 43.5%，且为历史以来最高值。这个比例在东部沿海城市则显得较低。而上海地区从 2005 年以来就一直高于 50%，在 2011 年高达 57.9%。而且，江苏地区还分为苏南、苏中和苏北，三个地区的三大产业发展差别较大，因此，目前江苏第三产业的总体发展状况从好的方面可以总结为结构有所优化、低碳成绩卓著、发展潜力较强；从不足的方面而言，可以总结为总体落后、地区悬殊、低碳不足这三大点。

对于江苏第三产业内部结构，有学者从宏观角度进行了剖析，将其分为生产性服务业、消费性服务业和公共服务业三大类，进行相应定量分析后总结出来江苏第三产业结构发展特征如下所述。

第一，比较生产服务业、消费服务业和公共服务业，三者发展规模最大的是生产性服务，消费服务业居中，而公共服务业的增长速度则居于末位。

第二，为社会公共需要服务的公共服务业发展速度与第三产业相当。为个人服务的消费性服务业滞后于第三产业整体水平的发展。为企业服务的生产性服务业发展趋势稳定，呈现逐步的上升趋势，其发展速度超过第三产业整体。

第三，资金、技术密集型服务业发展最为迅速，劳动密集型的服务业次之，公共服务业相对较慢。房地产、金融服务业发展最快，租赁和商业服务、文化、体育和娱乐业增长相对较慢。

第四，根据支柱产业的特点和要求，目前江苏第三产业支柱的行业主要为交通运输仓储和邮政业、批发和零售业、房地产业和金融业[①]。

综合分析以上江苏第三产业现实状况、发展规律及碳能力的阐释，从气候变化角度来透视低碳经济下的江苏第三产业未来发展，江苏在第三产业发展方面，应该遵循如下的"四化"思路。

1. 高级化

高级化指的是江苏第三产业发展应该从传统服务业下进一步拓展开来，从上述分析可以发现，江苏的技术密集型服务业发展迅速，这就说明，江苏完全有基础有能力发展技术创新型第三产业。而在房地产业、金融服务业方面，江苏的发展速度在第三产业结构内相对其他行业发展也是相当迅速的。而技术密集型服务业是与国际接轨的新方向，在发达国家经历了发展过程中的劳动密集型转向资金密集型继而转向技术密集型的新兴经济下，江苏的技术密集型产业与国际走在了同一轨道上，毫无疑问极为有利地促进了第三产业的迅速优化发展，而技术因素也是促进减排的重要因素之一。

2. 合理化

江苏是制造业大省，因此也是碳排放大省。在气候变化现实面前，减排是迫切需要，但是不能因噎废食。在经济发展规律中，当工业发展到一定程度自然会走向后工业时代，因此，以服务业带动江苏工业早日走向后工业时代是江苏第三产业发展的主导思想。在现阶段应考虑优先以发展生产性服务业为重点，以此进一步促进制造业的发展，在此基础上促进第二产业的提高为提早进入后工业化服务，同时带动消费性服务业发展步伐的加快。在此发展过程中，生产性服务业优化了制造业的产出与结构，第二产业的低碳化同时也得到了实现。

---

① 赵成柏. 2011. 江苏第三产业内部结构特征实证分析. 华东经济管理, 4.

3. 高值化

高值化即高附加值化。在全球产业价值链中,中国制造已是家喻户晓,但是制造的同时也是国外转移高碳排放产业的过程,另外还是被全球高端产业吸金的过程。在整个过程中,中国的生产价值低值化,毫无疑问生产过程被高碳化,产品的较高价值部分转移道路品牌所有者、研发者、流通的仓储销售者手里,而这些过程由于价值高化,则碳排放毫无疑问被低化了。因此,无论从经济发展角度,还是从全球气候变化的低碳排放角度,中国在服务业中进一步加强高附加值服务业的发展与贸易,都将有利于第三产业的低碳化。

4. 低碳化

第三产业在发展过程中,应该尽量通过一定的政策和制度减少相关产业的排放,例如,目前已经实现的低碳旅游,其中就包含旅游线路的低碳化、团队的低碳化、旅游接待的低碳化、旅店产品的低碳化,也就是从旅游线路上节约资源,采用主体集聚化旅游,较少的人力物力安排接待并且取消一次性的酒店产品以减少资源能源的消耗,除了旅游业,在仓储物流、交通运输及批发零售、餐饮等行业都存在着进一步低碳化的可能,而且低碳化的潜力相当强大。

在第三产业的碳减排四化思路下,可以考虑从结构优化和技术创新两个角度来实现和促进第三产业的碳减排以取得良好的效果。

四、气候变化下第三产业结构优化

结构优化对于第三产业的碳减排具有重要的作用,学者郭朝先博士总结产业结构对碳排放的影响发现,在过去的 10 多年时间里,产业结构效应对碳排放增长的平均贡献率为 10%~16%,高耗能产业上升或下降 1 个百分点所对应的 CO_2 排放量增加或减少 2.2~2.9 亿吨,并且得出预测结论:未来产业结构变动将减少 CO_2 排放 5 亿吨左右,对碳排放增长的贡献率约为 15%(最大可能),减排贡献度高值为 20%,低值为 10%[①]。对于江苏第三产业结构优化方面可以从三个层次进行:第一层面是第三产业内部结构优化;第二层面是三大产业间的第三产业结构优化;第三层面是江苏苏南、苏中、苏北地区间的第三产业结构优化。

(一)第三产业内部结构优化调整

从江苏统计年鉴对于第三产业的内部行业分类来看,第三产业内部行业细分为交通运输、仓储和邮政业,信息传输、计算机服务和软件业,批发和零售业,

---

① 郭朝先. 2012. 产业结构变动对中国碳排放的影响. 中国人口. 资源与环境,7.

住宿和餐饮业，金融业，房地产业，租赁和商务服务业，科学研究、技术服务和地质勘查业，水利、环境和公共设施管理业，居民服务和其他服务业，教育，卫生、社会保障和社会福利业，文化、体育和娱乐业，公共管理和社会组织等 14个行业。从表格中可以看出，江苏第三产业中占据主导地位的行业主要有批发零售业、金融业、房地产业及交通运输、仓储和邮政业四个行业，其中，批发和零售业一直以来具有绝对优势，生产总值占有比例一直达第三产业的四分之一左右，而流通领域即交通运输、仓储和邮政业一直以来比较稳定，占据比例在10%左右，金融业三年中一直处于发展状态，上升了 2.64 个百分点。房地产业则与市场和宏观调控相关，2010 年在经历 2008 年金融危机后有所回升，在近两年国家宏观政策调控下有所回落。从总体上看，江苏第三产业在很大程度上依然依赖于传统的服务业，新型及高端产业发展严重不足。但是，从发展势头分析，江苏第三产业具有良好的发展前景，以信息传输、计算机服务和软件业为例，除 2010 年较 2009年有所下降，2010～2012 年三年间均走在上升通道，三年提高了 1.16 个百分点。在科学研究、技术服务和地质勘查业，发展趋势与信息传输、计算机服务和软件业基本类似，也是在 2009～2010 年有一个轻微的回落后连续三年处于上升状态。而典型的实现资源最佳配置，有效利用资源的租赁和商务服务业则一直处在上升发展过程中。

　　因此，在江苏第三产业的内部结构调整过程中，调整策略可以遵循如下路径：在保持现有的传统服务业稳健增长的基础上，通过财政、金融、税收政策及国家补贴等方法，进一步推动科学研究、技术服务和地质勘查业与信息传输、计算机服务和软件业，通过这些行业的发展为江苏制造业提供更为高端的服务以更好地促进生产资源的配置和产品附加值的提高，同时也促进这些行业的自身发展。对于租赁和商务服务业，也通过一定的鼓励政策促进其繁荣，实现服务资源的合理利用和最佳配置。而对于金融和房地产业这些新兴产业，江苏历来发展较为健康顺利和良好，特别是金融业，可以考虑进一步促进其合理进入市场并采取适当规制来发挥其市场作用，同时加强金融市场的监控以防止市场紊乱和不法行为。

（二）三大产业结构间的第三产业调整结构

　　如表 6-7 所示，江苏在十多年来产业结构处在不断优化整合之中，在经济结构优化调整中江苏经济获得较快发展。作为东部沿海经济发达地区，江苏经济取得了长足的进步。但是，在发展中，作为城市化和低碳化象征的第三产业发展一直处于徘徊状态。通常在西方发达国家，第三产业的国民生产总值比例占 70%以上，而其中生产服务业产值的比例占第三产业产值比例的 70%以上，即通常所说的"70%现象"。而根据江苏统计年鉴，直到 2010 年，江苏第三产业的发展才首次历史性突破了 40%以上，达到 41.4%，到 2012 年，江苏第三产业的生产总值的比例才仅仅达到 43.5%。对于这个层面而言，江苏第三产业发展并未达到经济发达的标准，也与东部沿海省份的地理位置不相符合，其第三产业仅达到国内的平均水平，未能处于领先地位，与其制造业的发展步伐业不相匹配。经济领域权威专家对此现象的解释是："江苏发展较快的第二产业压低了第三产业份额，而过去一直贯彻的出口导向型经济发展战略和经济地理因素，在某种程度上导致了江苏（也包含浙江）的服务业发展'被抑制'"①。

表 6-7 江苏第三产业内部构成百分数   单位：%

产业	2009 年	2010 年	2011 年	2012 年
交通运输、仓储和邮政业	10.43	10.31	10.14	10
信息传输、计算机服务和软件业	3.86	3.53	4.25	4.69
批发和零售业	26.24	25.93	25.71	24.26
住宿和餐饮业	4.97	4.15	4.48	4.44
金融业	11.7	12.28	12.5	13.34
房地产业	14.84	15.17	13.21	12.73
租赁和商务服务业	4.07	5.06	5.66	6.02
科学研究、技术服务和地质勘查业	2.26	2.13	2.36	2.6
水利、环境和公共设施管理业	1.13	1.26	1.42	1.37
居民服务和其他服务业	2.15	2.61	2.83	2.92
教育	6.37	5.96	5.9	6.04
卫生、社会保障和社会福利业	3.05	2.92	3.07	3.11
文化、体育和娱乐业	1.1	1.29	1.18	1.29
公共管理和社会组织	7.58	7.25	7.31	7.13

除了第三产业的生产总值比例远远偏低于 70%的发达要求，第三产业中的生产性服务业的发展也相对较为落后。以目前最发达的 2012 年为例，第三产业生产总值中交通运输、仓储和邮政业为 10%，信息传输、计算机服务和软件业为 4.69%，批发和零售业为 24.26%，金融业为 13.34%，租赁和商务服务业为 6.02%，科学研究、技术服务和地质勘查业为 2.6%，六行业的比例总和为 60.91%。对于实质层面而言，发达国家的生产性服务业在"70%现象"中占据国民生产总值的 49%，也就是 50%左右，这才是发达所在，也是低投入、高产出之高端所在。而江苏地区生产性服务业在国民生产总值中的比例为 43.5%（第三产业在总体国民生产总

① 刘志彪. 2011-6-25. 重新认识江苏第三产业滞后. 新华日报.

值中的比例）×60.91%（服务业产值在第三产业中的比例），最终结果是26.5%。也就是与西方发达国家相比，中国在经济结构中的生产性服务业占有比例仅仅是西方国家的二分之一，所以，江苏的第三产业发展水平有待提高，第三产业中的生产性服务业更是亟待提高行业中的重要因素。

因此，对于气候变化下江苏第三产业结构的调整和优化而言，主要着力点应放在降低第二产业的总值比例，关闭高能耗高排放产业，多打造科学技术产业创新园区，重点发展信息和研发力量，提升生产服务能力，并加强集聚化和分类性，这样就能使第二产业效能化和低碳化，同时也有利于第三产业的长效化、低碳化和高端化。

（三）江苏地区间第三产业结构调整

气候变化下江苏第三产业结构的调整，除了考虑第三产业内部结构的调整，同时也要考虑到三大产业间第三产业机构的比例协调。除此之外还需要考虑江苏地区间的差异。

江苏共有13个省属地级城市，根据地理和经济总体状况分为苏南、苏北和苏中三大地区。苏南即苏州、无锡、常州、镇江和南京，苏中地区包含南通、扬州和泰州，而苏北则把包含盐城、淮安、宿迁、徐州和连云港，即"两头大中间小"的"五三五"结构。但是，如果根据第三产业的发展状况，则三大地区的划分可能稍有不同。根据第三产业的生产总值水平，可将其划分为发达区、次发达区和相对不发达区，其中，第三产业发展较好的有苏州、南京、无锡和徐州，其中发展最好的当属苏州，次发达区有南通、常州、盐城、扬州、镇江、泰州，而相对不发达区有淮安、连云港、宿迁[①]。这样就行成了第三产业发展中的"四六三"结构。因此，要进一步促进江苏第三产业的整体协调发展，必须要考虑目前第三产业的地区差异。

在地区第三产业发展思路中，可以根据目前的"四六三"结构进行协调发展，同时考虑地理上的苏南、苏中、苏北位置，由于南京是省会城市，具有重要的经济战略地位，徐州是苏北的服务业发达城市，可以考虑以这两个城市为中心建立南北呼应的服务业高端发展区，在服务业发展方面建立各类服务业产业聚集区，总部经济及CBD中心商务区，作为政治经济中心，省会城市南京可以采用适当的倾斜政策建立核心产业群区，总部区中心商务区，对于次发达地区，根据地理状况和服务业发展水平，可以将南通作为次发达地区核心发展区，南通除了有发达的纺织业，还有较为有力的港口经济，是带动服务业发展的较好的核心区和有效辐射区。同时考虑在苏北地区发挥资源优势，建立一些基本的生产基地，发达地

---

① 谢燧琳，苗壮. 2010. 江苏第三产业的地区差异及影响因素分析. 商业经济研究, 33.

区建立总部指挥中心，这样形成资源优化配置、优势集中发挥的低投入高产出的低碳产业模式。

五、气候变化下第三产业技术优化

产业结构的优化与提升能够从一定程度上实现减排，但是技术优化对于减排的作用也是显而易见的。技术要素对于减排的作用也有不少学者进行了研究，例如，赵欣、龙如延在 2010 年对江苏的碳排放涉及因素进行了研究，发现了经济规模、技术要素、产业结构及能源结构对于碳减排的影响[①]，学者刘建翠通过研究也发现，在第二产业和第三产业中，技术进步对于碳减排具有重要作用[②]。对于技术进步对碳减排的促进作用的研究文章虽非汗牛充栋，但是加强技术开发、保护知识产权[③]、促进"知识助技术技术固知识"的减排论点相当多。所以，从技术方面进行减排努力也是必然要求。

在第三产业中，以技术优化实现减排的途径较为多样化，主要包含服务业的管理技术优化，技术创新园区优化，产学研的结合优化、战略新型产业的合作优化等方面。在服务业管理技术优化方面主要指服务业的资源能源利用方面加强组织管理，实现效率化的能耗最低化，例如，大型超市实行统一订货与采购制度，餐饮业实行废弃食物分类置放制度，等等。而技术创新园区优化则指的是创业园区的中心化、分类化与集聚化，即可以考虑在商业繁华地带（中心）进行信息化、研发性科技类产业集中（集聚），同时为防止重复建设形成资源浪费，并降低效率，有规划的不同种类的科技创业园的建设（分类）。对于产学研的优化结合，则是至研究机构或是高等院校与实体的结合，实现理论与实践的最佳联姻，同时对于高等院校而言，还可以有效低成本地为将来经济的发展提供生力军储备，低碳型自然不言而喻。而在国际战略新型产业合作方面，由于国外往往发展起步早，其技术优先，而中国人力优先，二者的结合使得双方共赢，而我们作为技术落后方在技术上也可以获得一定程度的发展。

六、气候变化下新型第三产业发展展望

气候变化下第三产业的低碳化发展是第三产业未来发展的必然方向，但是从哪些领域如何实现低碳发展，这才是解决问题的真正落脚点所在。下面将从碳交易市场的发展，低碳旅游业、低碳运输物流业、低碳餐饮业、低碳科学创新园、

---

① 赵欣，龙如延. 2010. 江苏省碳排放现状及因素分解实证分析. 中国人口. 资源与环境，7.

② 刘建翠. 2013. 产业结构变动、技术进步与碳排放. 首都经济贸易大学学报，5.

③ 周建安. 2011. 国际服务外包、知识产权保护与承接国技术进步：金融市场在其中所起的作用. 首都经济贸易大学学报，3.

循环经济的发展（如废弃物回收体系的发展）、低碳金融业、低碳商贸租赁业、低碳信息软件业等具体领域探讨第三产业的低碳发展。

碳交易市场的发展。目前，在江苏还没有建立真正的碳交易市场，该市场是气候变化下能够测算相应主体的减排实际能力的服务市场。该服务业自身无法完成减排，但是实现其他产业的碳减排能力是巨大的，更可以说减排能力不可估量，国外的伦敦、纽约、芝加哥的这类交易市场已经完善，中国的上海、天津等地也建立了碳交易所，对于经济发展较为繁荣的江苏地区建立起完备的交易市场和完善的交易制度也将有利于核算测定有关行业的碳排放量，促进江苏地区的碳减排以市场化方式有序有效进行。

低碳旅游业。江苏有着庞大的旅游产业，海滨旅游、文化旅游、湿地旅游、历史名城旅游等在不同地区以不同方式存在，可以采用人员团队化、交通公共化、交通工具低碳化（如鼓励步行、多连坐自行车或多人电瓶车等）住宿餐饮低碳化等一体化方式规制低碳旅游。

低碳运输物流业。运输物流业包含公共交通和运输物品，在第三产业中的历史排放值相对较高，但是近年来其排放已大幅度降低，原本该行业排放是批发零售业的两倍多，而目前其排放量已经逐渐小于批发零售业[①]。这主要是由于在运输领域的燃料有了一定的改进，同时在运输管理与结构优化方面均取得了重大进步。因此，推广使用低能耗低排放的燃料，同时促进运输的效率化，进一步完善管理的科学化将有助于促进物流业的健康低碳化发展。

低碳餐饮业。目前，低碳餐饮业在江苏乃至全国的发展都存在着巨大的潜力空间。对于低碳餐饮业的低碳化进程，主要考虑从两个方面展开：第一，以制度促进顾客合理消费；第二，对于餐厨废弃物实现合理化循环利用。因此，采用统一的餐饮量化控制制度，例如，残余量不得超过一定比例，否则予以罚款制度控制高碳式消费，另外对于餐厨废弃物品进行合理利用，油品回收用于航空或其他燃料，菜叶等回收制肥，熟食等加工饲料都将有助于实现低碳化。

低碳科学产业创新园。对于中心化、分类化、集聚化的低碳科学创业园的建立，前面已经阐述，这里不再赘复。但是此处的低碳科学产业还应该包括低碳化利用研究机构或高等院校的人力资源、知识资源，以及与其他科学创业园实现良好的分工合作，人尽其能，物尽其用，并防止重复研究的出现。

循环经济的发展。循环经济的发展主要有制造业领域和服务业领域，在这里主要是指服务业领域的循环经济。该领域主要包括住宿餐饮业的一次性物品的取消提供，而是代之以可以反复使用的物品与工具，如不得提供一次性碗筷、打包餐具进行收费。另外还包括回收行业的有效开展，如纸制品的有效回收、家电产

---

① 毛春梅，周婷婷. 2013. 产业转型升级中的碳排放研究. 工业安全与环保, 2.

品的回收，从低碳化角度而言，家电废弃物是城市矿产，进行回收的过程中，有大量的金银铜及其他稀有金属可以重新实现其价值。

低碳金融业。当今的金融机构已经从传统的借贷等金融业务走向新型的包含产权交易、期货、股权投资、固定收益投资及证券、银行、保险、租赁等领域的新型金融。创新金融业务，吸收大量的外资进入，将有利于江苏更好地拥有外来资源实现收益的最大化。而且，在金融领域，碳金融将会在未来拥有一席之地，所以占据领先地位，更好地为将来的碳市场提供金融服务，也是江苏实现低碳化的有效途径。

低碳商贸租赁业。现代商贸租赁业已经走上了电子网络化的途径，江苏的商贸租赁业在近年来获得了一定程度的发展。在此基础上，加强信息化程度，大力推定服务平台建设，以电子商务、网络平台来加强商贸租赁业的发展，同时构建有效的商务信用体系，促进大型生产资料和昂贵生活资料的流通与使用，实现低投入、高产出的低碳之路。

低碳信息软件业。目前，有大量的专用软件日益提高着学习、生产和生活效率，这本身就是科学促进低碳的一种方式。因此，在今后的发展过程中，进一步提高教育软件、生产软件、管理软件的开发，同时加强知识产权保护，并对开发者进行一定的奖励，对于盗用软件行为给予严厉的惩处，将有助于信息软件业的推广与低碳化。

第三节　优先发展低能耗服务业的立法取向

一、概述

从上述章节可以得出结论，在全球变暖为主的气候变化条件下，江苏从适应全球气候变化及自身发展角度，发展低能耗产业，发展低排放的第三产业，毫无疑问应该成为首要选择。

发展低碳经济实现低碳减排是全球一直努力的目标，而每年年底的世界气候变化会议的召开，最终难以取得实质的效果。最根本的原因是缺乏具有真正强制力的国际性法律。而从实际成效分析，各国的低碳经济要取得卓著成效，都必须以高度强制力的法律为坚强后盾。从国际法角度，各国都是具备独立主权的主体，难以采用单一标准强制，而且气候变化的历史责任及各国的经济发展要求等也注定了统一的强制性国际法律无法形成，但是从各国自身的减排要求和应对气候变化引起的多发自然灾难来看，国内制定强制性的应对气候变化法律既具有必要性，也具有现实可行性。推而论之，制定以应对气候变化为目标的第三产业低碳相关法律也是现实要求。

二、法律与政策现状

从目前的气候变化法律现状分析，中国专门的针对气候变化的立法尚处于起步阶段。目前以纲领性文件为主，2007 年，中国出台了《中国应对气候变化国家方案》，接着，2008 年国务院新闻办颁布了《中国应对气候变化的政策与行动》，国家发展与改革委员会则每年出具《中国应对气候变化的政策与行动年度报告》，可以说中国在应对气候变化领域法律相对比较欠缺，因此有专家呼吁建立在《联合国气候变化框架公约》和《京都议定书》的基础上，以《气候变化法》为核心，以《能源法》《清洁生产促进法》《可再生能源法》等为主体，建立起系统的应对气候变化法律体系[①]。

鉴于此，江苏目前专门性的针对气候变化的纲领性文件有 2009 年江苏省人民政府颁发的《江苏省应对气候变化方案》，与气候变化或节能减排的相关规定有 2006 年的《关于加快建设节约型社会的意见》《关于推进节约型社会建设的若干政策措施》《江苏省"十一五"工业结构调整和发展规划纲要》和 2009 年关于加快推进工业结构调整和优化升级的实施意见》等。江苏的相关规定以行政性文件为主，且规制领域相对宏观，缺乏一定的具体操作性。

而国务院近日印发了《关于加快发展生产性服务业促进产业结构调整升级的指导意见》[②]，该意见中明确要求："节能环保服务成为促进重点，进一步加快检验检测认证等重点领域的生产性服务业发展。"并对重点发展的生产性服务行业进行了具体规定，包括研发设计、第三方物流、融资租赁、信息技术服务、节能环保服务、检验检测认证、电子商务、商务咨询、服务外包、售后服务、人力资源服务和品牌建设等。同时对第三产业中的节能环保服务重点进行了方向规定，包括节能减排投融资、能源审计、清洁生产审核、工程咨询、节能环保产品认证、节能评估等第三方节能环保服务体系。

因此，在目前国家规范性专门的气候变化立法均显苍白的情形下，进行省内气候变化领域的专门立法本身就存在着较大的困难与挑战，而进行相关的气候变化的各个产业结构的专门立法则可能会难上加难，但这也将是一种全新的挑战与创新机遇。谨慎地进行相应的立法已经具备相应条件，在国家和省内颁布有关气候变化的应对方案历史弥久的前提下，在省内已经具备相应制度的基础上，在国务院对生产性服务行业要求加大节能环保的形势面前，进行气候变化下的第三产业相应的立法体系的建立已经成为一种急迫的需要。

---

① 郭冬梅. 2010. 应对气候变化法律制度研究. 北京：法律出版社.
② 崔煜晨. 2014. 节能环保服务成为促进重点. 中国环境报, 2014-8-12.

三、立法理念和原则

在未来的 30 年内，既是中国经济发展的关键时期，也是中国面临较大减排压力的特定时期，同时也将是中国服务业辉煌发展的重要时期。据有关预测，2014年将是中国服务业发展的转折年，这个时期服务业将会完成首次对工业生产总值的超越，因此，关于气候变化下的第三产业立法理念应该是：第一，低碳下均衡第二产业、第三产业的协调发展；第二，经济的可持续性与低碳型并重统筹；第三，顶层理念。因为气候变化是公共问题，更是危机问题，仅依靠自治或民间方式根本难以完成，一定的强制与自上而下的设计是必然的。在上述理念之下，江苏气候变化下第三产业的发展立法原则应包含以下几点。

（一）持续原则

可持续原则指的是经济的发展实现一定的低碳化，在低碳化中努力平衡发展与碳排放的均衡性，不能因为要求实现低碳而牺牲了经济的发展，反之亦然。在产业结构调整方面，进行决策时兼顾节能减排与经济发展，协调好三大产业之间的和谐有序健康化，特别是第二产业与第三产业间的发展关系，扭转目前江苏倾斜发展制造业而压制第三产业发展的高能耗局面，实现二三产业既能促进发展又能实现低碳的良性运转机制。总之，用科学发展观统领全省应对气候变化各项工作，以建设资源节约型、环境友好型社会为契机，促进经济发展方式转变，促进低碳经济的形成和良好发展。

（二）因地制宜原则

江苏从地域上分为苏南、苏中和苏北三个地区。但是第三产业的发展发达程度并非与地区发达程度亦步亦趋。有关江苏各地的第三产业发展差距在前面已经论述，在此不再赘述。但是，由于各地发展具备较强的地方特色，因此无法建立起大一统的服务业气候变化应对立法。例如，江苏有三个临海城市分别是南通、盐城和连云港，在这些海滨城市发展港口经济、进行统筹的物流和贸易可能会是经济发展的主导方向，而且这些地区风能丰富，进行相应的研发也是重中之重。而徐州作为最早的煤炭资源丰富城市，在经过多年的发展后，能源分量显著减少，而第三产业的发展蒸蒸日上，甚至超越了苏南的一些发达城市。而苏州毗邻中国经济最发达的城市——上海，其服务业的发展在全省最为强大，该地区的高新产业、战略新兴产业及先进物流业等成为服务业主导行业。而南京作为省会城市，在发展中具有一定的中心作用，同时有需要苏南地区的发达城市的进一步带动。以上这些都决定了各地的第三产业发展路径有所不同，在立法方面需要做到具体情况具体分析。

（三）减适并重原则

实现低碳减排有利于减少二氧化碳的排放，从而减轻目前已经形成的温室效应。但是，当前形势下，温室效应已经在一定的时空下发挥作用，减排仅仅是减缓其负面能量。所以，应对气候变化下的第三产业立法不应该仅仅包含减缓，对于气候变化可能形成的负面影响通过第三产业进行准确预估和防范，也是应对气候变化必不可少的内容之一。因此，应对气候变化的应有之意是包含减缓与适应两个方面的。从某种程度上讲，减缓是一项相对长期、艰巨的任务，是面对未来可能的灾害，而适应则更为现实、紧迫，是针对现有的气象灾害。江苏应当继续强化能源节约和结构优化的政策导向，努力控制温室气体排放，在此基础上，加强生态保护重点工程及防灾减灾等重大基础工程建设，切实提高适应气候变化的能力。

（四）优先鼓励科技原则

对于经济发展过程中的碳排放而言，高排放在生产阶段，而高价值、低排放在研发阶段。品牌开发、设计、创新过程对于经济的发展起着举足轻重的作用。因此，科技进步和科技创新是减缓温室气体排放，提高气候变化适应能力的有效途径。充分发挥科技进步在减缓和适应气候变化中的先导性和基础性作用，大力发展战略新兴产业，促进节能新技术，碳吸收技术等适应性技术的发展，为提高应对气候变化能力、增强可持续发展能力提供强有力的科技支撑。因此，在制度上加大对科技的投入和资助，同时提高对科技创新的奖励，强化有关科技合作和科技发展制度将会成为低碳服务业的发展原动力。

（五）顶层为主基层制约原则

该原则的践行可以促进相关法律制度的现实可行性。由于气候变化更多的是高瞻远瞩的预测和责任问题，因此在目标设定方面和巨额投资方面，只有承担国家责任和人类发展责任的各级政府才更有义务和动力去进行多方面的思考和制度完善。而任何的法律制度都是需要民众概括性遵守，因此民众一定程度的参与是必不可少的。

四、具体立法措施

江苏气候变化下第三产业的立法领域相当广泛，这是由服务业的复杂性和广泛性决定的，由于第三产业本身包含交通运输、邮政仓储批发零售、餐饮住宿旅游及科教文卫等多重领域。在此种情形下，一一具体规定可能会与现行法规重合，而且法律也无法面面俱到。在此，应主要着重以下领域的立法。

（一）碳交易制度

根据 1997 年的《京都议定书》规定，在 2008～2012 年的第一阶段，各发达国家承担一定的强制减排义务，而发展中国家无需承担此项强制义务。在某个具有强制减排义务但实际无法兑现的国家面临承诺亏空时，可以向其他有空余减排配额的发达国家进行购买指标或者对无减排义务的发展中国家采用资金或技术转让方式获得排放配额，这样就产生了碳交易。

有活动就必有制度，碳排放交易并不是新事物，早在环境排污权中就有类似的法律。因此，如何在江苏省内进行各个省的碳配额分配，如何进行交易活动，对于碳交易平台的设立标准、活动规则及监管等方面应该成为立法的主要方向。

（二）碳金融制度

碳金融通常泛指所有服务于限制温室气体排放的金融活动，包括直接投资融资、碳配额交易、银行贷款及进行碳期货交易等。可以说，碳金融是在碳交易制度基础上，承认碳配额商品属性的一种深度经济现象。因此，在中国金融市场目前并不健全的情形下，进一步完善金融市场，如完善股票期货市场，从而完善碳金融市场则有利于碳金融市场的健康发展。对于碳金融平台的设立、交易方式、交易规则等应该在现有的经济框架下进行市场化规制，但是考虑其特有的全球气候影响性，又必须将市场方式与行政方式进行融合使用。

（三）碳认证制度

碳认证应该包含碳标识和第三方检验检测认证制度。但是碳标识涉及有关低碳标准的制定，在下一章将进行专门的讨论。在此，仅探讨第三方检验检测认证制度。根据国务院《关于加快发展生产性服务业促进产业结构调整升级的指导意见》，要求加快发展第三方检验检测认证服务，鼓励不同所有制检验检测认证机构平等参与市场竞争；加强先进重大装备、新材料、新能源汽车等领域的第三方检验检测服务，开拓电子商务等服务认证领域；优化资源配置，引导检验检测认证机构集聚发展培育一批技术能力强、服务水平高、规模效益好、具有一定国际影响力的检验检测认证集团。在此条件下，建立《江苏省生产服务业第三方检验检测认证法》显得特别重要。

关于《江苏省生产服务业第三方检验检测认证法》，应包含以下几方面的内容：第三方检验检测认证机构的设立制度，包括设立条件、人员、风险基金等；第三方检验检测认证标准、认证活动制度；第三方检验检测认证人员和机构的监督与责任制度等。

（四）废弃物治理制度

废弃物的治理包含的范围广泛，主要包括餐厨废弃物、生活废弃物和电子废弃物几大种类。但是，有理论认为，世界本来并不存在废弃物，废弃物只是放错了地方的资源。废弃物治理的低碳作用主要表现在：将废弃物进行分类放置，可以有效实现再利用、资源化或能源化。再利用：如手机的更新换代，手机原主人将旧的手机废弃但是新的主人可以在没有任何处理的情形下直接使用，衣物类同样可以进行再利用；资源化：则是指重新原材料化，如废纸回收、塑料回收等；能源化：更多的是指废弃物焚烧发电或者沼气化等。因此，废弃物的治理是有效低碳化的重要途径。在江苏的应对气候变化方案中，总结数据发现，废弃物和污水的处理所导致的碳排放与整个农业的碳排放大致相当。

废弃物的处理制度分为《餐厨废弃物处理法》《生活废弃物处理法》《电子废弃物回收与治理法》，当然这几部法律制定的最大前提是要有一部基本的《废弃物分类与回收法》。在这些法律的制定中，应包含废弃物的分类、废弃物的收集、废弃物的运输、废弃物的处理等过程。相应主体在这些过程中的权利和应尽的义务及违反义务最终引发的法律责任等。同时，国家和各级政府在低碳理念下对于废弃物的处理实施了补贴制度，对于补贴条件、补贴标准及补贴发放的监督也是该制度的重要内容之一。

五、气候变化法律责任

通常，法律责任无外乎民事责任、刑事责任和行政责任。在应对气候变化下的第三产业调整法律规定方面，这三类法律责任视情形不同予以分别规制。例如，对于骗取废弃物治理补贴或者使用补贴不当的，更多地采用民事责任方式，而对于第三方检验检测机构的违法行为可以更多地采用行政责任，对于碳交易或者碳金融中严重扰乱交易秩序或者在标准的认定方面严重徇私舞弊造成重大损害的可以追究刑事责任。当然，在三大责任的设定中，应考虑民事责任，特别是其中的经济责任为主要责任形式，只有在经济责任、行政责任都无法匹配或无法起到威慑作用时，才可以考虑刑事责任。

第四节　其他服务业负外部性的法律解决

外部性是指一件事或某个活动对他人产生有利（正外部性）或不利（负外部性）的影响，但不需要他人对此支付报酬或对他人给予补偿。根据马克思主义的事物普遍联系原理，任何事物或活动都不可能孤立存在。因此，从定义上看，外部性是任何活动的客观存在。外部性同时有空间上的外部性和代际外部性①，后者较为复杂，也难以用法律手段解决，因此，此处仅指空间上的外部性。正外部性虽然不是活动主体的追求，但是活动受体不会因此而受侵害，也不会出现所谓"有侵害必有救济"之救济诉求。但是负外部性形成的权利伤害却往往成为各种社会矛盾的源头，这就需要对负外部性进行有效消解。低碳服务业的发展同样面临着负外部性的问题，在发展中如何化解也成为该产业发展不容回避的课题。

对于负外部性问题的解决，通常有四种途径：第一是政府力量，一般可以通过税收、补贴及管制等方法实现；第二是市场力量，如公司或企业的合作合并、谈判等；第三是政府和市场以外的力量，通过舆论监督、道德教育、业网络等解决；第四是政府和市场的结合，如排污权交易、法律调整等。对于服务业负外部性的解决，在实际生活中有多种解决途径，但由于本书所涉及的是法律方法，所以此处主要考虑法律解决方法。

一、旅游业负外部性的法律解决

随着低碳旅游理念的倡导，绿色、生态、低耗旅游成为标杆形态。但也能伴生以下的负外部性：首先，团队化、低成本化由此带来的效应可能是旅游人员的增多，对旅游景点资源的过度使用；其次，旅游者的数量增加使得废弃物排放增多，超过旅游景点的承受力；最后，城市化的或者异地的旅行者带来文化的冲击进而降低旅游景点原本具有的文化价值。当然，低碳旅游的负外部性可能还有其他表现，在此，以上述提出的问题为例探讨法律解决途径。

首先，关于旅游者增多可能对旅游景点资源的过度使用问题，可以进行低碳旅游标准认证，核准生态范围内景点可以容纳的游客，以电子屏幕方式即时滚动告知。其次，对于废弃物的处理，其实与旅游者人数多少无太大关联，从低碳角度，对于所有旅游景点可以建立统一的《废弃物分类与处理法》，旅行路途中可以考虑禁止路边置放废弃物，统一在栖息地进行集中分类与置放。而对于旅游当地文化的保护，可能需要通过文化产权的重新界定，因为当地居民也是旅游文化的拥有者，可以采用当地居民收益的利益获得制度加以维持。例如，在景点内进行特色文化表演，表演者和景点共同收益等固定制度方式予以解决。

二、集体运输业负外部性的法律解决

（一）公共交通负外部性的法律解决

在提倡低碳公共交通的情形下，可能存在以下负外部性问题：拥堵导致秩序

① 赵时亮，高海燕，谭琳. 2003. 论代际外部性与可持续发展. 南开学报（哲学社会科学版），4.

混乱安全性欠缺；出行方式多样导致交通运输设施负荷较重；噪声、道路压力等生活环境恶化。

对于上述负外部性的解决，可以归结为主体问题和设施问题两个方面。在低碳交通理念之下倡导公交出行首先必须制定《公共交通乘客行为规范》，同时考虑当地的人口数量和人口水平对于道路设施、交通设施的合理配备，这就包含车辆数量、载荷能力、道路设施、道路负荷能力，而以上这些内容可以考虑在现行的《道路交通安全法》中予以充实与强化。

（二）物流业负外部性的法律解决

物流业的负外部性显得相对复杂，物流包含了运输、储存、装卸、包装等一系列过程，在运输中有可能造成噪声、废气排放污染，在储存中可能有化学药剂的污染，运输中的粉尘噪声污染及包装中的大量包装物废弃。但是解决方法可能并不复杂，在《大气污染防治法》《环境保护法》《包装法》《噪声污染防治法》等一系列法律中均可以进行相应标准和处罚规制。

三、餐饮业负外部性的法律解决

低碳餐饮业的负外部性更多的涉及人为因素，在以食品安全为主要理念的低碳餐饮要求下，为迎合人们的有机食品要求、绿色食品要求，可能的掺假售假行为不断出现。因此，建立严格的《食品安全法》，加大法律惩罚力度，如高额罚款制度、集体诉讼制度等来达到有效震慑。

四、技术创新负外部性的法律解决

对于技术创新的负外部性，可能难以具体化其负外部性，在技术不成熟或者是实验阶段，抑或是一味以追求利益为心态的物欲驱使下，可能造成的环境污染、资源耗费、其他社会危机及虚假科技骗取国家项目补贴和资金的行为均可能发生。因此，可能涉及的法律解决包含加强活动的初期评审、制定《科技项目绿色评审制度》《科技项目自然和风险评估制度》《科技人员职业道德》等。

第七章　江苏应对气候变化产业结构升级的辅助法律措施

中国在低碳领域进行系统的基本立法，目前主要有 2002 年的《清洁生产促进法》、2007 年全国人大常委会修订通过的《节约能源法》、2008 年的《循环经济促进法》、2008 年的《可再生能源法》、2009 年的《关于应对气候变化的决议》、国务院的两个行政法规《民用建筑节能条例》和《公共机构节能条例》、中国的《环境保护法》《固体废物污染环境防治法》《大气污染防治法》《水污染防治法》等在客观上可以起到碳减排作用。《森林法》《草原法》《海洋法》等则可增加碳汇能力。2007 年，《中国应对气候变化国家方案》出台，相关法律法规措施和实施细则均未成文。2011 年全国人大十一届四次会议审议通过的《国民经济和社会发展十二五规划纲要》，为低碳经济的发展明确的目标，江苏就地区状况还需要进行一些相关的辅助性立法。主要从以下三方面进行一些粗浅的探索：气候变化下几类法律标准的设定；气候变化下产学研结合的技术创新法律体系的构建；合作型新兴战略产业的保障性立法探析。

第一节　立足气候变化因素的各类法律标准

一、基础性碳标准制度

基础性碳标准指的是在生产和生活中，一些关于碳排放的基础指标体系，主要包括人均碳排放的核算与认定、产品碳标签、碳评价体系制度、碳认证制度等。

（一）人均碳排放的核算与认定

为促进全民低碳意识和低碳行为的常规化，可以核定人均通常对水电和燃料的消耗使用标准，在计量收费时采用分级超额累进收费方式。具体包含水价格体系立法、电价格体系立法、天然气价格体系立法和垃圾分类计量收费法。

（二）产品环境标准

制定国家环境质量标准、污染物排放标准等强制性技术法规时，在充分考虑国情的条件下，应逐步提高中国环境质量标准、污染物排放标准等要求，推动行业、产业结构调整和技术进步。

（三）碳标识制度

对于所有的产品和服务，该产品或者服务中的碳排放予以贴上标识，说明其包含的碳足迹。可以考虑对于低碳产品和服务予以一定的补贴或奖励，而对于碳足迹较高的产品收取一定的高额税或费。同时，对于国外的产品实施碳标识基础上的碳准入制度，碳排放超过一定数量的产品禁止进入中国市场。这有利于树立江苏在低碳领域的大省形象。认证标准体系的建立不仅能引导低碳经济沿着正确的轨迹发展，而且能促进相关碳交易平台的顺利科学发展。

（四）低碳评估和认证体制

低碳产品的评估认证如同质量体系的认证和评价机制，由具有资质的第三方认证机构证明产品碳排放量值符合相关低碳产品评价标准或者技术规范要求的合格评定活动。该由独立的第三方机构对相关产品、服务及其过程的碳排放量进行检测、核查、审定和认证等，以控制温室气体排放，引导低碳生产和消费方式。在该认证评估机制下，应该先组织专家研究制定《江苏及长三角地区低碳经济认证标准体系》，在中国局部地区先试先行，探索实践低碳产品、低碳技术认证工作，以机制激励生产企业和消费者参与其中，发挥相关职能部门和媒体公众的监督作用。

二、城乡建设法律标准

在 2009 年中国城市规划年会上，住房和城乡建设部副部长仇保兴强调，让低碳理念贯穿城乡规划始终，实施低碳城乡发展战略尤为重要。因此，建立科学的低碳城乡建设标准，在中国这种城乡二元结构下显得极为重要。

（一）宏观城乡低碳体系

该法律体系主要是对低碳城乡的发展布局、发展目标、发展阶段、地域空间功能分区、低碳产业布局、新能源的开发利用、低碳综合交通体系等方面进行的一个总体法律规制与布局。根据《城乡规划法》，低碳城乡体系可以包括低碳城市体系和低碳乡村体系。低碳城市体系一般包括低碳城市的发展目标、功能分区、用地布局，低碳综合交通体系，禁止、限制和适宜建设的地域范围，各类低碳专项规划等。低碳乡村总体规划的内容一般包括乡村规划区的范围，低碳村庄空间布局，低碳住宅、垃圾收集、畜禽养殖场所等农村生产、生活服务设施、公益事业等各项低碳项目建设的用地布局，以及对耕地等自然资源和历史文化遗产保护等具体安排。

（二）微观城乡低碳体系

微观城乡低碳体系的建立包含产业、交通、能源、环境、公共基础设施等领域的低碳建设。而农村和城市由于产业基础和重点的不同，城市更多地着重于第二产业和高端新兴第三产业的低碳建设与规制，而农村更多地偏重于农业（包含畜牧养殖、果蔬农庄等）和传统服务业的法律规制。在交通领域，城市高度发达且覆盖广泛的高速便捷通道在某种程度上已经是低碳高效的象征，而农村的交通更多地涉及便捷、可行、有初见端倪的交通网络，在城乡间建立可靠有效的联系网集约式发展。能源方面，价格体系的重构尤为重要。应该以低碳为基准，在低碳业实施优惠能源价格，取消过去的工农商电价倾"工"，对于乡村用电和城市用电进行一体化定价。环境方面，在中国城镇化发展过程中，城市生态环境得到了各级政府的重视，农村的生态环境保护受到冷落。农村生活污染，牲畜、水产养殖污染及农药化肥带来的污染还比较普遍。统筹低碳城乡建设，应该把城市和乡村环境作为一个不可分割的有机整体，统筹城乡生态环境保护，构建城乡一体化的生态环境保护格局。从水、土壤、垃圾等不同层面建立有效的低碳法律体系。

三、水利设施法律标准

在气候变化情景下，干旱、洪涝等灾害极易发生，因此做好相应的水利防范并进行相应立法成为迫切需要。气候变化下的温度、降水、蒸发变化都与农业水利密切相关，中国气候变化不仅与减排、增汇相关联，更于水循环相关联[①]。基于水利在气候变化中的重要作用，2011 年就有学者提出并制定了《农田水利法》[②]。

关于应对气候农田水利立法应当包括：水利设施的基础标准制度，即应以长效、低耗、利于水土保持为原则；水利设施的资金制度；水利设施规模与农田比例对应制度；水利设施适用标准制度；政府负责管理并承担相应责任制度，减少水蒸发散耗的标准与奖励制度。例如，为实现较少的水土流失，发展应用地下灌溉管道与技术等。

四、交通设施法律标准

在现行家庭交通工具的管制方面，江苏已经实施小排量轿车购买优惠购置税制度，在 2014 年 8 月 1 日，为鼓励低碳出行，对于 1 小时内两次使用公交 IC 卡乘坐公共交通工具的，第二次刷卡采用七五折优惠制度。但是，交通设施的低碳法律要求，包含交通固定设施和移动设施等多方面，内容繁杂，涉及面广泛。从

---

① 周珂. 2008. 水循环治理对气候变化的修复功能. 河海大学学报, 3.
② 秦承敏，周珂. 2011. 气候变化下的农田水利政策与法律思考. 中国环境法治, 18.

主体方面还分为公共交通设施和个人交通设施。

　　要实现交通运输的低碳发展，必须转变交通基础设施建设的发展方式，朝着集约化、多层级化方向发展。对于交通设施的低碳要求，应从不同角度建立相应的法律标准。第一，固定设施标准，也就是公路、铁路、航道、桥梁等设施标准。对于这类固定设施的标准，应考虑其通常所具有的锁定效应，在现有的经济情况下，留有 5~10 年的增长空间。同时做到少占有土地，多层次空间，尽量使用牢固且低碳材料进行铺设。因此，这类法律标准涵盖了规模、建设、监理等多维度标准。对于移动交通设施的标准，应考虑的低碳因素主要有两个方面：第一，燃料低碳，目前的生物燃料、混合动力、太阳能、风能及其他低碳动力能源应作为优先考虑，通过优惠的政策法律鼓励适用，对于高能耗交通工具可以采用高税费方法予以合理退避；第二，材料低碳，对于汽车、火车、飞机、轮船等采用新型环保低碳材料，同时保证其性能更加优越。对于公共和个人交通工具的选择，法律也主要应从燃料和材料两方面准予相应的鼓励或对经济负重进行合理引导。

五、能源设施法律标准

　　在能源方面，江苏已经有一定的新能源发展技术和发展基地，例如，盐城地区采用港口资源，建立了风能基地，另外江苏有成熟的太阳能技术和产业。

　　因此，在能源的采集和利用方面，应该建立一定的标准，例如，煤电燃烧炉，从燃烧热值、热效率方面选择性能优良，能效较高的发电设备，在垃圾焚烧发电方面，选择流化床或排炉工艺也应当建立专业的能效要求。对于能够采用低碳或零碳能源的，建立一定的标准体系和准入制度，国家通过法律规定予以保障和鼓励。

　　总之，中国现行的气候变化下的产业结构优化的相关法律需要进行大量补充、修正和调整，在现行诸多基本法的基础上增设《气候变化法》《低碳经济法》《碳交易市场与贸易法》等，在各个部门法中建立完善的不同类标准，建立完善可行的、奖励与惩罚并重、权利与义务均衡而不仅仅是鼓励型的低碳法律体系。

第二节　气候变化形势下产学研结合的技术创新法律

一、概述

　　产学研合作创新在中国已经有 20 多年的历史，其主要目的就是为了加强科技的研发能力同时通过理论与实践的结合，促进科技成果的转化与应用。1992 年，原国家经贸委、国家教委、中国科学院联合启动了"产学研联合工程"。2006 年国务院《国家科学和技术长期发展规划纲要（2006—2020）》指出，现阶段中国特色国家创新体系建设的重点之一就是，加快建立企业为主体，市场为导向，产学研相结合的技术创新体系。

所谓"产学研"，从字面上讲，"产"指的是产业界及各类产业中依托技术创新的现代企业和现代企业家；"学"泛指学术界，专指高等院校中有可能占领市场，形成产业的知识、技术、人才和成果；"研"即科研界，主要指应用型科研院所、科技成果和科技人员[①]。

对于产学研技术创新体系而言，通常涉及的主体包括企业、高等院校、科研机构、政府、金融机构及相应中介机构等，其中，前三类主体是主要的核心主体，而政府通常具有桥梁纽带作用，并在一定的情形下可以充当监管、保障、协调者的角色。金融机构可以作为一定条件下的资金保障者和监督者。而中介机构可以为产学研技术创新提供一定的决策咨询意见，包括对一些项目的市场情景、发展机遇、价值等进行预估或评审。

二、前景展望：对江苏低碳经济发展方式转型的意义

江苏地区经过 20 多年的发展已经形成了较为成熟的产学研技术合作创新网络。例如，众所周知的江苏梦兰集团与中国科学院龙芯研究团队的技术合作创新，中国科学院将在研究过程中的研发成果，即 CPU 应用于梦兰生产中的程序控制中心，类似的合作在江苏产业领域已广泛展开。科学的产学研技术创新体系对于产业的低碳化和升级转型具有重要的促进推动作用。

（一）强化协同创新

协同创新是指以自主创新为基础的集自主技术创新、制度创新、产业创新、组织创新为一体的创新协同过程。实现协同创新需要创建新的体制和机制，而目前中国面临的主要问题之一是自主技术严重创新不足，由此导致中国创新能力不强。因此，强化协同创新正是要破解中国当下所面临的这个困局。

产学研合作创新也是协同创新，是当今世界科技创新活动的新趋势，是整合创新资源、提高创新效率的有效途径。而在加强产学研战略联盟中，应该明确各个主体的任务是：政府通过制定战略规划和激励政策、提供资源条件，对高校发展起到引领作用；产业为高校成果转化、教育培训等提供舞台；学校是高校服务发展的主体；研究机构提供知识创新成果是高校服务发展的载体。

（二）与国际产学研技术创新接轨和赛跑

国外在20世纪80年代就开始产学研合作创新的开拓历程。美国硅谷之所以

---

① 吴继文，王娟茹.2002.中国产学研合作的产生、发展过程和趋势.科技与管理，4.

能诞生苹果、惠普、英特尔等一大批世界著名的高科技企业，在很大程度上得益于这一地区企业、大学、科研机构的协同创新。然而，中国科技与经济"两张皮"的问题依然存在，企业在技术创新体系中的主体地位也尚未完全确立。要加快经济发展方式转变，特别是实现经济增长由主要依靠要素驱动向主要依靠创新驱动的转变，必须进一步深化科技体制改革，大力推进产学研协同创新，吸收国外先进制度，促进企业与大学、科研机构建立多种形式的技术创新联盟。

（三）促进风险、股权、激励机制日臻成熟

产学研合作创新是一种高风险的投资活动，若没有高回报，就不会有企业愿意去从事创新。在现实中存在诸多侵权盗版现象，使得一些企业的创新成果往往得不到应有的高回报，而一些侵权盗版企业却可以通过低成本获得高回报。这种情形无疑会产生一种负激励，即激励企业去做低风险高回报的仿冒而不去做风险高而收益不一定高的创新。当仿冒成为企业的一种理性选择时，是不可能指望这个国家或者地区的企业拥有多强的竞争力，也不能指望其产业层次能有多高。因此，要加强产学研自主创新机制的发展，提高对创新成果及创新成果集成者的保护与激励，给予一定的股权合理分配，同时辅以相应的知识产权激励或对侵权者的法律制裁，这样，风险机制、股权机制和激励机制就会在创新合作中不断完善与发展。

三、江苏产学研技术创新体系存在问题

根据江苏统计年鉴，截至 2012 年，江苏科研机构数达到了 17 776 个，科技活动人数达到 98.23 万人，研究与发展经费内部支出达 1288.02 亿元，R&D 经费支出占地区生产总值的 2.3%，而对比 21 世纪初即 2000 年，江苏科研机构数达到 1784 个，科技活动人数达到 19.42 万人，研究与发展经费内部支出达 50.83 亿元，R&D 经费支出占地区生产总值的 0.59%。从这些数据来看，江苏地区在科技发展方面进行的努力是有目共睹的，取得的进步也是令人惊喜的，特别是在科研机构数、科研人员人数和科研经费方面呈现出数十倍甚至在经费方面显现数百倍的增长。产学研合作创新本身是多方主体的共同出力、风险共担、收益共享的行为，但是，由于体系制度的不健全，存在的问题也是不容忽视的。

（一）资金问题

虽然江苏地区在海洋发展和废弃物治理方面存在着一定的专项基金制度，但从总体上来说，每年在 R&D 经费投入上相对于经济发展的需要还存在着一定的不足，除了资金强度的不足，在资金管理上还缺乏相应的资金划拨制度和资金监管制度，即划拨的标准和划拨后的管理制度存在一定的缺位。另外，在财政支持

政策方面也存在一定的空白,对于大量的产学研技术创新,缺乏一定的科技计划支撑,在文科和管理的产学研领域,与理工科的政策倾斜方面存在着不应有的巨大差异。另外,对于已经在研的一些大型项目,经费划拨后缺乏相应的即时跟踪和管理制度,导致的问题是:某些领域产学研经费缺位,而一些领域的经费在研究完成后仍然存在大量结余。

(二)人员问题

对于产学研团队成员,在研究过程中,经常会因为一些利益诱惑或其他原因随意流动,甚至涣散,更有可能将研究成果进行盗卖牟利,导致产学研的最终成果无法占领市场的创新地位,在研究成果被提前泄露的情况下,产品出现滞后于市场,使得研究成果的最终转化遭遇失败。同时,在产学研过程中,由于企业事业的人员组成和编制的不同,研究机构人员与公司人员的身份差异使得二者之间的交流存在较大的障碍。

(三)合作长效性问题

产业技术的创新往往是一个漫长复杂的过程,可能会涉及多领域、多主体,耗时较长,而江苏目前包含国家层面的产学研大多是以项目的方式存在,具有典型的临时性,同时由于有时间要求,则技术基础会显得薄弱,创新性自然也就打了折扣。而产学研三方关系的临时性导致松散性,在权利义务责任方面也会模糊不清,最终成果的有效性和可执行性受到严重影响。

(四)收益与风险问题

在一些产学研合作的过程中,企业积极性可能会很高,高校和科研机构提供的技术也很好,但合作的过程却非常艰难。其中一个重要的原因就是在产学研合作创新中各方的利益始终不能得到很好的处理,合作初始期根据各方谈判地位的不同,可能还比较容易达成一定的协议,但随着合作项目的进行,情况会发生出乎意料的某些转变,或者看得见的利益越来越近时,常常尔虞我诈,竞相争食,进而发生不愉快的事件。合作各方的矛盾使得各方分道扬镳,或某一方独自干,或另寻其他合作者,导致产权争执和收益矛盾,类似矛盾可能还会存在于产学研合作创新各方内部。

风险方面,产学研合作创新同其他技术创新活动一样,合作各方都存在风险。对于科研机构和高校来说,自身并不具备自我转化的资金能力和实力;对于企业来说,面对承担高风险的巨大压力,往往对很多高新技术成果望而却步,或者对于大多数科技成果的转化工作,企业愿意承担部分风险,但不愿承担全部风险,而希望国家通过有关政策(如补偿)或风险投资机构、金融机构介入共同承担风险。

（五）评估与审核问题

目前的评估和审核往往由中介来完成，但是就中介机构的性质、地位作用等，中国目前的法律规定还不健全，另外评估的标准、评估的程序、评估过程管理也缺乏明确的法律规定，往往是不同项目做法各有不同。而对于科研成果的价值审核，则缺乏相应的标准和制度规定。

（六）成果转化缺位问题

长期以来，科技成果的"价值"都是单纯以获得国家经费多少、发表论文数量、参与人学术地位高低、所获奖励级别和数量来确定。结果导致科研不是面向市场需求，仅是单纯追求学术价值和地位而进行与实际脱节的研究。其成果不具有市场领先性，或不具备工业化生产可行性，或作为技术商品缺少必要的服务支持等。这种纸上谈兵式的研究是一种典型的高碳模式，有投入而无产出。另外，科技成果的应用率低下一直以来也是中国面临的严峻问题。

四、江苏产学研技术创新法律体系的完善

在目前已经制定了《知识产权法》《科技进步法》《国家科学技术奖励条例》《国家科学技术奖励条例实施细则》及有关科学基金管理相应规定的前提下，针对江苏产学研中存在的问题进行相应的立法完善、意识当前科学技术发展、产业结构优化的重要使命。

（一）完善资金制度

产学研技术创新中的首要问题是解决资金问题，在此，可以充分发挥政府和金融机构的作用，采用多渠道、多层次、多维度的资金保证制度，例如，利用专项资金的划拨、特定领域的国家补贴、成果的税收优惠推广、金融机构的优先借贷、政府和银行共同担保、未来共同受益等方式来支持产学研合作创新体制的资金供给。

（二）人员合理流动制度

人才是产学研合作创新机制的关键问题，没有良好的人才团队，产学研的技术创新机制就无法有效建立。合理的人才流动包括人才的流入与流出。在人才流入方面，应当建立完善的人才准入制度、人才储备制度、人才考核制度。而对于人才的流出，则应当更为谨慎与全面。产学研更多地会涉及技术秘密或知识产权，成果的保密性决定了流动机制的法定性。对于人才的适用，产学研团队应当建立一定的合同机制，对于相应人员的权利义务、服务时间、保密条款、流动例外、

流动条件等进行法律规制，违反义务则进行身份限制及经济制裁。同时加强产学研体制之间的人员流通链接，打破以往的编制障碍，鼓励人员在产学研技术创新中实现最佳配置。

（三）促进产学研合作长效机制

由于目前的产学研大多以临时项目的方式进行，这极大地影响了研究成果的价值和实践转化能力，同时技术创新基础和实力也将有所欠缺。可以在政府主导下建立专家库分类，进行专业团队管理，同时落实产学研团队人员对该技术成果的责任与义务，对于专业团队根据成果进行相应奖励。同时加强产业人员和研究人员的交流与沟通，对于企业的配合义务进行规范化要求。

（四）收益风险法定分配

产学研技术创新既具有高风险性，又具有高收益性，高风险和高收益同时并存。在现阶段，应当逐步建立起产学研合作创新利益与风险共担的责任制度，实现分层次、分阶段分解风险责任，谁投资多谁收益大，谁决策谁负责，谁掌握项目进展的主动权谁负责，谁影响了项目的进展谁负责，谁承担风险大谁收益多。同时，在研发前，以合同方式确立产权归属。例如，大多数企业认为产学研合作创新的市场研究应该以自己为主，那么创新成果的市场适应性风险就应该由企业承担，但企业可以把高校和科研机构向生产领域和市场方向推进，鼓励他们与自己长期合作，在分配中减少先期技术转让费预付的金额，采取提成、技术入股、技术持股的分配办法，将高校和科研机构应得的报酬与企业的经济效益挂钩，减少企业的风险压力。技术创新项目的技术可实现性的判断及实现的过程掌握在高校和科研机构的手中，因此由高校、科研机构承担这一部分风险，但也不尽然，企业也可以在研究开发的初期，主动要求尽早参与研究开发，分配研究开发的费用和风险。

（五）规范评估与审核制度

在产学研技术创新项目的评估中，加强对评估主体的资格规定，可以采用法定有资质主体尽心评估与审核，也可以采用建立专家库随机抽调封闭审核模式。对于评估和审核标准应当根据不同项目规定相应的技术条件和标准。在程序方面，应当订立统一的评估和审核程序，对于程序上任意的行为，应当追究相应的法律责任。

（六）完备的成果转化制度

成果的转化是产学研技术创新体系的最终落脚点，也是最为直接地进行产学研合作技术创新的目的。如果成果无法转化，研究也就失去了基本的价值。因此，对于纸上谈兵式的成果应当在审核时不予通过，如果研究成果最终无法转化为实践应用，也可以在财政政策上予以扣除部分投资经费。横观国外的制度规定，做得较为成功的要数"风险投资机制"，美国、韩国等国家堪称典范。只有加快发展风险投资体系，才能弥补科技成果转化阶段企业、高校和科研机构筹资能力、国家财政支持、私人资金投入和银行贷款之间的空白。因此，需要建立一套完整健全的投资机制来保证风险投资资金充足。同时将这种风险转化为多主体承担。首先，寻求多元化的投资主体，拓宽资金来源渠道。在多元化的投资主体中，逐步形成以政府投入为引导、企业投入为主体、银行贷款为支撑、社会集资和引进外资为补充的多元参与的投资体系。其次，风险投资要有完善的政策支持。政府的政策是影响风险投资业发展的关键因素，政府应采取税收优惠、资金担保、财政补贴等措施引导资金流动，调动投资者从事风险投资。最后，要建立科学合理的科技成果风险转化的评估体系。在投资前或运营中对科技成果特性进行评估，预计风险之所在并加以有效控制和降低科技成果转化风险。通过一些税收、补贴政策，或者奖励制度来推广新型技术成果也是有效的补充途径。

总之，在产学研技术创新合作机制中，健全的资金、人员、评估、收益及风险、成果转化制度是有效保证产学研技术创新机制真正长效创新的基础。除此之外，产权的界定、良好的管理、专业的知识也将是这一创新机制长期有效生存的关键。

第三节　促进江苏新兴战略产业国际合作的保障性立法

一、概述

战略性新兴产业是对经济发展具有重大战略意义的新兴产业，与一般的新兴产业不同，战略性新兴产业的发展源于重大技术创新、消费需求的重大改变或者政府政策的重大调整，因此往往伴随着重大的经济范式转变，体现出战略性的突出特征。时任总理温家宝在 2009 年 11 月 3 日首都科技界大会上的讲话中指出，战略性新兴产业必须掌握关键核心技术，具有市场需求前景，具备资源能耗低、带动系数大、就业机会多、综合效益好的特征，选择战略性新兴产业要满足三条科学依据：一是产品要有稳定并有发展前景的市场需求；二是要有良好的经济技术效益；三是要能带动一批产业的兴起。即战略新兴产业是集市场、技术和前瞻于一体的非传统产业。

不同学者对于新兴战略产业的种类归类略有不同。学者李姝根据 2008 年国务院出台的《关于加快培育和发展战略性新兴产业的决定》，将新能源、节能环保、新能源汽车、新材料、生物产业、高端装备制造和信息技术等七个新兴产业界定为新兴战略产业①。另有观点认为，2009 年 11 月 3 日，温家宝总理在向首都科技界的讲话《让科技引领中国可持续发展》中，完整表述了大力发展战略性新兴产业、争夺经济科技制高点的战略构想，认为根据该文件，中国的战略性新兴产业的范畴应包括新能源、新材料、生命科学、生物医药、信息网络、空间海洋开发、地质勘测等七大产业②。而骆祖春博士则根据 2010 年 3 月《2010 中央人民政府工作报告》的划分，将新兴战略产业归类为新能源、新材料、节能环保、生物医药、信息网络、高端制造业、新能源汽车、三网融合与物联网等八大类③。从分类中发现，姜大鹏、顾新的分类与另两位学者的差别主要在空间海洋开发和地质勘测方面，其他领域基本相同。而李姝与骆祖春的差别不在质的规定而在量的差异，内涵基本相同，前者是七类而后者是八类。

总之，战略新兴产业是代表经济发展方向同时处于科学研究前沿并具备重大战略意义和战略价值的崭新产业，有学者据此总结了该产业的六大特点：①技术的前沿性和不确定性；②战略的不确定性；③市场前景光明；④关系社会经济全局和国家安全；⑤初始成本高；⑥高效益。

二、江苏新型战略产业发展状况

江苏在与浙沪共同打造先进长三角的基础上制定了《长江三角洲地区区域规划》，同时组织实施战略性新兴产业的倍增计划、服务业提速计划和传统产业升级计划④。并于 2009 年实现了六大新兴产业销售收入占全省工业收入的 21%，而战略性的低碳产业发展更是取得可喜的卓著成绩：以全省 19 个高新技术园区为依托，低碳产业初步形成集群。2009 年，高新技术产业产值达到 21 987 亿元，是 2005 年的 3 倍。苏州工业园区建立低碳经济示范园区，竭力打造国内首家低碳经济技术转让平台，并筹划建立碳交易市场。同时在常熟高新技术产业园着力发展新能源产业和节能材料产业。因此可以说，江苏的战略新兴产业发展迅猛，成果丰硕。

三、新兴战略产业国际合作存在问题

目前的新兴战略产业国际合作主要在国家层面进行，有关以省为单位而言的要远远少于国家级合作。根据国内外开展国际合作实践，同时结合中国的实际情况，战略性新兴产业国际合作模式根据由紧密到松散的次序可以分为三种，即产

① 李姝. 2012. 中国战略性新兴产业发展思路与对策. 宏观经济研究，2.
② 姜大鹏，顾新. 2010. 中国战略新兴产业的现状分析. 科技进步与对策，9.
③ 骆祖春，范玮. 2011. 发展战略性新兴产业的国际比较与经验借鉴. 科技管理研究，7.
④ 刘志彪. 2012. 价值链上的中国：长三角选择性开放新战略. 北京：中国人民大学出版社.

业联盟模式、产业集群模式和产业创新模式[①]。从国家层面看，新兴战略产业的国际合作呈现出以下特点：第一，从国家战略层面上推动国际合作；第二，与发达国家（地区）的合作迈上新台阶；第三，与新兴经济体尤其是"金砖国家"的合作逐步增加；第四，"引进来"与"走出去"并举；第五，合作形式日趋多样化[②]。但是，在新兴战略产业的国际合作中，仍然存在着一定的问题。

（一）难以把握核心技术

在新兴战略产业的国际合作中由于国外相关技术发展比较早，也相对较为成熟，在合作中，往往是由外方占据核心技术甚至掌握核心设备，这样就容易导致我方技术力量的边缘化，从而无法掌握核心技术，最终形成产业升级的障碍，同时处于产业价值链的下端。而外方在合作中，通过核心技术和核心设备主导整个技术中心，处于绝对性的主导甚至成为优势垄断者。

（二）核心人才储备不足

在新兴战略产业的人才选拔中，人才是关键要素，人才的核心程度往往决定合作项目中合作各方的主体地位。但是，在一些高端行业中，中国由于人才欠缺，在一些特殊行业和技术领域无法推出优秀人才参与其中，这样就暴露出在特定行业进行国际合作的硬伤。

（三）相关服务体系和软件设施存在空白

由于中国的第三产业以传统服务业为主导，在新兴的国际先进服务体系面前显得中国服务能力和服务资源严重不足。以法律业为例，中国法律服务行业已经对外国开发，因此在一些国际贸易、大型兼并业务谈判面前，由于中国律师制度的专业性欠缺，万金油模式下的律师参与显得力不从心。另外，中国战略性新兴产业开展国际合作的时间还不长，促进国际合作的相关政策还不完善、不配套。相关企业和科研机构开展国际合作，需要涉及财政、金融、税务、外贸、外汇、海关等多个部门，由于中国科技和经济体制、机制还存在着一些问题，法律法规不健全，部门之间、部门与地方之间仍然存在着条块分割现象。有关的标准还不完备，相应的程序制度可能存在混乱，有关平台如碳交易平台等存在设施和制度的空白。

（四）智力资源和产权易被侵

在新兴战略产业国际合作过程中，合作的国外方采用规避法律及高利诱惑方

---

① 靳茂勤. 2011. 中国战略性新兴产业国际合作模式初探. 亚太经济, 6.
② 季开胜. 2014. 关于推进中国战略性新兴产业国际合作的思考. 学术交流, 3.

法从中国挖走高端人才的现象屡见不鲜。管理不到位和研发人员知识产权意识淡薄，国内的部分单位为了达成表面的国际合作意向，从而形成特定政府时期的政绩，在洽谈合作条件时做出过多让步，结果虽然进行了大量投入，却没有获得相应的研究成果和知识产权。随着合作领域的扩大和网络技术的发展，国内合作企业由于缺乏警觉性，相关技术资料被窃、丢失现象也时有发生。这些都可能形成国际合作中的产权流失和人才流失。

（五）易产生碳转移

例如，在相关碳市场交易中，由于中国碳交易平台起步晚，体系相对不健全，和国外常常又进行 CDM，即清洁生产合作中中国的碳核算体系和制度处在相对不完备状态，而国外的碳交易平台和碳核算相对完备，这时的碳核算就有可能存在隐性的碳转移。另外，国外利用投资和所谓的国际交易进行产业碳排放转嫁已经是不争的事实，因此，接受有关外国的新兴战略合作项目时，有可能又成为外国转嫁碳排放的手段。

（六）受制于国外政策与法律体系

由于中国新兴产业发展滞后，同时处于人才资源能源的欠缺，核心技术掌握又存在弱势，国外合作者常常用其本国法律和政策来维护自身的利益。同时，出于利益之争、国家安全，或领土争议，抑或历史问题，在国际合作中外方往往对中国施加一定的限制或负担，例如，西方对华出口限制出现了军事与高科技并重的倾向。同欧洲相比，美国对华高科技出口管制更为严格。近年来，美国以维护国家安全、出口商利益及保护就业为名出台了对华高科技产品出口管制新规定。由于欧美国家对华技术转让和产品出口存在着严格限制，给中欧、中美之间战略性新兴产业领域的合作造成了许多障碍，影响和制约着中欧、中美之间的深层合作。

四、新兴战略产业国际合作立法保障

对于上述存在的利益分配受损，各项资源的流失及国际合作中的阻碍与制约，都是新兴战略产业国际合作中必须要清除的障碍。为解除上述障碍，中国必须从立法的层面加强完善，以维护国家在新兴战略产业国际合作中的有效性和长期性，从而真正处在产业链的高端。

（一）订立地方性法律，鼓励促进省级及以下地方级新兴产业国际合作

针对目前中国国家层面的新兴战略国际合作相对占据统治，而大多产业属于地区产业，为发挥市场优势和地区优势，应当建立健全地方性层次的新兴战略产业的国际合作。

（二）建立新兴产业基地与平台，促进人才储备

要统筹协调国家、有关部门和地方的国际合作资源，推进战略性新兴产业创新基地建设和平台建设，培育若干具备行业领军优势的基地，促进国内外行业领军企业在基地内集聚发展。在基地和平台基础上，建立人才储备队伍，完善人才的流入与培训制度，同时推动产业创新基地与国外研发机构和相关高技术产业园区建立战略伙伴关系，组建一批以企业为主体、产学研用紧密结合的国际合作联盟。在此，基地和平台既是人才培训的源头，也是各项战略合作制度的制度实验地。

（三）完善知识产权和人才保护制度，防范知识和资源流失

为防止新兴战略国际合作中的产权受侵，应该首先完善中国的知识产权保护制度。同时以优惠的经济财税或国家补贴制度鼓励申请境外知识产权，而且要积极开展与世界知识产权组织及其他国家和地区知识产权机构的交流与合作，积极参与国际知识产权规则和标准的制定。通过交流合作，提高中国对知识产权国际规则的掌握和运用能力。对于人才的保护，首先采用优惠政策法律吸引相关国外专家进入中国核心技术团队，为防止人才流失，可以采用合同约束、身份约束、高额违约金等制约方式与奖励优惠等鼓励方式共同构建稳定的人才机制，同时可以考虑在一些高等院校采用高奖学金制度吸引学子精英，为将来的科技精英多层次、多方位建立人才后备力量。完善中国国际贸易领域知识产权相关法律法规，加大对知识产权侵权行为的执法力度，维护中国知识产权拥有者的合法权益。

（四）根据产业优势，保护优势产业的国际合作

鉴于在新兴战略产业国际合作中的边缘化地位，在现行国际合作中，应建立完备的技术合作制度，实现制度上的保护，同时在经济政策和法律中，根据现阶段中国特色和江苏特色，选择本地区的优势行业，进行国际合作，以达到中外互补、引进外资和技术的目标。对于一味采用退让方式形成的权利和资源侵害，实行严格的评估和审查机制，并对相应主体追究一定的法律责任，杜绝"拍脑袋"等非科学途径进行新兴战略产业国际合作。

（五）建立与国际接轨的相关制度，消解国外法律政策的施行

在相应的技术合作领域，吸收国外立法经验和技术，建立与国际接轨的市场开放制度，在强化技术标准好救赎力量的基础上，加强与国外的商务谈判能力，在平等基础上与合作方签订相应双边或多边合作协议，订立禁止政治力量介入经济因素的合作条款以保持新兴战略产业合作的稳定性和长效机制。

（六）健全第三产业服务制度和体系，为新兴战略产业国际合作保驾护航

在以低碳为目标的新兴战略产业国际合作机制方面，完善第三产业制度和机制具有基础性作用。中国在法律、会计、审计、担保、金融等领域与国际存在着相当的差距，因此，建立健全上述领域的法律法规和机制体系，充分利用现有社会资源，采取措施组建或鼓励、支持社会力量建立一批具有较高水平的服务机构，形成功能完善、管理规范、服务高效、信用良好的对外合作服务体系。为防止碳转移，完善碳评价标准，对于与碳相关的新兴产业合作，采用严格规范统一的评估标准和准入制度，并制定严格规范有力的碳转嫁惩治体制。在江苏，服务业的健全还需重点关注批发零售行业，将本地零售业与国际零售业进行有效整合，建立有效的整合合作机制，因为从产业价值链角度，国际市场在江苏地区的零售业占据相当重要的领导性地位，从全球产业价值实现角度，发展高瞻远瞩的国际化零售业将有裨无害，在江苏产业经济发展中有着举足轻重的历史作用。

参 考 文 献

阿克顿. 2001. 自由与权力. 候健，范亚峰译. 北京：商务印书馆.

埃莉诺·奥斯特罗姆. 2013. 应对气候变化问题的多中心治理体制. 谢来辉译. 国外理论动态，
　　（2）.

安德鲁·德斯勒，爱德华·A. 帕尔森. 2012. 气候变化. 科学还是政治？李淑琴等译. 北京：中
　　国环境科学出版社.

宾雪花. 2011. 当前中国产业政策法与反垄断法的冲突、调和. 湘潭大学学报（哲学社会科学
　　版），（6）.

宾雪花. 2013. 产业政策法与反垄断法之协调制度研究. 北京：中国社会科学出版社.

蔡守秋，莫神星. 2004. 中国环境与发展综合决策探讨. 中国人口·资源与环境，（2）.

曹立村. 2008. 论基于新经济人假设的政府经济人理性的回归. 求索，（3）.

查默斯·约翰逊. 通产省与日本奇迹——产业政策的成长（1925—1975）. 金毅等译. 长春：吉
　　林出版集团有限责任公司.

陈鹤. 2010. 气候危机与中国应对——全球暖化背景下的中国气候软战略. 北京：人民出版社.

陈淮. 1991. 日本产业政策研究. 北京：中国人民大学出版社.

陈其林. 1999. 产业政策：企业、市场与政府. 中国经济问题，（3）.

陈诗一. 2011. 节能减排、结构调整与工业发展方式转变研究. 北京：北京大学出版社.

陈诗一，邓祥征，章奇，等. 2014. 应对气候变化：用市场政策促进二氧化碳减排. 北京：科学
　　出版社.

陈雁云. 2008. 产业政策与区域政策的和谐性初探. 现代财经，（10）.

董进宇. 1999. 宏观调控法学. 长春：吉林大学出版社.

窦丽琛. 2010. 冲突与协调：政府与企业在产业结构调整中的利益选择. 北京：中国社会科学出
　　版社.

弗雷德·E. 弗尔德瓦里. 2007. 公共物品与私人社区. 郑秉文译. 北京：经济管理出版社.

公共管理评论编辑部. 2009. 公共管理评论（第八卷）. 北京：清华大学出版社.

关保英，张淑芳. 1997. 市场经济与立法模式的转换研究. 法商研究，（4）.

韩立余. 2008. 反垄断法对产业政策的拾遗补缺作用. 法学家，（1）.

何显明. 2008. 市场化进程中的地方政府行为逻辑. 北京：人民出版社.

何宗泽. 2008. 区域经济差异与经济立法的弹性设计初探——以产业政策法和税法为视角. 安
　　徽广播电视大学学报，（4）.

侯燕捷. 2015. 近15年来气候变化对中国经济的直接影响. 吉林林业科技，（1）.

华虹，王晓鸣. 2011. 城市应对气候变化规划初探. 城市问题，（7）.

康凌翔. 2015. 中国地方政府产业政策与地方产业转型研究. 北京：中国社会科学出版社.

郎春雷. 2009. 全球气候变化背景下中国产业的低碳发展研究. 社会科学，（6）.

李昌麒. 1999. 经济法学. 3版. 北京：中国政法大学出版社.

李昌麒. 2006. 政府干预市场的边界——以和谐产业发展的法治要求为例. 政治与法律，（4）.

李成威. 2011. 低碳产业政策. 上海：立信会计出版社.

李寿生. 2000. 关于 21 世纪前 10 年产业政策若干问题的思考. 管理世界，（4）.

李晓华. 2010. 产业结构演变与产业政策的互动关系. 学习与探索，（1）.

李玉梅. 2015. 中国气候变化法立法刍议. 政法论坛，（1）.

刘茂林. 2007. 公法评论（第四卷）. 北京：北京大学出版社.

吕忠梅. 2008. 环境法学. 2 版. 北京：法律出版社.

迈克尔·福尔，麦金·皮特斯. 2011. 气候变化与欧洲排放交易. 鞠美庭等译. 北京：化学工业出版社.

曼弗里德·诺伊曼. 2003. 竞争政策：理论与实践. 谷爱军译. 北京：北京大学出版社.

曼昆. 2013. 经济学原理（微观经济学分册）（第 6 版）. 梁小民，梁砾译. 北京：北京大学出版社.

潘家华. 2003. 减缓气候变化的经济与政治影响及其地区差异. 世界经济与政治，（6）.

漆多俊. 2014. 经济法学. 3 版. 北京：高等教育出版社.

齐延平. 1996. 法的公平与效率价值论. 山东大学学报（哲学社会科学版），（1）.

施余兵. 2012. 澳大利亚和新西兰应对气候变化立法探析——以地方政府、企业与公民责任安排为视角. 北京政法职业学院学报，（1）.

十大报告辅导读本编写组. 2007. 十大报告辅导读本. 北京：人民出版社.

宋彦，刘志丹，彭科. 2011. 城市规划如何应对气候变化——以美国地方政府的应对策略为例. 国际城市规划，（5）.

苏伟. 2015. 中国应对气候变化和低碳发展的战略与政策. 全球化，（3）.

孙彦红. 欧盟产业政策研究. 北京：社会科学文献出版社.

唐丽萍. 2010. 中国地方政府竞争中的地方治理研究. 上海：上海人民出版社.

王海浪. 2011. 从产业政策视角分析产业政策法. 重庆科技学院学报（社会科学版），（5）.

王家新，吴志华，胡荣华. 2003. 江苏产业结构调整与粮食安全冲突的协调探析. 产业经济研究，（3）.

王健. 2002. 产业政策法若干问题研究. 法律科学，（1）.

王群伟，周德群，周鹏. 2013. 效率视角下的中国节能减排问题研究. 上海：复旦大学出版社.

王守荣. 2011. 气候变化对中国经济社会可持续发展的影响与应对. 北京：科学出版社.

王树华，范伟，孙克强. 2010. 江苏产业结构调整与区域经济发展分析. 江苏纺织，（4）.

王伟光，郑国光. 2013. 应对气候变化报告 2013：聚焦低碳城镇化. 北京：社会科学文献出版社.

王伟男. 2011. 应对气候变化. 欧盟的经验. 北京：中国环境科学出版社.

王先林. 2003. 产业政策法初论. 中国法学，（3）.

王釜屾. 2014. 地方立法权之研究——基于纵向分权所进行的解读. 杭州：浙江工商大学出版社.

吴力波. 2010. 中国经济低碳化的政策体系与产业路径研究. 上海：复旦大学出版社.

肖国安. 2008. 区域与行业产业政策. 北京：经济管理出版社.

肖元真，黄如进，谢连弟. 2008. 结构调整、产业升级与节能减排战略的导向. 学习与实践，（3）.

解振华. 2014. 中国应对气候变化的政策与行动——2013 年度报告. 北京：中国环境出版社.

徐保风. 2015. 气候变化危机现状的原因探析——基于伦理学的角度. 武汉理工大学学报（社会科学版），（3）.

杨紫烜. 2010. 对产业政策和产业法的若干理论问题的认识. 法学，（9）.

叶笃正，严中伟，马柱国. 2012. 应对气候变化与可持续发展. 中国科学院院刊，（3）.

于潜，江晓薇. 1999. 中国新时期产业政策的实证分析. 经济评论，（2）.

詹姆斯·霍根，理查德·里都摩尔. 2011. 利益集团的气候"圣战". 展地译. 北京：中国环境科学出版社.

张北舰. 2015. 应对气候变化中针对城市规划的响应. 民营科技，（1）.

张纯，潘亮. 2012. 转型经济中产业政策的有效性研究——基于中国各级政府利益博弈视角. 财经研究，（12）.

张帆. 2008. 从产业结构效率论产业结构调整方向——以秦皇岛市为例. 城市问题，（12）.

张焕波. 2010. 中国、美国和欧盟气候政策分析. 北京：社会科学文献出版社.

张建伟，蒋小翼，何娟. 2010. 气候变化应对法律问题研究. 北京：中国环境科学出版社.

张守文. 2010. 经济法研究（第 7 卷）. 北京：北京大学出版社.

张守文. 2012. 经济法研究（第 10 卷）. 北京：北京大学出版社.

张文显. 2007. 法理学. 3 版. 北京：法律出版社.

赵晓丽. 2011. 产业结构调整与节能减排. 北京：知识产权出版社.

赵玉，江游. 2012. 产业政策法基础理论问题探析. 天府新论，（6）.

周珂. 2014. 应对气候变化的环境法律思考. 北京：知识产权出版社.

周黎安. 2008. 转型中的地方政府. 官员激励与治理. 上海：格致出版社，上海人民出版社.

周振华. 2007. 中国经济分析丛书. 上海：上海人民出版社.

朱京安，宋阳. 2015. 国际社会应对气候变化失败的制度原因初探——以全球公共物品为视角. 苏州大学学报（哲学社会科学版），（2）.

庄贵阳. 2007. 低碳经济. 气候变化背景下中国的发展之路. 北京：气象出版社.

Galeotti M，Lanza A，Pauli F. 2006. Reassessing the environmental Kuznets Curve for CO_2 emissions：a robustness exercise. Ecological Economics，57.

Grossman G M，Krueger A B. 1995. Economic growth and the environment. Quarterly Journal of Economics，2.

Jalil D，Mahmud S. 2009. Environment Kuznets Curve for CO_2 emissions：a cointegration analysis for China. Energy Policy，37.

Panayotou T. 1993. Empirical Tests and Policy Analysis of Environmental Degradation at Different Stages of Economic Development. Technology and Employment Program，（R）.

Selden T M，Song D. 1994. Environmental quality and development：is there a Kuznets Curve for air pollution. Journal of Environmental Economics and Management，27.